MBA
MPA
MEM
MPAcc

8版

管理类、经济类联考

老吕逻辑

母题800练

主编◎吕建刚　　副主编◎张杰

技巧刷题册

全新
改版升级

北京理工大学出版社
BEIJING INSTITUTE OF TECHNOLOGY PRESS

图书在版编目（CIP）数据

管理类、经济类联考·老吕逻辑母题 800 练/吕建刚
主编 . --8 版 . --北京：北京理工大学出版社，2022.5
ISBN 978 - 7 - 5763 - 1287 - 4

Ⅰ.①管… Ⅱ.①吕… Ⅲ.①逻辑-研究生-入学考
试-习题集　Ⅳ.①B81 - 44

中国版本图书馆 CIP 数据核字（2022）第 071240 号

出版发行 / 北京理工大学出版社有限责任公司
社　　　址 / 北京市海淀区中关村南大街 5 号
邮　　　编 / 100081
电　　　话 / （010）68914775（总编室）
　　　　　　（010）82562903（教材售后服务热线）
　　　　　　（010）68944723（其他图书服务热线）
网　　　址 / http：//www.bitpress.com.cn
经　　　销 / 全国各地新华书店
印　　　刷 / 保定市中画美凯印刷有限公司
开　　　本 / 787 毫米×1092 毫米　1/16
印　　　张 / 38
字　　　数 / 892 千字
版　　　次 / 2022 年 5 月第 8 版　2022 年 5 月第 1 次印刷
定　　　价 / 99.80 元（全两册）

责任编辑 / 多海鹏
文案编辑 / 多海鹏
责任校对 / 周瑞红
责任印制 / 李志强

图书出现印装质量问题，请拨打售后服务热线，本社负责调换

学前必做：
真题自测

（共 10 题，限时 10 分钟）

1.（2022 年经济类联考真题）"十一"长假，小李、小王、小张三人相约周边游，他们拟在竹山、花海、翠湖、南山古镇、植物园、海底世界 6 个景点。关于这次游览的方案，三人的意见如下：

小李：我既想逛南山古镇，又想爬竹山；

小王：如果游览翠湖，则花海和南山古镇均不游览；

小张：如果不游览翠湖，就游览海底世界，但不游览植物园。

根据他们三人的意见，他们三人游览的景点一定有？

A. 花海、翠湖、植物园。　　　　　　　B. 花海、竹山、翠湖。

C. 竹山、南山古镇、植物园。　　　　　D. 竹山、南山古镇、海底世界。

E. 南山古镇、植物园、海底世界。

2～3 题基于以下题干：

一江南园林拟建松、竹、梅、兰、菊 5 个园子。该园林拟设东、南、北 3 个门，分别位于其中的 3 个园子。这 5 个园子的布局满足如下条件：

①如果东门位于松园或菊园，那么南门不位于竹园。

②如果南门不位于竹园，那么北门不位于兰园。

③如果菊园在园林的中心，那么它与兰园不相邻。

④兰园与菊园相邻，中间连着一座美丽的廊桥。

2.（2018 年管理类联考真题）根据以上信息，可以得出以下哪项？

A. 兰园不在园林的中心。　　　　　　　B. 菊园不在园林的中心。

C. 兰园在园林的中心。　　　　　　　　D. 菊园在园林的中心。

E. 梅园不在园林的中心。

3.（2018 年管理类联考真题）如果北门位于兰园，则可以得出以下哪项？

A. 南门位于菊园。　　　　　　　　　　B. 东门位于竹园。

C. 东门位于梅园。　　　　　　　　　　D. 东门位于松园。

E. 南门位于梅园。

4～5 题基于以下题干：

某电影院制定未来一周的排片计划。他们决定，周二至周日（周一休息）每天放映动作片、悬疑片、科幻片、纪录片、战争片、历史片 6 种类型中的一种，各不重复。已知排片还有如下要求：

(1)如果周二或周五放映悬疑片，则周三放映科幻片。

(2)如果周四或周六放映悬疑片，则周五放映战争片。

(3)战争片必须在周三放映。

4.（2022 年管理类联考真题）根据以上信息，可以得出以下哪项？

A. 周六放映科幻片。　　　　　　　B. 周日放映悬疑片。

C. 周五放映动作片。　　　　　　　D. 周二放映纪录片。

E. 周四放映历史片。

5.（2022 年管理类联考真题）如果历史片的放映日期既与纪录片相邻，又与科幻片相邻，则可以得出以下哪项？

A. 周二放映纪录片。　　　　　　　B. 周四放映纪录片。

C. 周二放映动作片。　　　　　　　D. 周四放映科幻片。

E. 周五放映动作片。

6～7 题基于以下题干：

"立春""春分""立夏""夏至""立秋""秋分""立冬""冬至"是我国二十四节气中的八个节气，"凉风""广莫风""明庶风""条风""清明风""景风""阊阖风""不周风"是八种节风。上述八个节气与八种节风之间一一对应。已知：

(1)"立秋"对应"凉风"。

(2)"冬至"对应"不周风""广莫风"之一。

(3)若"立夏"对应"清明风"，则"夏至"对应"条风"或者"立冬"对应"不周风"。

(4)若"立夏"不对应"清明风"或者"立春"不对应"条风"，则"冬至"对应"明庶风"。

6.（2020 年管理类联考真题）根据上述信息，可以得出以下哪项？

A."秋分"不对应"明庶风"。　　　　B."立冬"不对应"广莫风"。

C."夏至"不对应"景风"。　　　　　D."立夏"不对应"清明风"。

E."春分"不对应"阊阖风"。

7.（2020 年管理类联考真题）若"春分"和"秋分"两个节气对应的节风在"明庶风"和"阊阖风"之中，则可以得出以下哪项？

A."春分"对应"阊阖风"。　　　　　B."秋分"对应"明庶风"。

C."立春"对应"清明风"。　　　　　D."冬至"对应"不周风"。

E."夏至"对应"景风"。

8.（2020 年管理类联考真题）尽管近年来我国引进不少人才，但真正顶尖的领军人才还是凤毛麟角。就全球而言，人才特别是高层次人才紧缺已呈常态化、长期化趋势。某专家由此认为，未来 10 年，美国、加拿大、德国等主要发达国家对高层次人才的争夺将进一步加剧，而发展中国家的高层次人才紧缺状况更甚于发达国家。因此，我国高层次人才引进工作急需进一步加强。

以下哪项如果为真，最能加强上述专家的论证？

A. 我国理工科高层次人才紧缺程度更甚于文科。

B. 发展中国家的一般性人才不比发达国家少。

C. 我国仍然是发展中国家。

D. 人才是衡量一个国家综合国力的重要指标。

E. 我国近年来引进的领军人才数量不及美国等发达国家。

9.（2019 年管理类联考真题）人们一直在争论猫与狗谁更聪明。最近，有些科学家不仅研究了动物脑容量的大小，还研究了其大脑皮层神经细胞的数量，发现猫平常似乎总摆出一副智力占优的神态，但猫的大脑皮层神经细胞的数量只有普通金毛犬的一半。由此，他们得出结论：狗比猫更聪明。

以下哪项最可能是上述科学家得出结论的假设？

A. 狗善于与人类合作，可以充当导盲犬、陪护犬、搜救犬、警犬等，就对人类的贡献而言，狗能做的似乎比猫多。

B. 狗可能继承了狼结群捕猎的特点，为了互相配合，它们需要做出一些复杂行为。

C. 动物大脑皮层神经细胞的数量与动物的聪明程度呈正相关。

D. 猫的脑神经细胞数量比狗少，是因为猫不像狗那样"爱交际"。

E. 棕熊的脑容量是金毛犬的3倍，但其脑神经细胞的数量却少于金毛犬，与猫很接近，而棕熊的脑容量却是猫的10倍。

10. (2021年管理类联考真题) 水产品的脂肪含量相对较低，而且含有较多不饱和脂肪酸，对预防血脂异常和心血管疾病有一定作用；禽肉的脂肪含量也比较低，脂肪酸组成优于畜肉；畜肉中的瘦肉脂肪含量低于肥肉，瘦肉优于肥肉。因此，在肉类的选择上，应该优先选择水产品，其次是禽肉，这样对身体更健康。

以下哪项如果为真，最能支持以上论述？

A. 所有人都有罹患心血管疾病的风险。

B. 肉类脂肪含量越低对人体越健康。

C. 人们认为根据自己的喜好选择肉类更有益于健康。

D. 人们须摄入适量的动物脂肪才能满足身体的需要。

E. 脂肪含量越低，不饱和脂肪酸含量越高。

💡 真题自测说明

考生注意

1. 请对照以下答案，检查自己的正确率。

| 1. D | 2. B | 3. C | 4. B | 5. C |
| 6. B | 7. E | 8. C | 9. C | 10. B |

2. 如果你能在10分钟之内完成(时间越短越好)，且全部做对，可以直接进行本书的学习。

3. 如果你不能在10分钟之内完成，或者虽然能快速做完但是有错误，则先学习《逻辑命题规律与秒杀思维养成》课程。这节课是《老吕逻辑要点7讲》的导学课，听完之后，你不但可以在5～10分钟之内秒杀以上所有真题，还可以养成正确的秒杀思维，进而实现——7讲搞定联考逻辑。

老吕逻辑要点7讲
扫码免费听课

管理类、经济类联考逻辑
命题规律与备考规划

① 逻辑命题规律分析

(1) 近4年199管理类联考逻辑真题的命题统计

年份	概念	判断	推理		论证
			传统形式逻辑推理	综合推理	
2019年	0道	一般不单独命题	13道	5道	12道
2020年	2道		9道	8道	11道
2021年	0道		15道	3道	12道
2022年	0道		14道	5道	11道
合计	2道	0道	72道		46道
平均	0.5道	0道	18道		11.5道

(2) 近2年396经济类联考逻辑真题的命题统计

2020年9月，经济类联考改了全新的考试大纲，并更换了命题人。从2021年真题开始，经济类综合能力考试科目改由教育部考试中心统一命题，因此，本部分我们只统计了2021年至今的真题。

年份	概念	判断	推理		论证
			传统形式逻辑推理	综合推理	
2019年	2道	一般不单独命题	9道	2道	7道
2020年	0道		9道	4道	7道
平均	1道	0道	12道		7道

② 真题命题趋势与学习方法

通过上表可以知道，在推理题中，传统形式逻辑的占比超过70%。只是最近几年真题的传统形式逻辑题考的越来越难（不用慌，有我在，可以秒杀），于是很多同学误认为这些题是综合推理题，但是，这些题的解题方法全部是形式逻辑的方法。

另外，真题很少单独考查概念和判断（即命题）的相关知识，但所有推理和论证均由概念和判断组成。不学概念和判断，就相当于数学不会加减乘除，不可能考出好成绩，因此，这部分知识非常重要，请大家重视。

①推理题的命题趋势

管理类联考逻辑共 30 题，其中，推理题平均每年考 18 道，占比 60%。

经济类联考逻辑共 20 题，其中，推理题平均每年考 12 道，占比 60%。

显而易见，推理题是整个联考中占比最高、分值最多的部分。本书第 3 章推理部分的"串联推理""事实假言模型""假言事实模型""数量假言模型""匹配题""排序题"等题型，考试概率均为 100% 且会考多道题。其余几种题型考试概率多数在 80% 以上。

②论证逻辑的命题趋势

管理类联考逻辑共 30 题，其中，论证逻辑平均每年考 11.5 道，占比接近 40%。

经济类联考逻辑共 20 题，其中，论证逻辑平均每年考 11 道，占比 35%。

论证逻辑的总题量不如推理题多，但是，由于论证逻辑的知识点较少，故本书讲的题型几乎都会考。另外，论证逻辑对逻辑思维能力的要求较高，我们不仅要掌握命题模型，更要去理解这些命题模型背后的原理。

③ 全年备考规划

（1）母题的备考逻辑

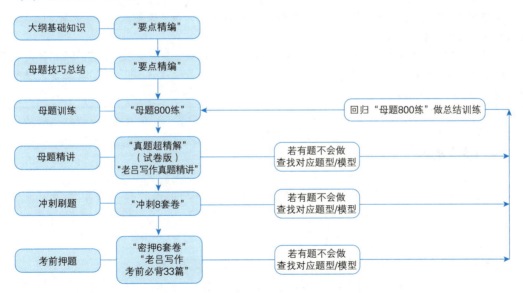

（2）全年备考规划

管理类、经济类联考逻辑、写作，管理类联考数学全年备考规划，如下表所示：

阶段	备考用书	使用方法
基础阶段	《老吕数学要点精编》 《老吕逻辑要点精编》 《老吕写作要点精编》	有基础的同学可以跳过此阶段，没有基础的同学建议先学会基础再做本书。
母题阶段	《老吕数学母题800练》 《老吕逻辑母题800练》	第1步：母题精练（题型强化训练）。 第2步：母题模考测试。 第3步：总结归纳错题及相关题型。
真题阶段	《老吕综合真题超精解》 （试卷版） 《老吕写作真题精讲》	第1步：限时模考，分析错题，总结方法。 第2步：回归母题800练做总结训练。
冲刺阶段	《老吕综合冲刺8套卷》	第1步：限时模考。 第2步：反思错题。 第3步：回归母题，系统总结。
押题阶段	《老吕综合密押6套卷》 《老吕写作考前必背33篇》	第1步：限时模考。 第2步：归纳总结。

说明：

1. 在校考生建议按以上计划学习，时间充分的学员可以把"要点精编"和"母题800练"做2遍. 备考启动晚的在校考生可根据自己的备考情况，适当减少部分图书和课程的学习。

2. 在职考生，尤其是考 MBA、MPA、MEM、MTA 的考生，可以适当减少部分图书和课程的学习，但应至少保证"要点精编""真题"和"老吕写作33篇"的学习。

3. 在职考 MPAcc 的考生，尤其是考全日制 MPAcc 的考生，由于你要与应届生竞争，所以请你把自己当成应届生那样去备考。

4. 备考管理类、经济类联考的考生，逻辑、写作的备考图书可参照上表；备考396经济类联考数学的考生，数学的备考图书可购买《396数学要点精编》《396数学母题800练》《396综合真题超精解》和《396综合密押6套卷》进行复习。

④ 联系老吕

老吕已开通多种方式与各位同学互动。希望与老吕沟通的同学，可以选择以下联系方式：

微博：老吕考研吕建刚-MBAMPAcc

微信公众号：老吕考研（MPAcc、MAud、图书情报专用）

老吕教你考 MBA（MBA、MPA、MEM 专用）

微信：miao-lvlv1　　miao-lvlv2

B站：老吕考研吕建刚

抖音：老吕考研吕建刚 MBAMPAcc

冰心先生有一首小诗《成功的花》，里面有一段话是这样写的："成功的花儿，人们只惊羡她现时的明艳！ 然而当初她的芽儿，浸透了奋斗的泪泉，洒遍了牺牲的血雨。"现在，让我们开始努力，让我们一起努力，让我们一直努力！

祝你金榜题名！

吕建刚

2022 年 5 月

目录

技巧刷题册

第2部分 专项训练　　　　　　　　　　　　　　　　　　　　　　　/ 143

第1部分
秒杀技巧

第1章 概念

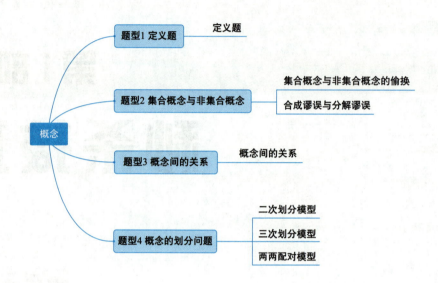

题型 | 定义题

母题技巧

·命题模型·	·模型识别·	·秒杀技巧·
定义题	题干特点： 题干出现一个事物的定义，问哪个选项符合这个定义。	第1步：找到题干中定义的要点，如要点较多，则可将这些要点编号。 第2步：将选项和题干中的要点一一对应。

典型习题

1. 同源器官是指不同生物的某些器官在基本结构、各部分和生物体的相互关系以及胚胎发育的过程彼此相同，但在外形上有时并不相似，功能上也有差别。同功器官，是指不同生物的某些器官在功能上相同，有时形状也相似，但其来源与基本结构均不同。

    根据上述定义，下列属于同功器官的是：

    A. 骨骼、关节和肌肉共同构成了人体的运动系统，是人体活动的重要组成部分。

    B. 鱼鳃与陆栖脊椎动物的肺，均为呼吸器官，鱼鳃鳃丝来自外胚层，而肺来自内胚层。

    C. 马铃薯的块茎和葡萄的卷须都是茎的变态结构，前者适于贮存养料，后者能用于攀岩。

    D. 鸟的翅膀、蝙蝠的翼手有相同的基本结构，是从共同的祖先进化来的，因为生活环境的不同而向不同的方向进化，产生了表面形态上的分歧。

    E. 鲸的胸鳍、狗的前肢外形上并不相似，但却有相同的基本结构。

2. 经典条件反射，是指原来不能引起某一反应的刺激，通过一个学习过程，使他们彼此建立起联系，从而在条件刺激和无条件反应之间建立起的联系。操作性条件反射是指如果一个反应发生以后继之给予奖励，这一反应就会得到加强；反之，这个反应的强度就会减少，直至消失。

    根据上述定义，下列属于操作性条件反射的是：

    A. 婴儿一出生就能够发出哭声，如果把手指或其他东西放到他嘴里，他还会做出吮吸的动作。

    B. 有一位狗的主人每次按铃之后都会给狗喂食，久而久之，狗在听到铃声后就开始分泌唾液。

    C. 明明只要在幼稚园表现得好妈妈周末就会带他出去玩，所以明明在幼儿园里越来越乖。

    D. 曹操率领部队去讨伐张绣，天气热得出奇，为激励士气曹操说："前有大梅林，梅子甘酸可以解渴。"士卒听了以后，都流口水。

    E. 张三在第一学年获得了优异的成绩因而得到了学校一等奖学金，随后张三骄傲自大，第二学年许多科目挂科。

题型 2 集合概念与非集合概念

母题技巧

·命题模型·	·模型识别·	·秒杀技巧·
集合概念与非集合概念的偷换	题干特点：题干中出现字面相同，但含义不同的概念。	**定义：** 集合体是指一定数量的个体所组成的全体。反映集合体的整体性质的概念，就是集合概念(如：班集体)。非集合概念又称类概念，它表达的是这个概念中每个个体共同具有的性质(如：鸟类)。 **判别方法：** ①在集合概念前加"每个"，一般会改变句子的原意；非集合概念前加"每个"，一般不会改变句子的原意。 ②如果集合概念，非集合概念做句子的宾语时，非集合概念后面加"之一"一般不会改变句子的原意。
合成谬误与分解谬误	题干中出现用集体的性质来推断个体的性质，或用个体的性质来推断集体的性质。	①如果把集合体或整体的性质误认为是集合体中每个个体或整体中每个部分的性质，就犯了分解谬误的逻辑错误。 ②如果把集合体或整体中个体或部分的性质误认为是集合体或整体的性质，就犯了合成谬误的逻辑错误。

典型习题

1. "世间万物中，人是第一个可宝贵的。我是人，所以，我是世间万物中第一个可宝贵的。"

以下除哪项外，均与上述论证中的出现的谬误相似？

A. 我国的佛教寺庙分布于全国各地，普济寺是我国的佛教寺庙，所以普济寺分布于我国各地。

B. 现在的独生子女娇生惯养，小王是独生子女，所以小王是娇生惯养的。

C. 群众是真正的英雄，我是群众，所以我是真正的英雄。

D. 中国人是勤劳的，我是中国人，所以我是勤劳的。

E. 哺乳动物都是胎生的，狗是哺乳动物，所以，狗是胎生的。

2. 很多科学家的职业行为只是为了提高他们的职业能力，做出更好的成绩，改善他们的个人状况，对于真理的追求则被置于次要地位。因此，科学家共同体的行为也是为了改善该共同体的状况，纯粹出于偶然，该共同体才会去追求真理。

以下哪项最为准确地指出了上述论证中的谬误？

A. 该论证涉嫌贬低科学家的道德品质。

B. 从很多科学家具有某种品质，不合理地推出科学家共同体也有该品质。

C. 毫无理由地假定，个人职业能力的提高不会提高其发现真理的效率。

D. 从多数科学家具有某种品质，不合理地推出每一位科学家都有该品质。

E. 不当地假定，集体具有的性质，集体中的个体也具有。

3. 有5名日本侵华时期被抓到日本的原中国劳工起诉日本一家公司，要求赔偿损失。2007年日本最高法院在终审判决中声称，根据《中日联合声明》，中国人的个人索赔权已被放弃，因此驳回中国劳工的诉讼请求。查阅1972年签署的《中日联合声明》是这样写的："中华人民共和国政府宣布：为了中日人民的友好，放弃对日本国的战争赔偿要求。"

以下哪一项与日本最高法院的论证方法相同？

A. 王英会说英语，王英是中国人，所以，每个中国人都会说英语。

B. 教育部规定，高校不得从事股票投资，所以，北京大学的张教授不能购买股票。

C. 中国奥委会是国际奥委会的成员，Y先生是中国奥委会的委员，所以，Y先生是国际奥委会的委员。

D. 我校运动会是全校的运动会，奥运会是全世界的运动会；我校学生都必须参加校运会开幕式，所以，全世界的人都必须参加奥运会开幕式。

E. 中国人是勤劳的，小明是中国人，所以小明是勤劳的。

题型 3　概念间的关系

必备知识

编号	关系	图示	例子
①	全同关系	A B	等边三角形 所有角均为60°的三角形
②	种属关系	A　B	兔子是动物的一种
③	交叉关系	A　B	男人　教授 重合部分：男教授
④	矛盾关系	A　B	男人　女人

续表

编号	关系	图示	例子
⑤	反对关系	A　　B	儿童　　中年

母题技巧

·命题模型·	·模型识别·	·秒杀技巧·
概念间的关系	题干特点： 题干中出现 N 个人，给出这些人的身份、职业、籍贯等信息。	第1步：判断题干中几个概念之间的关系。 第2步：根据概念之间的关系，结合题干中的数量进行计算求解。

典型习题

1. 某地召开有关《红楼梦》的小型学术研讨会。与会者中，4 个是北方人，3 个是黑龙江人，1 个是贵州人；3 个是作家，2 个是文学评论家，1 个是教授。以上提到的是全体与会者。

   根据以上陈述，可推断参加该研讨会的最少可能有几人？最多可能有几人？

   A. 最少可能有 4 人，最多可能有 6 人。

   B. 最少可能有 5 人，最多可能有 11 人。

   C. 最少可能有 6 人，最多可能有 14 人。

   D. 最少可能有 8 人，最多可能有 10 人。

   E. 最少可能有 7 人，最多可能有 11 人。

2. 出席学术讨论会的有 3 个足球爱好者，4 个亚洲人，2 个日本人，5 个商人。以上叙述涉及了所有晚会参加者，其中日本人不经商。那么，参加晚会的人数是：

   A. 最多 14 人，最少 5 人。　　　　　　B. 最多 14 人，最少 7 人。

   C. 最多 12 人，最少 7 人。　　　　　　D. 最多 12 人，最少 5 人。

   E. 最多 12 人，最少 8 人。

3. 某交响乐团招聘团员，拟录用名单共有 9 人，其中有 3 个南方人，1 个男士，2 个 20 岁，2 个近视，1 个女士，1 个广西人，还有 1 个北方人。以上包括了全部成员。

   以下各项断定都有可能解释以上陈述，除了：

   A. 1 个女士是北方人。　　　　　　　　B. 2 个 20 岁的人都是近视眼。

   C. 1 个男士是北方人。　　　　　　　　D. 1 个女士是广西人。

   E. 1 个男士不是近视。

题型 4　概念的划分问题

母题技巧

·命题模型·	·模型识别·	·秒杀技巧·
二次划分模型	题干将一个概念按照两个标准进行两次分类。 例如：某高校的大四学生中，男生多于女生，南方人多于北方人。 分析如下： 题干所涉及的概念：大四学生。 分类标准1：性别(男，女)。 分类标准2：区域(南方，北方)。	方法1. 九宫格法。详见典型习题1。 方法2. 大交大＞小交小。 例如：某高校的大四学生中，男生多于女生，南方人多于北方人。 即：男生＞女生。 　　南方人＞北方人。 可得：南方男生(大交大)＞北方女生(小交小)。
三次划分模型	题干将一个概念按照三个标准进行三次分类。 例如：某高校的大四学生中，男生多于女生，南方人多于北方人，文科生多于理科生。 分析如下： 题干所涉及的概念：大四学生。 分类标准1：性别(男，女)。 分类标准2：区域(南方，北方)。 分类标准3：学科(文科，理科)。	方法1. 双九宫格法。详见典型习题3。 方法2. 剩余法。详见典型习题3。
两两配对模型	①两类对象进行配对。 ②每类对象又可细分为两类。	方法1. 九宫格法。详见典型习题4。

典型习题

1. 中华女子学院的前身是1949年创建的新中国妇女职业学校，1995年更名为中华女子学院，2002年正式转制为普通高等学校。该校女生比男生多，在2019年下学期的高等数学期末考试中，该学校优秀的学生超过了一半。

   如果上述断定都是真的，则以下哪项也必然是真的？

   A. 女生优秀的比男生优秀的多。

   B. 女生优秀的比男生不优秀的多。

   C. 女生不优秀的比男生优秀的多。

   D. 女生不优秀的比男生不优秀的多。

   E. 女生不优秀的和男生优秀的一样多。

2. 在某次中非合作论坛上，一共有 120 名正式代表出席。其中，男性代表共 75 人，非洲代表共 55 人，中国男性代表共 35 人。

根据以上陈述，以下哪项关于参加会议的人员情况一定为真？

Ⅰ. 非洲男性代表共 45 人。

Ⅱ. 中国女性代表共 30 人。

Ⅲ. 非洲女性代表共 15 人。

A. 仅Ⅰ。   B. 仅Ⅱ。   C. 仅Ⅱ和Ⅲ。

D. 仅Ⅰ和Ⅲ。   E. Ⅰ、Ⅱ和Ⅲ。

3. 某市实行人才强省战略，2010 年从国内外引进各类优秀人才 1 000 名，其中，管理类人才 361 人，非管理类不具有博士学位的人才 250 人，国外引进的非管理类人才 206 人，国内引进的具有博士学位的 252 人。

根据以上陈述，可以得出以下哪项？

A. 国内引进的具有博士学位的管理类人才少于 70 人。

B. 国内引进的具有博士学位的管理类人才多于 70 人。

C. 国外引进的具有博士学位的管理类人才少于 70 人。

D. 国外引进的具有博士学位的管理类人才多于 70 人。

E. 上述选项均不正确。

4. 某大学对学生的恋爱情况进行了调查，调查结果表明：男女中至少有一个是本校学生的恋人中，本校女生比本校男生多 200 人。

如果上述断定为真，则以下哪项一定为真？

Ⅰ. 恰有 200 名本校女生与非本校的人谈恋爱。

Ⅱ. 在和本校学生恋爱的非本校人中，男生多于女生。

Ⅲ. 在和本校学生恋爱的人中，男生多于女生。

A. 仅Ⅰ。   B. 仅Ⅱ。   C. 仅Ⅲ。

D. 仅Ⅱ和Ⅲ。   E. Ⅰ、Ⅱ和Ⅲ。

第2章 判断

说明：

    联考大纲明确规定，逻辑考试有四部分考查内容，分别是概念、判断、推理、论证。由于判断是构成推理的基础，命题人只要多出推理题，就可以把判断的知识一并考查，所以，自2013年以来，判断这一章节在真题中很少单独命题，而是以考查推理题为主。

    要注意的是，正是由于本章所学知识是各种复杂推理题的解题基础，故本章知识非常重要，需要扎实掌握。

本章思维导图

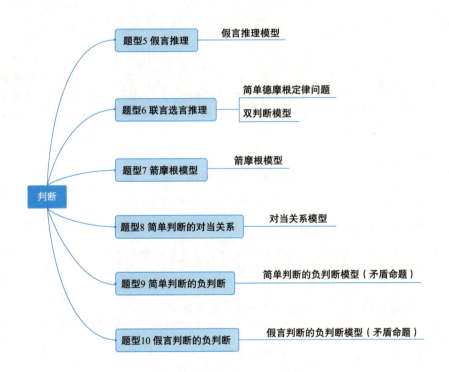

第❶节 假言判断秒杀技巧

必备知识

1. 充分必要条件

编号	条件关系	含义	典型关联词
①	充分条件 (A→B)	有它就行，没它未必不行	如果……那么…… 只要……就…… 一旦……就…… ……就…… ……必须…… ……则…… ……一定……
②	必要条件 (¬A→¬B)	没它不行，有它未必行	只有……才…… ……是……的前提 ……是……的基础 ……对于……不可或缺 除非……才……
③	充要条件 (A↔B)	等价关系，"同生共死"	当且仅当 ……是……的唯一条件

2. 箭头的 2 个基础使用原则

编号	原则	口诀	公式
①	逆否原则	逆否命题等价于原命题	A→B，等价于：¬B→¬A A↔B，等价于：¬A↔¬B
②	箭头指向原则	有箭头指向则为真； 没有箭头指向则可真可假	无

3. 三类特殊句式

分类	句式	公式
简单判断	A 是 B	A→B
	有的 A 是 B	有的 A→B
	所有 A 是 B	A→B
充分条件	A 必须 B	A→B
除非否则	除非 A，否则 B	¬A→B

4. 选言假言互换公式

编号	类型	公式
①	箭头变或者	(A→B)＝(¬A∨B)
②	或者变箭头	(A∨B)＝(¬A→B)＝(¬B→A)
③	要么推箭头	A∀B可推出： A→¬B； B→¬A； ¬A→B； ¬B→A。

题型 5　假言推理

母题技巧

·命题模型·	·模型识别·	·秒杀技巧·
假言推理模型	题干特点： 出现充分条件、必要条件、充要条件的典型关联词，如：如果……那么……，只有……才……，除非……否则……等。 选项特点： 选项一般由假言或选言判断组成。	三步解题法： 第1步：画箭头。 将题干符号化，用"→"表示。 第2步：逆否。 写出题干的逆否命题。如有必要，可把箭头变或者，即 A→B＝¬A∨B。 第3步：找答案。 根据箭头指向原则判断选项的真假。

典型习题

1. 对当代学生来说，德育比智育更重要。学校的课程设计如果不注重培养学生的完美人格，那么，即使用高薪聘请著名的专家教授，也不能使学生在面临道德伦理、价值观念挑战的21世纪中脱颖而出。

   以下各项关于当代学生的断定都符合上述断定的原意，除了：

   A. 学校的课程设计只有注重培养学生的完美人格，才能使当代学生脱颖而出。

   B. 如果当代学生在21世纪脱颖而出，那一定是注重了对他们完美人格的教育。

   C. 不能设想学生在面临道德伦理，价值观念挑战的21世纪中脱颖而出，而他的人格却不完美。

   D. 除非注重完美人格的培养，否则21世纪的学生难以脱颖而出。

   E. 即使不用高薪聘请著名的专家教授，学校的课程设计只要注重培养学生的完美人格，当代的学生就能在21世纪脱颖而出。

2. 如果你要开办自己的公司，你必须至少在一件事情上让人知道你很棒，比如你的产品比别人做得好；别人也做得一样好时，你比别人快；别人也同样快时，你比别人成本低；别人的成本也一样低时，你比别人附加值高。

   下面哪一项与上面这段话的意思最不接近？

   A. 只有至少在一件事情上做得最好，你的公司才能够在市场竞争中站稳脚跟。

   B. 如果你的公司在任何事情上都不是最好，它就很可能在市场竞争中败下阵来。

   C. 如果你的公司至少在一件事情上做得最好，它就一定能获得巨额利润。

   D. 除非你的公司至少在一件事情上做得最好，否则，它就不能在市场竞争中获得成功。

   E. 即使你在一件事情上做好了，开办自己的公司也可能失败。

3. 文化体现在一个人如何对待自己、对待他人、对待自己所处的自然环境。在一个文化环境厚实的社会里，人懂得尊重自己——他不苟且，不苟且才有品位；人懂得尊重别人——他不霸道，不霸道才有道德；人懂得尊重自然——他不掠夺，不掠夺才有永续的生命。

   下面哪一项不能从上面这段话中推出？

   A. 如果一个人苟且，则他无品位。

   B. 如果一个人霸道，则他无道德。

   C. 如果人类掠夺自然，则不会有永续的生命。

   D. 除非一个人无道德，否则他不霸道。

   E. 如果一个人无道德，则他霸道并且苟且。

4. 经理说："有了自信不一定赢。"董事长回应说："但是没有自信一定会输。"

   以下哪项与董事长的意思最为接近？

   A. 不输即赢，不赢即输。

   B. 如果自信，则一定会赢。

   C. 只有自信，才可能不输。

D. 除非自信，否则不可能输。

E. 只有赢了，才可能更自信。

5. 国际足联一直坚称，世界杯冠军队所获得的"大力神"杯是实心的纯金奖杯。某教授经过精密测量和计算认为，世界杯冠军奖杯——"大力神"杯不是实心的纯金奖杯，否则球员根本不能将它举过头顶并随意挥舞。

以下哪项与这位教授的意思最为接近？

A. 若球员能够将"大力神"杯举过头顶并随意挥舞，则它很可能是空心的纯金奖杯。

B. 只有"大力神"杯是实心的，它才是纯金的。

C. 若"大力神"杯是实心的纯金奖杯，则球员不可能将它举过头顶并随意挥舞。

D. 只有球员能够将"大力神"杯举过头顶并随意挥舞，它才是由纯金制成，并且不是实心的。

E. 若"大力神"杯是由纯金制成，则它肯定是空心的。

6. 孔子说："己所不欲，勿施于人。"

下面哪一个选项不是上面这句话的逻辑推论？

A. 只有己所欲，才能施于人。

B. 若己所欲，则施于人。

C. 除非己所欲，否则不施于人。

D. 凡施于人的都应该是己所欲的。

E. 不施于人，除非己所欲。

第 2 节 联言选言判断秒杀技巧

必备知识

1. 并且、或者、要么的含义（联言、选言判断）

名称	符号	读作	含义
联言判断	A∧B	A并且B	事件A和事件B都发生
相容选言判断	A∨B	A或者B	事件A和事件B至少发生一个，也可能都发生
不相容选言判断	A∀B	A要么B	事件A和事件B发生且仅发生一个

2. 并且、或者、要么的真值表

肢命题		干命题			
A	B	A∧B	A∨B	A∀B	A→B=￢A∨B
真	真	真	真	假	真
真	假	假	真	真	假
假	真	假	真	真	真
假	假	假	假	假	真

3　特殊句式

句式	符号化
A、B 至少一真	A∨B
A、B 至多一真	￢A∨￢B
不是 A，就是 B	￢A→B，等价于 A∨B

4　德摩根定律

编号	公式
①	￢（A∧B）=（￢A∨￢B）
②	￢（A∨B）=（￢A∧￢B）
③	￢（A∀B）=（￢A∧￢B）∀（A∧B） 此处中间的"∀"也可以写为"∨"

题型 6　联言选言推理

母题技巧

·命题模型·	·模型识别·	·秒杀技巧·
简单德摩根定律问题	题干出现对联言或选言命题的否定。	使用德摩根定律的公式解题即可。
双判断模型	(1)双判断。 无论是题干还是选项，都只有两个判断 A 与 B。 (2)题干中往往出现∧、∨、∀这 3 种符号中的一个或多个。	**方法 1. 找对当关系法。** 即找到题干信息中的矛盾关系、反对关系、下反对关系、推理关系，从而判断题干信息的真假。 例如： A∧B 与￢A∨￢B 矛盾，可知二者一真一假。 A∧B 可推出 A∨B，可知前者若为真，则后者一定为真。 **方法 2. 真值表法。**

典型习题

1. 并非本届世界服装节既成功又节俭。

   以下哪项最为准确地表达了上述断定？

   A. 本届世界服装节成功但不节俭。

   B. 本届世界服装节节俭但不成功。

   C. 本届世界服装节既不节俭也不成功。

   D. 如果本届世界服装节不节俭，则一定成功。

   E. 如果本届世界服装节节俭，则一定不成功。

2. 《文化新报》记者小白周四去某市采访陈教授与王研究员。次日，其同事小李问小白："昨天你采访到那两位学者了吗？"小白说："不，没那么顺利。"小李又问："那么，你一个都没采访到？"小白说："也不是。"

   以下哪项最可能是小白周四采访所发生的情况？

   A. 小白采访到了两位学者。

   B. 小白采访了陈教授，但没有采访王研究员。

   C. 小白根本没有去采访两位学者。

   D. 两位采访对象都没有接受采访。

   E. 小白采访到了一位，但没有采访到另一位。

3. 张珊喜欢喝绿茶，也喜欢喝咖啡。他的朋友中没有人既喜欢喝绿茶，又喜欢喝咖啡，但他的所有朋友都喜欢喝红茶。

   如果上述断定为真，则以下哪项不可能为真？

   A. 张珊喜欢喝红茶。

   B. 张珊的所有朋友都喜欢喝咖啡。

   C. 张珊的所有朋友喜欢喝的茶在种类上完全一样。

   D. 张珊有一个朋友既不喜欢喝绿茶，也不喜欢喝咖啡。

   E. 张珊喜欢喝的饮料，他有一个朋友都喜欢喝。

4. 叮咚商城拟寻求一名或数名明星做代言人。在讨论方案时，东哥提出："要么聘用现现，要么聘用昊然。现现自从《亲奈的，热奈的》一剧播出后，人气居高不下，但代言费用较高；昊然形象阳光，有大男孩气质，代言费用尚不确定。"

   从东哥的提议中，不可能推出的结论是：

   A. 如果聘用现现，那么就不聘用昊然。

   B. 或者聘用现现，或者聘用昊然，两者必居其一。

   C. 如果不聘用现现，那么就聘用昊然。

   D. 现现比昊然好，应该优先考虑聘用现现。

   E. 现现和昊然是两类不同的代言人，不要同时聘用。

5. 大、小行星悬浮在太阳系边缘，极易受附近星体引力作用的影响。据研究人员计算，有时这些力量会将彗星从奥尔特星云拖出。这样，它们更有可能靠近太阳。两位研究人员据此分别做出了以下两种有所不同的断定：

①木星的引力作用要么将它们推至更小的轨道，要么将它们逐出太阳系。

②木星的引力作用或者将它们推至更小的轨道，或者将它们逐出太阳系。

如果上述两种断定只有一种为真，则可以推出以下哪项结论？

A. 木星的引力作用将它们推至更小的轨道，并且将它们逐出太阳系。

B. 木星的引力作用没有将它们推至更小的轨道，但是将它们逐出太阳系。

C. 木星的引力作用将它们推至更小的轨道，但是没有将它们逐出太阳系。

D. 木星的引力作用既没有将它们推至更小的轨道，也没有将它们逐出太阳系。

E. 木星的引力作用如果将它们推至更小的轨道，就不会将它们逐出太阳系。

6. 汉武王国的议会针对效率与公平的问题进行了投票表决。有四位同学对投票结果进行了以下预测：

甲：要是没有效率，就必须公平。

乙：既要效率，又要公平，二者缺一不可。

丙：要么效率，要么公平。

丁：如果不公平，就没有效率。

最终，议会做出了决议。根据决议结果，以下哪项是不可能的？

A. 上述 4 人上只有 1 人的预测正确。

B. 上述 4 人上只有 2 人的预测正确。

C. 上述 4 人中只有 3 人的预测正确。

D. 上述 4 人的预测均正确。

E. 只有丁的预测正确。

题型 7　箭摩根模型

母题技巧

·命题模型·	·模型识别·	·秒杀技巧·
箭摩根模型	题干中假言判断的前件或后件中出现联言、选言判断。	箭摩根公式： $A \land B \to C$，等价于：$\neg C \to \neg (A \land B)$，等价于：$\neg C \to \neg A \lor \neg B$。 $A \lor B \to C$，等价于：$\neg C \to \neg (A \lor B)$，等价于：$\neg C \to \neg A \land \neg B$。 $A \to B \land C$，等价于：$\neg (B \land C) \to \neg A$，等价于：$\neg B \lor \neg C \to \neg A$。 $A \to B \lor C$，等价于：$\neg (B \lor C) \to \neg A$，等价于：$\neg B \land \neg C \to \neg A$。

说明：

以上公式均由"箭头＋德摩根公式"组成，为了方便记忆，老吕将这类问题命名为"箭摩根模型"，公式称为"箭摩根公式"。

典型习题

1. 在某地，每逢假日，市区主干道 A 和主干道 B 就会发生堵车现象。

   如果上述情况属实，则下列哪项也是正确的？

   Ⅰ. 如果主干道 A 和 B 在堵车，那么这天就是假日。

   Ⅱ. 如果主干道 A 发生堵车，但主干道 B 没有堵车，那么这天就不是假日。

   Ⅲ. 如果这一天不是假日，那么主干道 A 和 B 都不会堵车。

   A. 仅Ⅰ。   B. 仅Ⅱ。   C. 仅Ⅲ。

   D. 仅Ⅱ和Ⅲ。   E. Ⅰ、Ⅱ和Ⅲ都不正确。

2. 大多数人都熟悉安徒生童话《皇帝的新衣》，故事中有两个裁缝告诉皇帝，他们缝制出的衣服有一种奇异的功能：凡是不称职的人或者愚蠢的人都看不见这衣服。

   以下各项陈述都可以从裁缝的断言中合乎逻辑地推出，除了：

   A. 凡是不称职的人都看不见这衣服。

   B. 有些称职的人能够看见这衣服。

   C. 凡是能看见这衣服的人都是称职的人或者不愚蠢的人。

   D. 凡是看不见这衣服的人都是不称职的人或者愚蠢的人。

   E. 凡是愚蠢的人都看不见这衣服。

3. 某公司规定，在一个月内，除非每个工作日都出勤，否则任何员工都不可能既获得当月的绩效工资，又获得奖励工资。

   以下哪项与上述规定的意思最为接近？

   A. 在一个月内，任何员工如果所有工作日不缺勤，必然既获得当月的绩效工资，又获得奖励工资。

   B. 在一个月内，任何员工如果所有工作日不缺勤，都有可能既获得当月的绩效工资，又获得奖励工资。

   C. 在一个月内，任何员工如果有某个工作日缺勤，仍有可能获得当月的绩效工资，或者获得奖励工资。

   D. 在一个月内，任何员工如果有某个工作日缺勤，必然或者得不到当月的绩效工资，或者得不到奖励工资。

   E. 在一个月内，任何员工如果所有工作日不缺勤，必然既得不到当月的绩效工资，又得不到奖励工资。

4. 东山市威达建材广场每家商店的门边都设有垃圾桶。这些垃圾桶的颜色是绿色或红色。

   如果上述断定为真，则以下哪项也一定为真？

   Ⅰ. 东山市有一些垃圾桶是绿色的。

   Ⅱ. 如果东山市的一家商店门边没有垃圾桶，那么这家商店不在威达建材广场。

   Ⅲ. 如果东山市的一家商店门边有一个红色垃圾桶，那么这家商店是在威达建材广场。

   A. 仅Ⅰ。   B. 仅Ⅱ。   C. 仅Ⅰ和Ⅱ。

   D. 仅Ⅰ和Ⅲ。   E. Ⅰ、Ⅱ和Ⅲ。

5. 如果张珊参加某学术会议，那么李思、王伍和赵陆将一起参加。

   如果上述断定是真的，那么以下哪项也是真的？

   A. 如果张珊没参加该学术会议，那么李思、王伍、赵陆三人中至少有一人没参加该学术会议。

   B. 如果张珊没参加该学术会议，那么李思、王伍、赵陆三人都没参加该学术会议。

   C. 如果李思、王伍、赵陆都参加了该学术会议，那么张珊也参加了该学术会议。

   D. 如果赵陆没参加该学术会议，那么李思和王伍不会都参加该学术会议。

   E. 如果王伍没参加该学术会议，那么张珊和赵陆不会都参加该学术会议。

6. 如果甲和乙都没有考上研究生，那么丙一定考上了研究生。

   上述前提再增加以下哪项，就可以推出"甲考上了研究生"的结论？

   A. 丙考上了研究生。　　　　　　　　B. 丙没有考上研究生。

   C. 乙没有考上研究生。　　　　　　　D. 乙和丙都没有考上研究生。

   E. 乙和丙都考上了研究生。

第 **3** 节 简单判断秒杀技巧

必备知识

1. 性质判断的四种对当关系

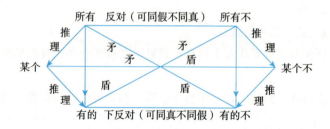

编号	关系	判断	真假情况
①	矛盾关系	"所有"与"有的不" "所有不"与"有的" "某个"与"某个不"	一真一假
②	反对关系	"所有"与"所有不"	两个所有，至少一假； 一真另必假，一假另不定
③	下反对关系	"有的"与"有的不"	两个有的，至少一真； 一假另必真，一真另不定
④	推理关系 （此处满足逆否原则）	所有→某个→有的 所有不→某个不→有的不	上真下必真，下假上必假； 反之则不定

2. 模态判断的四种对当关系

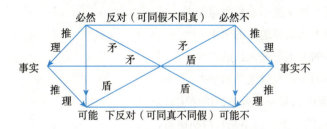

编号	关系	判断	真假情况
①	矛盾关系	"必然"与"可能不" "必然不"与"可能" "事实"与"事实不"	一真一假
②	反对关系	"必然"与"必然不"	两个必然，至少一假； 一真另必假，一假另不定
③	下反对关系	"可能"与"可能不"	两个可能，至少一真； 一假另必真，一真另不定
④	推理关系 （此处满足逆否原则）	必然→事实→可能 必然不→事实不→可能不	上真下必真，下假上必假； 反之则不定

题型 8　简单判断的对当关系

母题技巧

·命题模型·	·模型识别·	·秒杀技巧·
对当关系模型	(1)题干特点： 题干给出性质判断或模态判断。 (2)选项特点： 选项也是性质判断或模态判断。 (2)问题特点： 要求我们根据题干判断选项的真假情况。	方法 1. 利用对当关系的口诀解题。 方法 2. 利用对当关系图(六边形)解题。

典型习题

1. 已知"所有爱老吕的学生都长得萌萌的"为真，判断以下命题的真假。

(1)所有爱老吕的学生不是长得萌萌的。

(2)有的爱老吕的学生长得萌萌的。

(3)有的爱老吕的学生不是长得萌萌的。

(4)酱心这个爱老吕的学生长得萌萌的。

(5)酱肚爱老吕，但不是长得萌萌的。

(6)并非所有爱老吕的学生不是长得萌萌的。

(7)有的长得萌萌的人是爱老吕的学生。

(8)有的长得萌萌的人不是爱老吕的学生。

(9)所有长得萌萌的人都是爱老吕的学生。

(10)所有长得萌萌的人都不是爱老吕的学生。

(11)酱油是爱老吕的学生，但不是长得萌萌的。

2. 已知"所有颜值高的人都不是正义者"为真，判断以下命题的真假。

(1)有的颜值高的人不是正义者。

(2)有的颜值高的人是正义者。

(3)有的正义者不是颜值高的人。

(4)有的正义者是颜值高的人。

(5)酱心这个正义者是颜值高的人。

(6)酱心这个颜值高的人不是正义者。

(7)所有颜值高的人都是正义者。

(8)所有正义者都是颜值高的人。

(9)并非所有颜值高的人都不是正义者。

(10)并非颜值高的人都不是正义者。

3. 已知"有的熟读老吕逻辑者是天才"为真，判断以下命题的真假。

(1)有的天才是熟读老吕逻辑者。

(2)有的天才不是熟读老吕逻辑者。

(3)有的没有熟读老吕逻辑者是天才。

(4)有的熟读老吕逻辑者不是天才。

(5)所有熟读老吕逻辑者都是天才。

(6)所有熟读老吕逻辑者都不是天才。

(7)所有天才都是熟读老吕逻辑者。

(8)所有天才都不是熟读老吕逻辑者。

(9)酱心这个天才是熟读老吕逻辑者。

(10)酱肚这个熟读老吕逻辑者不是天才。

4. 已知"所有教授都是知名学者"为假，判断以下命题的真假。

(1)有的教授是知名学者。

(2)有的教授不是知名学者。

(3)有的不知名学者是教授。

(4)有的知名学者不是教授。

(5)所有知名学者都是教授。

(6)所有知名学者都不是教授。

(7)所有教授都是知名学者。

(8)所有教授都不是知名学者。

(9)酱心这个教授是知名学者。

(10)酱肚这个知名学者不是教授。

5. 开学初，某学院发现有新生未到网络中心办理注册手续。

如果上述断定为真，则以下哪项不能确定真假？

Ⅰ. 该学院所有新生都未到网络中心办理注册手续。

Ⅱ. 该学院所有新生都到网络中心办理了注册手续。

Ⅲ. 该学院有的新生到网络中心办理了注册手续。

Ⅳ. 该学院的新生王伟到网络中心办理了注册手续。

A. Ⅰ、Ⅱ、Ⅲ和Ⅳ。　　　　　B. 仅Ⅰ、Ⅲ和Ⅳ。　　　　　C. 仅Ⅰ和Ⅲ。

D. 仅Ⅰ和Ⅳ。　　　　　E. 仅Ⅱ和Ⅲ。

6. 某小区所有的未经驯化的大型犬都被扑杀了。

如果上述断定为真，则在下述断定中不能确定真假的是：

Ⅰ. 该小区经过驯化的大型犬没被扑杀。

Ⅰ. 该小区未经驯化的小型犬没被扑杀。

Ⅲ. 该小区有的被扑杀的大型犬是未经驯化的。

A. 仅Ⅰ。　　　　　B. 仅Ⅱ。　　　　　C. 仅Ⅰ和Ⅱ。

D. 仅Ⅰ、Ⅲ。　　　　　E. Ⅰ、Ⅱ和Ⅲ。

7. 所有的超市都被检查过了，没有发现假冒伪劣产品。

如果上述断定为真，则在下面四个断定中可确定为假的是：

Ⅰ. 没有超市被检查过。

Ⅱ. 有的超市被检查过。

Ⅲ. 有的超市没有被检查过。

Ⅳ. 售卖假冒伪劣产品的超市已被检查过。

A. 仅Ⅰ和Ⅱ。　　　　　B. 仅Ⅰ和Ⅲ。　　　　　C. 仅Ⅱ和Ⅲ。

D. 仅Ⅰ和Ⅲ和Ⅳ。　　　　　E. Ⅰ、Ⅱ、Ⅲ和Ⅳ。

8. 只有公司相应部门的所有员工都考评合格了，该部门的员工才能得到年终奖金；财务部有些员工考评合格了；综合部所有员工都得到了年终奖金；行政部的赵强考评合格了。

如果以上陈述为真，则以下哪项可能为真？

Ⅰ. 财务部员工都考评合格了。

Ⅱ. 赵强得到了年终奖金。

Ⅲ. 综合部有些员工没有考评合格。

Ⅳ. 财务部员工没有得到年终奖金。

A. 仅Ⅰ和Ⅱ。　　　　　B. 仅Ⅱ和Ⅲ。　　　　　C. 仅Ⅰ、Ⅱ和Ⅳ。

D. 仅Ⅰ、Ⅱ和Ⅲ。　　　　　E. 仅Ⅱ、Ⅲ和Ⅳ。

9. 社区组织的活动有两种类型：养生型和休闲型。组织者对所有参加者的统计发现：社区老人有
　的参加了所有养生型活动，有的参加了所有休闲型活动。
　根据这个统计，以下哪项一定为真？
　A. 社区组织的有些活动没有社区老人参加。
　B. 有些社区老人没有参加社区组织的任何活动。
　C. 社区组织的任何活动都有社区老人参加。
　D. 社区的中年人也参加了社区组织的活动。
　E. 有些社区老人参加了社区组织的所有活动。

第❹节 负判断秒杀技巧

必备知识

1. 负判断的定义

　　负判断也称为负命题或矛盾命题。比如说，A的矛盾命题是￢A，也可以称为￢A是A的负
判断。

2. 负判断公式

判断	负判断的公式或口诀
性质、模态判断	"并非"＋"性质判断"或"模态判断"，等价于去掉前面的"并非"，再将原判断进行如下变化： 　　肯定变否定，否定变肯定。 　　所有变有的，有的变所有。 　　必然变可能，可能变必然。
联言、选言判断	①￢（A∧B）=（￢A∨￢B） ②￢（A∨B）=（￢A∧￢B） ③￢（A∀B）=（￢A∧￢B）∨（A∧B）。此处中间的"∨"也可以写为"∀" 说明：德摩根公式其实就是联言、选言判断的负判断公式。
假言判断	①￢（A→B）=A∧￢B ②￢（￢A→￢B）=￢（A←B）=￢A∧B ③￢（A↔B）=（A∧￢B）∀（￢A∧B）。此处中间的"∀"也可以写为"∨"

题型 9 简单判断的负判断

母题技巧

·命题模型·	·模型识别·	·秒杀技巧·
简单判断的负判断模型（矛盾命题）	命题方式1：题干中出现否定词加简单判断，问哪个选项与之等价。 命题方式2：题干中出现一个判断，问哪个选项与之不符或与之矛盾。	直接利用负判断口诀解题即可。

易错点：
(1)否定词"不"后面的上述关键词需要变，否定词之前的不能变。
(2)"都"="所有"，"不都"="不是所有"="有的不"，"都不"="所有不"。
(3)出现连续的两个否定词，直接约掉即可，双重否定表示肯定。
(4)若出现两个否定词中间还有别的内容，则通过上述口诀替换两个否定词中间的"所有""有的""必然""可能"等关键词，并且第二个否定词后的内容不变。
(5)当量词修饰的是宾语时，替换法口诀未必适用，需要根据句子的意思进行判断，或者将句子变成被动句，这时宾语将变成主语，然后再使用以上口诀。

典型习题

1. 写出下列命题的等价命题。
  (1)并非所有的鸟都会飞。
  (2)并非有的鸟会飞。
  (3)并非所有的鸟都不会飞。
  (4)并非有的鸟不会飞。
  (5)有的鸟不可能会飞。
  (6)有的鸟不必然会飞。
  (7)不可能所有的鸟都会飞。
  (8)鸟不可能都会飞。
  (9)鸟都会飞是不可能的。
  (10)鸟可能不都会飞。
  (11)鸟都不可能会飞。
  (12)并非不可能鸟都会飞。
  (13)并非不必然有的鸟会飞。
  (14)并非有的鸟不可能会飞。
  (15)并非所有的鸟不必然会飞。

2. 宇宙中，除了地球，不一定有居住着智能生物的星球。

下列哪项与上述论述的含义最为接近？

A. 宇宙中，除了地球，一定没有居住着智能生物的星球。

B. 宇宙中，除了地球，一定有居住着智能生物的星球。

C. 宇宙中，除了地球，可能有居住着智能生物的星球。

D. 宇宙中，除了地球，可能没有居住着智能生物的星球。

E. 宇宙中，除了地球，一定没有居住着非智能生物的星球。

3. 有一个学生能解出天下所有的题目。这样的学生是不可能存在的。

以下哪项最接近于上述断定的含义？

A. 任何学生必然有题目解不出。

B. 至少有学生可能解出天下所有的题目。

C. 有的学生可能能解出一些题目。

D. 有的学生必然能解出一些题目。

E. 任何学生必然能解出天下所有的题目。

4. 有粉丝喜欢所有火箭少女。

如果上述断定为真，则以下哪项不可能为真？

A. 所有火箭少女都有粉丝喜欢。

B. 有粉丝不喜欢所有火箭少女。

C. 所有粉丝都不喜欢某个火箭少女。

D. 有粉丝不喜欢某个火箭少女。

E. 每个火箭少女都有粉丝不喜欢。

5. 2019 年，百度当选春晚红包互动平台，这也让春晚的红包合作方集齐了"BAT"。据百度统计，春晚期间，全球观众共参与百度 App 红包互动活动次数达 208 亿次；9 亿元现金被分成大大小小的红包抵达千家万户。近 3 年来，春晚的收视率之所以那么高，不必然是节目受到所有人的喜欢，也许是支付宝、微信、百度等合作方的红包刺激的原因。

如果以上信息为真，则以下哪一项也一定为真？

A. 春晚的节目可能受到有些人的喜欢。

B. 春晚的节目必然不是受到有些人的喜欢。

C. 春晚的节目必然不是受到所有人的喜欢。

D. 春晚的节目可能所有人都不喜欢。

E. 春晚的节目可能没有受到有些人的喜欢。

6. 不必然任何经济发展都导致生态恶化，但不可能有不阻碍经济发展的生态恶化。

以下哪项与上述断定的含义最为接近？

A. 任何经济发展都不必然导致生态恶化，但任何生态恶化都必然阻碍经济发展。

B. 有的经济发展可能导致生态恶化，但任何生态恶化都可能阻碍经济发展。

C. 有的经济发展可能不导致生态恶化，但任何生态恶化都可能阻碍经济发展。

D. 有的经济发展可能不导致生态恶化，但任何生态恶化都必然阻碍经济发展。

E. 任何经济发展都可能不导致生态恶化，但有的生态恶化必然阻碍经济发展。

7. 在上次考试中，老师出了一道非常古怪的难题，有86％的考生不及格。这次考试之前，酱心预测说："根据上次考试情况，这次考试不一定会出那种难题了。"酱油说："这就是说这次考试肯定不出那种难题了。太好了！"酱心说："我不是那个意思。"

下面哪句话与酱心说的意思相似？

A. 这次考试老师不可能不出那种难题。

B. 这次考试老师必定不出那种难题了。

C. 这次考试老师可能不出那种难题了。

D. 这次考试老师不可能出那种难题了。

E. 这次考试不一定不出那种难题了。

8. 朱元璋可以算是中国历史上最勤奋的皇帝之一，据记载，在洪武十七年——公元1384年9月14日到21日共8天的时间里，朱元璋共受理正式文件1 666件，处理官方事务3 391件。用实际行动证明了自己的遗诏"朕膺天命三十有一年，忧危积心，日勤不怠"。然而，即使是天下最勤奋的皇帝，也不可能处理完天下所有的事务。

以下哪个选项，最符合上述题干中的论述？

A. 处理完天下所有事务的人必定是天下最勤奋的皇帝。

B. 天下最勤奋的皇帝不一定能处理完天下所有的事务。

C. 天下最勤奋的皇帝有可能处理完天下所有的事务。

D. 天下最勤奋的皇帝必定处理不完天下所有的事务。

E. 不勤奋的皇帝连很少的事务都处理不完。

9. 对本届奥运会所有奖牌获得者进行了尿样化验，没有发现兴奋剂使用者。

如果以上陈述为假，则以下哪项一定为真？

Ⅰ. 或者有的奖牌获得者没有化验尿样，或者在奖牌获得者中发现了兴奋剂使用者。

Ⅱ. 虽然有的奖牌获得者没有化验尿样，但还是发现了兴奋剂使用者。

Ⅲ. 如果对所有的奖牌获得者进行了尿样化验，则一定发现了兴奋剂使用者。

A. 仅Ⅰ。

B. 仅Ⅱ。

C. 仅Ⅲ。

D. 仅Ⅰ和Ⅲ。

E. 仅Ⅰ和Ⅱ。

题型 10　假言判断的负判断

母题技巧

·命题模型·	·模型识别·	·秒杀技巧·
假言判断的负判断模型（矛盾命题）	(1)题干特点： 题干中出现假言判断。 (2)提问方式： ①如果题干信息为真，则以下哪项必然为假（不可能为真，不能成立）？ ②以下哪项不符合题干？ ③以下哪项能说明题干不成立（最能削弱题干）？	公式①：$\neg(A \to B) = A \wedge \neg B$。 公式②：$\neg(\neg A \to \neg B) = \neg(A \leftarrow B) = \neg A \wedge B$。 口诀：肯前且否后，即肯定假言判断的前件的同时否定其后件。 公式③：$\neg(A \leftrightarrow B) = (A \wedge \neg B) \vee (\neg A \wedge B)$。此处中间的"$\vee$"也可以写为"$\forall$"。

易错点：
A→B 的负判断（矛盾命题）是 $A \wedge \neg B$，不是 $A \to \neg B$。
因为：$(A \to B) = (\neg A \vee B)$，$(A \to \neg B) = (\neg A \vee \neg B)$。所以，当出现 $\neg A$ 时，A→B 和 A→ $\neg B$ 均为真，所以二者并非矛盾关系。

典型习题

1. 在评价一个企业管理者的素质时，有人说："只要企业能获得利润，其管理者的素质就是好的。"

   以下各项都是对上述看法的质疑，除了：

   A. 有时管理者会用牺牲企业长远利益的办法获得近期利润。

   B. 有的管理者采取不正当竞争的办法，损害其他企业，获得本企业的利益。

   C. 某地的卷烟厂连年利润可观，但在领导层中挖出了一个贪污集团。

   D. 某电视机厂的领导任人唯亲，工厂越办越糟，群众意见很大。

   E. 某计算机销售公司近几年的利润在同行业中名列前茅，但有逃避关税的问题。

2. 世界级的马拉松选手每天跑步不少于两小时，除非是元旦，星期天或得了较严重的疾病。

   若以上论述为真，则以下哪项所描述的人不可能是世界级的马拉松选手？

   A. 某人连续三天每天跑步仅一个半小时，并且没有任何身体不适。

   B. 某运动员几乎每天都要练习吊环。

   C. 某人在脚伤痊愈的一周里每天跑步至多一小时。

   D. 某运动员在某个星期三没有跑步。

   E. 某运动员身体瘦高，别人都说他像跳高运动员，他的跳高成绩相当不错。

3. 某大学考古研究会宣布，任何一个三年级以上的学生，只要对考古有兴趣并且至少选修过一门考古学相关课程，都可以参加考古挖掘实习。

以下哪项如果为真，说明上述规定没有得到贯彻？

Ⅰ．小张是二年级学生，对考古有兴趣并且选修过两门考古学相关课程，被批准参加考古挖掘实习。

Ⅱ．小李是三年级学生，对考古有兴趣但未选修过考古学相关课程，被批准参加考古挖掘实习。

Ⅲ．小王是四年级学生，对考古有兴趣并且选修过两门考古学相关课程，但未被批准参加考古挖掘实习。

A. 仅Ⅰ。   B. 仅Ⅱ。   C. 仅Ⅲ。

D. 仅Ⅰ和Ⅱ。   E. Ⅰ、Ⅱ和Ⅲ。

4. 甲、乙、丙共同经营一家理发店。在任何时候，必须至少有一人留守店内。也就是说，如果丙外出，那么，如果甲也外出，则乙必须留在店内。但问题是，只有在乙陪伴时，甲才会外出。

如果以上信息为真，则以下哪项不可能为真？

A. 甲能够外出。   B. 甲留在店内，乙和丙外出。   C. 乙能够外出。

D. 丙总留在店内。   E. 乙留在店内，甲和丙外出。

5. "并非当且仅当某人是美院的学生，则他一定会画油画"。

下列哪个选项是对上述命题的正确理解？

A. 某人是美院学生但不会画油画。

B. 不是美院学生但会画油画的也不少。

C. 某人不是美院学生但会画油画。

D. 某人是美院学生但不会画油画，或者某人不是美院学生但会画油画。

E. 如果某人会画油画，那么他一定是美院的学生。

第3章 推理

本章思维导图

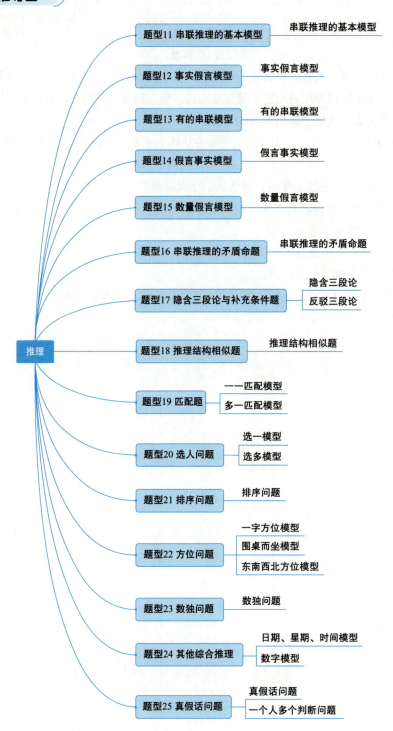

题型11 串联推理的基本模型 —— 串联推理的基本模型

题型12 事实假言模型 —— 事实假言模型

题型13 有的串联模型 —— 有的串联模型

题型14 假言事实模型 —— 假言事实模型

题型15 数量假言模型 —— 数量假言模型

题型16 串联推理的矛盾命题 —— 串联推理的矛盾命题

题型17 隐含三段论与补充条件题 —— 隐含三段论 / 反驳三段论

推理

题型18 推理结构相似题 —— 推理结构相似题

题型19 匹配题 —— 一一匹配模型 / 多一匹配模型

题型20 选人问题 —— 选一模型 / 选多模型

题型21 排序问题 —— 排序问题

题型22 方位问题 —— 一字方位模型 / 围桌而坐模型 / 东南西北方位模型

题型23 数独问题 —— 数独问题

题型24 其他综合推理 —— 日期、星期、时间模型 / 数字模型

题型25 真假话问题 —— 真假话问题 / 一个人多个判断问题

第❶节 串联推理秒杀技巧

题型11 串联推理的基本模型

母题技巧

·命题模型·	·模型识别·	·秒杀技巧·
串联推理的基本模型	(1)题干特点： 题干出现多个假言，且能串联。 (2)选项特点： 选项一般也是由假言组成；个别题目会出现特称判断，即带"有的"的项。	使用四步解题法： 第1步：画箭头。 用箭头表达题干中的每个判断。 第2步：串联。 将箭头统一成右箭头"→"并串联成"A→B→C→D"的形式(注意：不能串联的箭头就不需要串联)。 第3步：逆否。 如有必要，写出其逆否命题：¬D→¬C→¬B→¬A。 第4步：分析选项，找答案。 根据箭头指向原则(有箭头指向则为真；没有箭头指向则可真可假)，判断选项的真假。

注意：
1."所有的A是B"是一个全称判断。但在串联推理题中，可以将其写为"A→B"，从而看作假言判断。
2. 有些题目中，虽然出现多个假言判断，但这些假言判断的前件后件中没有重复信息，这类题是无法进行串联的，直接写出已知条件的逆否命题就可以求解。

典型习题

1. 本科生要拥有一流的科研实力，就要有厚实的理论基础。只有拥有一流的科研实力，本科生才能发表学术文章。要想获得推免资格，必须发表学术文章。

   以下各项都符合题干的意思，除了：

   A. 本科生不能发表学术文章，除非有厚实的理论基础。

   B. 只要本科生有厚实的理论基础，就能发表学术文章。

   C. 如果本科生有一流的科研实力，就不会没有厚实的理论基础。

   D. 不能设想本科生有一流的科研实力，但缺乏厚实的理论基础。

   E. 本科生或者没有一流的科研实力，或者有厚实的理论基础。

2. 相互尊重是相互理解的基础，相互理解是相互信任的前提。在人与人的相互交往中，自重、自信也是非常重要的，没有一个人尊重不自重的人，没有一个人信任他所不尊重的人。

以上陈述可以推出以下哪项结论？

A. 不自重的人也不被任何人信任。

B. 相互信任才能相互尊重。

C. 不自信的人也不自重。

D. 不自信的人也不被任何人信任。

E. 不自信的人也不受任何人尊重。

3. 只有住在广江市的人才能够不理睬通货膨胀的影响；住在广江市的每一个人都要付税；每一个付税的人都发牢骚。

根据上面的这些句子，判断下列各项哪项一定是真的？

Ⅰ. 每一个不理睬通货膨胀影响的人都要付税。

Ⅱ. 不发牢骚的人中没有一个能够不理睬通货膨胀的影响。

Ⅲ. 每一个发牢骚的人都能够不理睬通货膨胀的影响。

A. 仅Ⅰ。   B. 仅Ⅰ和Ⅱ。   C. 仅Ⅱ。

D. 仅Ⅱ和Ⅲ。   E. Ⅰ、Ⅱ和Ⅲ。

4. 如果面粉价格继续上涨，佳食面包店的面包成本必将大幅度增加。在这种情况下，佳食面包店将会考虑以扩大饮料的经营来弥补面包销售利润的下降。但是，佳食面包店只有保证面包销售利润不下降，才可避免整体收益明显减少。

以下哪项陈述可以从上文逻辑中得出？

A. 如果佳食面包店的整体收益减少，它购买面粉的成本将继续增加。

B. 如果佳食面包店的整体收益减少，要么扩大饮料的经营，要么减少面包的销售。

C. 如果面粉的价格继续上涨，佳食面包店的整体收益将明显减少。

D. 即使佳食面包店的整体收益不减少，购买面粉的成本也不会降低。

E. 要么购买面粉的成本将继续增加，要么佳食面包店的面包销售量将增加。

5. 某科研单位2013年新招聘的研究人员，或者是具有副高以上职称的"引进人才"，或者是有北京户籍的应届毕业的博士研究生。应届毕业的博士研究生都居住在博士后公寓中，"引进人才"都居住在"牡丹园"小区。

关于该单位2013年新招聘的研究人员，以下哪项判断是正确的？

A. 居住在博士后公寓的都没有副高以上职称。

B. 具有博士学位的都是具有北京户籍的。

C. 居住在"牡丹园"小区的都没有博士学位。

D. 非应届毕业的博士研究生都居住在"牡丹园"小区。

E. 有些具有副高以上职称的"引进人才"也具有博士学位。

6. 所有巴克纳文集都保存在藏书室里；如果一本书被保存在藏书室里，这本书就一定是无价的；藏书室里没有海明威写的书，藏书室里的每一本书都列入目录卡。

如果上述判断为真，以下哪个选项一定为真？

A. 所有无价的书都保存在藏书室里。

B. 列在目录卡中的巴克纳文集没有价值。

C. 海明威的书是无价的。

D. 有的巴克纳文集中不包括海明威写的书。

E. 所有列入目录卡的书都保存在藏书室里。

7. 某登山旅游小组成员互相帮助，建立了深厚的友谊。后加入的李佳已经获得其他成员多次救助，但是她尚未救助过任何人，救助过李佳的人均曾被王玥救助过，赵欣救助过小组的所有成员，王玥救助过的人也曾被陈蕃救助过。

根据以上陈述，可以得出以下哪项结论？

A. 陈蕃救助过赵欣。　　　　B. 王玥救助过李佳。　　　　C. 王玥救助过陈蕃。

D. 陈蕃救助过李佳。　　　　E. 王玥没有救助过李佳。

8. 在微波炉清洁剂中加入漂白剂，就会释放出氯气；在浴盆清洁剂中加入漂白剂，也会释放出氯气；在排烟机清洁剂中加入漂白剂，没有释放出任何气体。现有一种未知类型的清洁剂，加入漂白剂后，没有释放出氯气。

根据上述实验，以下哪项关于这种未知类型的清洁剂的断定一定为真？

Ⅰ. 它是排烟机清洁剂。

Ⅱ. 它既不是微波炉清洁剂，也不是浴盆清洁剂。

Ⅲ. 它要么是排烟机清洁剂，要么是微波炉清洁剂或浴盆清洁剂。

A. 仅Ⅰ。　　　　　　　　　B. 仅Ⅱ。　　　　　　　　　C. 仅Ⅲ。

D. 仅Ⅰ和Ⅱ。　　　　　　　E. Ⅰ、Ⅱ和Ⅲ。

9. 信仰乃道德之本，没有信仰的道德，是无源之水、无本之木。没有信仰的人是没有道德底线的；而一个人一旦没有了道德底线，那么法律对于他也是没有约束力的。法律、道德、信仰是社会和谐运行的基本保障，而信仰是社会和谐运行的基石。

根据以上陈述，可以得出以下哪项？

A. 道德是社会和谐运行的基石之一。

B. 如果一个人有信仰，法律就能对他产生约束力。

C. 只有社会和谐运行，才能产生道德和信仰的基础。

D. 法律只对有信仰的人具有约束力。

E. 没有道德也就没有信仰。

10. 尊重他人是一种高尚的美德，是个人内在修养的外在表现；受人尊重是一种享受，更是一种幸福。人都渴望得到他人的尊重，但只有尊重他人才能赢得他人的尊重。

根据以上陈述，可以得出以下哪项？

A. 只有具有高尚的美德才能赢得幸福。

B. 只有加强内在修养才能赢得他人尊重。

C. 不具备任何高尚的美德就不能赢得他人的尊重。

D. 尊重总是双方的，单方面的尊重是不存在的。

E. 如果你不尊重他人，就不可能得到幸福。

题型 **12** 事实假言模型

母题技巧

·命题模型·	·模型识别·	·秒杀技巧·
事实假言模型	(1)题干特点： 题干由事实和假言判断组成。 (2)选项特点： 选项全部是事实描述。	**方法一：串联法。** 第1步：画箭头，如有需要，可写出逆否命题。 第2步：串联。 第3步：确定事实，找答案。 **方法二：事实出发法。** 从事实出发，根据口诀"肯前必肯后，否后必否前"可以直接推出答案。 因为： $\quad\quad\quad$ A→B，等价于： ¬ B→¬ A。 若已知 A 为真(肯前)，则必能推出 B 真(肯后)。 若已知 B 为假(否后)，则必能推出 A 为假(否前)。 **秒杀口诀：** $\quad\quad$ 题干事实加假言，事实出发做串联； $\quad\quad$ 肯前否后别犹豫，重复信息直接连。

典型习题

1. 一位编辑正在考虑报纸理论版块稿件的取舍问题。现有 E、F、G、H、J、K 六篇论文可供选择。考虑到文章的内容、报纸的版面等因素，必须满足以下条件：

   (1)如果采用论文 E，那么不能采用论文 F，但要采用论文 K。

   (2)只有不采用论文 J，才能采用论文 G 或论文 H。

   (3)如果不采用论文 G，那么也不采用论文 K。

   (4)论文 E 是向名人约的稿件，不能不采用。

   以上断定如果为真，则下面哪一项也一定是真的？

   A. 采用论文 E，但不采用论文 H。　　　　　B. G 和 H 两篇论文都采用。

   C. 不采用论文 J，但采用论文 K。　　　　　D. G 和 J 两篇论文都不采用。

   E. 采用论文 G，但不采用论文 H。

2. 某科研单位有赵嘉、钱宜、孙斌、李思、周武、吴纪等 6 名顶级专家。该单位的一名或多名专家参与一项科研攻坚任务。已知：

   (1)若吴纪或赵嘉参与，则李思参与。

   (2)若李思或孙斌参与，则周武参与。

   现知道周武并未参与该科研攻坚任务，则可以得出以下哪项？

   A. 李思参与了。　　　　　B. 钱宜参与了。　　　　　C. 吴纪参与了。

   D. 孙斌参与了。　　　　　E. 赵嘉参与了。

3. 近年来，欧美等海外留学市场持续升温，越来越多的国人把自己的孩子送出去。与此同时，部分学成归国人员又陷入了求职困境之中，成为"海待"一族。有权威人士指出："作为一名拥有海外学位的求职者，如果你具有真才实学和基本的社交能力，并且能够在择业过程中准确定位的话，那么你不可能成为'海待'"。大田是在英国取得硕士学位的归国人员，他还没有找到工作。

根据上述论述，能够推出以下哪项结论？

A. 大田具有真才实学和基本的社交能力，但是定位不准确。

B. 大田或者不具有真才实学，或者缺乏基本的社交能力，或者没有能在择业过程中准确定位。

C. 大田不具有真才实学和基本的社交能力，但是定位准确。

D. 大田不具有真才实学和基本的社交能力，并且没有准确定位。

E. 大田虽然不具有真才实学，但是他的社交能力很强，而且定位很准确。

4. 《冰与火之歌》第八季上映前，几位影迷对剧情作了如下猜测：

张珊说：只要雪诺和夜王能活下来，三傻就不能活下来。

李思说：除非龙母不能活下来，否则夜王能活下来。

王伍说：雪诺和三傻都能活下来。

该片上映后，发现上述断定都是真的，那么以下哪项也一定是真的？

A. 夜王和龙母都能活下来。

B. 并非或者夜王能活下来或者龙母能活下来。

C. 夜王能活下来但龙母不能活下来。

D. 夜王不能活下来但龙母能活下来。

E. 不能确定到底谁能活下来。

5. 在本年度篮球联赛中，长江队主教练发现，黄河队五名主力队员之间的上场配置有如下规律：

(1)若甲上场，则乙也要上场。

(2)只有甲不上场，丙才不上场。

(3)要么丙不上场，要么乙和戊中有人不上场。

(4)除非丙不上场，否则丁上场。

若乙不上场，则以下哪项配置合乎上述规律？

A. 甲、丙、丁同时上场。　　　　　　　　B. 丙不上场，丁、戊同时上场。

C. 甲不上场，丙、丁都上场。　　　　　　D. 甲、丁都上场，戊不上场。

E. 甲、丁、戊都不上场。

6. 在一种插花艺术中，对色彩有如下要求：

(1)或者使用橙黄，或者使用墨绿。

(2)如果使用橙黄，则不能使用天蓝。

(3)只有使用天蓝，才能使用铁青。

(4)墨绿和铁青只使用一种。

由此可见，在这种插花艺术中色彩的使用应满足：

A. 不使用橙黄，使用铁青。　　　　　　　B. 不使用墨绿，使用天蓝。

C. 不使用墨绿，使用铁青。　　　　　　　D. 不使用天蓝，使用橙黄。

E. 不使用铁青，使用墨绿。

7. 甲、乙、丙、丁、戊五人乘坐高铁出差，他们正好坐在同一排的 A、B、C、D、F 五个座位上。已知：

(1)若甲或者乙中的一人坐在 C 座，则丙坐在 B 座。

(2)若戊坐在 C 座，则丁坐在 F 座。

如果丁坐在 B 座，那么可以确定的是：

A. 甲坐在 A 座。　　　　　　B. 乙坐在 D 座。　　　　　　C. 丙坐在 C 座。

D. 戊坐在 F 座。　　　　　　E. 戊坐在 A 座。

8. 红星中学对学生进行了一次摸底考试。有人根据平时学习情况对任刚、王强、李玲、赵兰 4 名同学的成绩由高到低做出如下预测：

(1)如果任刚排第三，那么李玲排第一。

(2)如果王强既不排第一也不排第二，那么任刚排第三。

(3)任刚的排序与李玲相邻，但与王强不相邻。

事后得知，上述预测符合调查结果。

根据以上信息，可以得出以下哪项？

A. 任刚不排第一就排第四。　　　　　　B. 王强不排第二就排第三。

C. 李玲不排第二就排第四。　　　　　　D. 赵兰不排第一就排第三。

E. 以上都不对。

9. A 国的反政府武装组织绑架了 23 名在 A 国做援助工作的 H 国公民作为人质，要求政府释放被关押的该武装组织的成员。如果 A 国政府不答应反政府武装组织的要求，该组织会杀害人质；如果人质惨遭杀害，将使多数援助 A 国的国家望而却步；如果 A 国政府答应反政府武装组织的要求，该组织将以此为成功案例，不断复制绑架事件。

以下哪项结论可以从上面的陈述中推出？

A. 多数国家的政府会提醒自己的国民：不要前往危险的 A 国。

B. 反政府武装还会制造绑架事件。

C. 如果多数援助 A 国的国家继续派遣人员去 A 国，绑架事件还将发生。

D. H 国政府反对用武力解救人质。

E. H 国政府不再对 A 国提供援助。

10. M 大学社会学学院的老师都曾经对甲县某些乡镇进行家庭收支情况调研，N 大学历史学院的老师都曾经到甲县的所有乡镇进行历史考察。赵若兮曾经对甲县所有乡镇家庭收支情况进行调研，但未曾到项郓镇进行历史考察；陈北鱼曾经到梅河乡进行历史考察，但从未对甲县家庭收支情况进行调研。

根据以上信息，可以得出以下哪项？

A. 陈北鱼是 M 大学社会学学院的老师，且梅河乡是甲县的。

B. 赵若兮是 M 大学的老师。

C. 陈北鱼是 N 大学的老师。

D. 对甲县的家庭收支情况调研，也会涉及相关的历史考察。

E. 若赵若兮是 N 大学历史学院的老师，则项郓镇不是甲县的。

题型 13　有的串联模型

母题技巧

·命题模型·	·模型识别·	·秒杀技巧·
有的串联模型	(1)题干特点： 题干由特称(有的)和全称判断组成。 (2)选项特点： 选项也是特称和全称判断。	**方法 1. 四步解题法。** 第1步：画箭头。 用箭头表达题干中的每个判断。 第2步：从"有的"开始做串联。 将箭头统一成右箭头"→"并串联成"有的 A→B→C→D"的形式(注意："有的"放开头)。 第3步：逆否。 如有必要，写出其逆否命题：¬D→¬C→¬B(注意：带"有的"的项不逆否)。 第4步：分析选项，找答案。 根据箭头指向原则和"有的"互换原则，判断选项的真假。 **方法 2. 有的开头法。** 当我们对四步解题法掌握的足够熟练后，可以直接找到题干中带"有的"的条件，从"有的"开始串联即可。 **秒杀口诀：** 　　　　题干有的加所有，有的一定串开头； 　　　　重复信息直接串，有的互换找答案。
两个基本原则与两个特殊公式： (1)"有的"互换原则： 　　　　　　　　"有的 A 是 B"＝"有的 B 是 A"。 　　　"有的 A 不是 B"＝"有的 A 是非 B"＝"有的非 B 是 A"。 (2)"有的"开头原则： 　　　　　　　　一串一"有的"，"有的"放开头。 (3)"所有"推"有的"公式： 　　　　所有 A 是 B，可推出：有的 A 是 B。从而得到：有的 B 是 A。 (4)双所有串联公式： 　　　　已知：①所有 A 是 B(A→B)，②所有 A 是 C(A→C)。 　①可推出：有的 A 是 B，等价于有的 B 是 A，可与②串联得：有的 B→A→C。 　②可推出：有的 A 是 C，等价于有的 C 是 A，可与①串联得：有的 C→A→B。		

典型习题

1. 在某学校的一次调查中，所有的教师都接受了调查。调查结果表明，所有男教师都是精力充沛的人。同时还发现，不爱运动的人其精力也不充沛。让人惊奇的是，有一些男教师很害羞。

   如果上面的陈述是正确的，下面哪一项也是正确的？

   Ⅰ．有些害羞的人是爱运动的人。

   Ⅱ．有些害羞但爱运动的人不是男教师。

   Ⅲ．并非所有不爱运动的人都是男教师。

A. 仅Ⅰ。   B. 仅Ⅱ。   C. 仅Ⅲ。

D. 仅Ⅰ和Ⅲ。   E. Ⅰ、Ⅱ和Ⅲ。

2. 所有甲都属于乙，有些甲属于丙，所有乙都属于丁，没有戊属于丁，有些戊属于丙。

以下哪一项不能从上述论述中推出？

A. 有些丙属于丁。   B. 没有戊属于乙。   C. 有些甲属于戊。

D. 所有甲都属于丁。   E. 有的丙不属于甲。

3. 新学年开学伊始，有些新生刚入学就当上了校学生会干部。在奖学金评定中，所有宁夏籍的学生都申请了本年度的甲等奖学金，所有校学生会干部都没有申请本年度的甲等奖学金。

如果上述断定是真的，以下哪项有关断定也必定是真的？

A. 所有的新生都不是宁夏人。

B. 有些新生申请了本年度的甲等奖学金。

C. 并非所有宁夏籍的学生都是新生。

D. 有些新生不是宁夏人。

E. 有些学生会干部是宁夏人。

4. 蝴蝶是一种非常美丽的昆虫，大约有 14 000 种，大部分分布在美洲，尤其在亚马孙河流域品种最多，在世界其他地区除了南北极寒冷地带以外都有分布。在亚洲，中国台湾地区也以蝴蝶品种繁多著名。蝴蝶翅膀一般色彩鲜艳，翅膀和身体有各种花斑，头部有一对棒状或锤状触角。最大的蝴蝶翅展可达 24 厘米，最小的只有 1.6 厘米。

根据以上陈述，可以得出以下哪项？

A. 蝴蝶的首领是昆虫的首领之一。

B. 最大的蝴蝶是最大的昆虫。

C. 蝴蝶品种繁多，所以各类昆虫的品种繁多。

D. 有的昆虫翅膀色彩鲜艳。

E. 最小的蝴蝶比最小的昆虫大。

5. 所有的山东人都是黄种人。所有的山东人都喜欢吃煎饼卷大葱。有些黄种人喜欢吃北京烤鸭。

如果以上断定为真，则以下哪项也一定为真？

Ⅰ. 有些黄种人不是山东人。

Ⅱ. 有些黄种人不喜欢吃北京烤鸭。

Ⅲ. 有些黄种人喜欢吃煎饼卷大葱。

A. 仅Ⅰ。   B. 仅Ⅱ。   C. 仅Ⅲ。

D. 仅Ⅰ和Ⅲ。   E. Ⅰ、Ⅱ和Ⅲ。

6. 某餐馆对顾客口味的一项调查发现，所有喜欢川菜的顾客都喜欢徽菜，但都不喜欢粤菜；有些喜欢粤菜的顾客也喜欢徽菜。

如果上述断定为真，以下各项都一定为真，除了：

A. 有的喜欢徽菜的顾客喜欢川菜。

B. 有的喜欢徽菜的顾客喜欢粤菜。

C. 有的喜欢徽菜的顾客既喜欢川菜又喜欢粤菜。

D. 有的喜欢徽菜的顾客不喜欢川菜。

E. 有的喜欢徽菜的顾客不喜欢粤菜。

题型 14 假言事实模型

母题技巧

·命题模型·	·模型识别·	·秒杀技巧·
假言事实模型	(1)题干特点：题干由假言判断组成。 (2)选项特点：选项是事实描述。	**方法 1. 串联找矛盾法。** 第1步：画箭头。 第2步：串联。 串联后一般可以推出矛盾，例如： (1)从"A"出发推出与已知条件矛盾，则"A"为假。 (2)从"A"出发推出了"¬A"，即从"A"推出了矛盾，故"A"为假。 第3步：推出事实。 **方法 2. 找二难推理法。** 第1步：找重复元素。 第2步：找二难推理。 第3步：推出事实。 **秒杀口诀：** 假言推事实，办法有两种； 要么找矛盾，要么找二难。

二难推理公式：

公式(1)：进退两难

$$A \lor \neg A;$$
$$A \to B;$$
$$\neg A \to C;$$

所以，$B \lor C$。

公式(2)：左右为难

$$A \lor B;$$
$$A \to C;$$
$$B \to D;$$

所以，$C \lor D$。

公式(3)：迎难而上

$$A \lor \neg A;$$
$$A \to B;$$
$$\neg A \to B;$$

所以，B。

公式(4)：难以发生

$$A \to B，等价于：\neg B \to \neg A;$$
$$A \to \neg B，等价于：B \to \neg A;$$

所以，$\neg A$。

公式(5)：难上加难

$$A \land B;$$
$$A \to C;$$
$$B \to D;$$

所以，$C \land D$。

典型习题

1. 小赵："最近几个月股票和基金市场很活跃，你有没有成为股民或基民？"

   小王："我只能告诉你，股票和基金我至少买了其中之一；如果我不买基金，那么我也不买股票。"

   如果小王告诉小赵的都是实话，则以下哪项一定为真？

   A. 小王买了基金。　　　　　B. 小王买了股票。　　　　　C. 小王没买基金。

   D. 小王没买股票。　　　　　E. 小王既没有买基金，也没有买股票。

2. 下面是甲、乙、丙、丁四位专家关于选调生的录取意见：

   甲：如果不录取李正，那么不录取王兴。

   乙：如果不录取王兴，那么录取李正。

   丙：如果录取李正，那么录取周成。

   丁：周成或者赵立至少有一个不被录取。

   如果上述要求均被满足，则以下哪项一定为真？

   A. 录取王兴。　　　　　　　B. 不录取李正。　　　　　　C. 不录取周成。

   D. 不录取赵立。　　　　　　E. 不录取王兴。

3. 某非洲国家面临如下问题：

   ①如果停工停产，那么必然导致经济下滑。

   ②若经济下滑，将出现严重饥荒。

   ③除非不出现严重饥荒，否则不能停工停产。

   如果上述断定都是真的，那么以下哪项也一定是真的？

   A. 一定出现经济下滑。　　　B. 一定出现污染环境。　　　C. 必须停工停产。

   D. 不能停工停产。　　　　　E. 不会出现经济下滑。

4. 如果能有效率地运作经济，就一定变得人人富有。如果一个国家想保持政治稳定，它所创造的
   财富是公正的分配。在"理想国度"：经济都是有效地运作，并且政治也是十分稳定的。

   根据以上陈述，可以得出以下哪项关于"理想国度"的结论？

   A."理想国度"如果人人富有，那么财富未能公正的分配。

   B."理想国度"的财富都掌握在少数资本家手中。

   C."理想国度"是人人富有的，并且财富都是公正的分配。

   D. 在"理想国度"，是不可能人人富有的。

   E."理想国度"是人人富有的，但是财富未能公正的分配。

5. 小李考上了清华，或者小孙未考上北大。如果小张考上了北大，则小孙也考上了北大。如果小
   张未考上北大，则小李考上了清华。如果上述断定为真，则以下哪项一定为真？

   A. 小李考上了清华。　　　　B. 小李未考上清华。　　　　C. 小张考上了北大。

   D. 小张未考上北大。　　　　E. 以上断定都不一定真。

6. 某中药制剂中，需满足以下条件：

   (1)人参或者党参至少必须有一种。

   (2)如果有党参，就必须有白术。

   (3)白术、人参至多只能有一种。

   (4)若有人参，就必须有首乌。

   (5)若有首乌，就必须有白术。

如果以上为真，则该中药制剂中一定包含以下哪两种药物？

A. 人参和白术。　　　　　　B. 党参和白术。　　　　　　C. 首乌和党参。

D. 白术和首乌。　　　　　　E. 党参和人参。

7. 由于演员稀缺，"鸿门宴"话剧团王团长下达命令，每位演员必须上报自己在不同的演出计划中想扮演的角色。赵嘉决定在"项庄""沛公""范增""张良"和"樊哙"这五个历史人物角色中选择一个或多个进行上报，此外，还需要满足以下条件：

(1)如果选择了"项庄"，那么就不选择"范增"，也不选择"沛公"。

(2)只有选择"范增"，才不选择"张良"。

(3)如果没有选择"樊哙"，也没有选择"沛公"，那么就不选择"张良"。

(4)"樊哙"和"项庄"至少选择一个上报。

根据上述信息，可以得出以下哪项？

A. 赵嘉选择了"项庄"。　　　　　　B. 赵嘉没有选择"沛公"。

C. 赵嘉选择了"张良"。　　　　　　D. 赵嘉选择了"樊哙"。

E. 赵嘉没有选择"范增"。

8. 大学毕业后，同一宿舍的甲、乙、丙、丁、戊、己六位好伙伴均收到了来自：天和、风云、长今、南华、北清、西京六家公司的聘用通知。商议之后，他们决定：

(1)每个人只能挑选一家公司，每家公司有且仅有一人选择。

(2)若乙选择长今，则丙不选南华且己不选天和。

(3)若丁不选择北清或者戊不选长今，则己选择北清且丙选南华。

根据上述信息，可以得出以下哪项？

A. 甲不选天和。　　　　　　B. 乙不选长今。　　　　　　C. 丙不选南华。

D. 丁不选西京。　　　　　　E. 戊不选天和。

题型 15　数量假言模型

母题技巧

·命题模型·	·模型识别·	·秒杀技巧·
数量假言模型	(1)题干特点： 题干由简单的数量关系(如，5个运动员中选3个入选奥运会)和假言判断组成。 (2)选项特点： 选项全部是事实。	解题步骤： 第1步：当题干出现数量关系时，先看题干中的数量关系是否需要计算，如有需要，先计算数量关系。 第2步：将题干中的假言进行串联推理，一般会出现两种可能：一、在数量关系处出现矛盾；二、出现二难推理。 第3步：根据矛盾或二难推理推出事实。 总结成秒杀口诀如下： 　　题干数量加假言，数量关系优先算； 　　如有事实就串联，还有矛盾和二难。

典型习题

1. 北京冬奥会短道速滑比赛中，甲、乙、丙、丁、戊、己、庚、辛共 8 名运动员进入了半决赛。经过半决赛的角逐，其中会有 4 名进入决赛。最终，半决赛的比赛结果如下：

   (1)如果己进入决赛，则戊也进入决赛。

   (2)如果丁进入决赛，则己也进入决赛。

   (3)只要丙、庚、辛中至少有 1 人进入决赛，则己也进入决赛。

   根据以上信息，可以得出以下哪项？

   A. 甲进入决赛了。　　　　B. 丙进入决赛了。　　　　C. 庚进入决赛了。

   D. 戊进入决赛了。　　　　E. 辛进入决赛了。

2. 北京冬奥会 U 形池比赛中，现有甲、乙、丙、丁、戊、己、庚、辛、壬、癸共 10 位选手参加资格赛。已知：

   (1)至少有 7 人进入决赛。

   (2)甲、乙、丁、戊、己中至多有 3 人进入决赛。

   (3)壬、癸中至多有 1 人进入决赛。

   (4)如果丙和庚都入围，则甲和壬都不能进入决赛。

   (5)如果戊进入决赛，则癸不能进入决赛。

   根据上述信息，可以得出以下哪项？

   A. 甲、乙、丙都进了决赛。　　　B. 乙、丙、戊都进了决赛。

   C. 乙、丙、丁都进了决赛。　　　D. 壬、乙、癸都进了决赛。

   E. 壬和癸都没进决赛。

3. 甲、乙、丙三人为同学计划进行体育锻炼，他们从短跑、跳高、篮球、足球四项活动中选择。每个项目恰有一人选择，每人至少选择了一个体育项目，且每人选择的都不相同，同时还必须满足以下要求：

   (1)甲选择的项目数不是最少的。

   (2)乙、丙中至少有一个人要选择短跑，则甲只选择篮球。

   (3)若甲不选择足球或者乙不选择跳高，则丙选择短跑。

   根据以上论述，以下哪个选项不可能为真？

   A. 甲选择足球。　　　　　　B. 如果丙选择跳高，则甲选择短跑。

   C. 乙选择跳高。　　　　　　D. 丙选择的不是篮球。

   E. 如果甲选择足球，则丙不选择跳高。

4. 甲、乙、丙、丁和戊 5 人到赵村、李村、陈村、王村 4 村驻村考察，每人只去一个村，每个村至少去 1 人。已知：

   ①若甲或乙至少有 1 人去赵村，则丁去王村且戊不去王村。

   ②若乙去赵村或丁去王村，则戊去王村而甲不去陈村。

   ③若丁、戊并非都去王村，则甲去赵村。

   根据以上陈述，可以得出下列哪项？

   A. 甲去李村，乙去赵村。　　　　B. 乙去陈村，丙去赵村。

C. 丙去赵村，丁去李村。　　　　　D. 丁去赵村，戊去王村。

E. 乙去陈村，丁去赵村。

5. 美佳、新月、海奇三家商店在美食一条街毗邻而立。已知，三家店中两家销售茶叶、两家销售水果、两家销售糕点、两家销售调味品；每家都销售上述4类商品中的2～3种。另外，还知道：

(1)如果美佳销售水果，则海奇也销售水果。

(2)如果海奇销售水果，则它也销售糕点。

(3)如果美佳销售糕点，则新月也销售糕点。

如果美佳不销售调味品，则可以得出以下哪项？

A. 海奇不销售水果。　　　　B. 新月销售水果。　　　　C. 美佳不销售水果。

D. 海奇销售茶叶。　　　　　E. 新月销售茶叶。

6～7题基于以下题干：

某高校教授欲在他的7位研究生：甲、乙、丙、丁、戊、己、庚中选择4位协助其完成某国家级科研项目。在选择时，需要满足以下条件：

(1)除非不选择戊，才能选择乙。

(2)不选择己，也不选择庚，否则不能选择丁。

(3)己、乙和丙中必须选择2人。

6. 若该教授没有选择己，则以下哪项完整地列出了他一定会选择的学生名单？

A. 乙、丙。　　　　　　　B. 乙、戊。　　　　　　　C. 丙、丁。

D. 乙、丙、甲。　　　　　E. 乙、庚、丙、甲。

7. 若甲、丙二者必居其一，则他一定会选择以下哪位研究生？

A. 己。　　　　　　　　　B. 戊。　　　　　　　　　C. 丁。

D. 丙。　　　　　　　　　E. 甲。

题型 16　串联推理的矛盾命题

母题技巧

·命题模型·	·模型识别·	·秒杀技巧·
串联推理的矛盾命题	(1)题干特点： 题干由多个假言判断组成。 (2)提问方式： 以下哪项最能削弱/反驳题干？ 以下哪项最能说明题干不成立？ 若题干为真，则以下哪项必然为假？ 以下哪项最不符合题干？	第1步：画箭头。 第2步：串联。 　　将题干串联成：A→B→C→D。 第3步：找矛盾命题。 　　口诀：肯前且否后。 如：A∧¬D，B∧¬D，A∧¬C等，均与题干矛盾，即为正确答案。

典型习题

1. 正是因为有了第二味觉，哺乳动物才能够边吃边呼吸。很明显，边吃边呼吸对保持哺乳动物高效率的新陈代谢是必要的。

   以下哪种有关哺乳动物的发现，最能削弱以上断言？

   A. 有高效率的新陈代谢和边吃边呼吸的能力的哺乳动物。

   B. 有低效率的新陈代谢和边吃边呼吸的能力的哺乳动物。

   C. 有低效率的新陈代谢但没有边吃边呼吸的能力的哺乳动物。

   D. 有高效率的新陈代谢但没有第二味觉的哺乳动物。

   E. 有低效率的新陈代谢和第二味觉的哺乳动物。

2. 在恐龙灭绝 6 500 万年后的今天，地球正面临着又一次物种大规模灭绝的危机。截至 20 世纪末，全球大约有 20％的物种灭绝。现在，大熊猫、西伯利亚虎、北美玳瑁、巴西红木等许多珍稀物种面临着灭绝的危险。有三位学者对此作了预测：

   学者一：如果大熊猫灭绝，则西伯利亚虎也将灭绝。

   学者二：如果北美玳瑁灭绝，则巴西红木不会灭绝。

   学者三：或者北美玳瑁灭绝，或者西伯利亚虎不会灭绝。

   如果三位学者的预测都为真，则以下哪项一定为假？

   A. 大熊猫和北美玳瑁都将灭绝。

   B. 巴西红木将灭绝，西伯利亚虎不会灭绝。

   C. 大熊猫和巴西红木都将灭绝。

   D. 大熊猫将灭绝，巴西红木不会灭绝。

   E. 巴西红木将灭绝，大熊猫不会灭绝。

3. 如果培养出了高水平的创造型人才，就说明充分提高了教育质量。如果不注重全民族逻辑思维的培养，就不能充分提高教育质量。如果注重全民族逻辑思维的培养，就提高了全民族逻辑思维能力。

   如果以下哪项为真，最能削弱上述断言？

   A. 如果充分提高了教育质量，就能提高全民族的逻辑思维能力。

   B. 如果没有能够培养出高水平的创造型人才，就说明没有注重全民族逻辑思维的培养。

   C. H 国或者没有注重全民族逻辑思维的培养，或者提高了全民族的逻辑思维能力。

   D. H 国培养出了高水平的创造型人才但却没提高全民族的逻辑思维能力。

   E. H 国或者未能培养出高水平的创造型人才，或者注重全民族逻辑思维的培养。

4. 只有理解戏剧的精髓的人才喜欢戏剧。一个人必须具有一定的文化背景，否则不可能理解戏剧的精髓。一个人要具有一定的文化背景，必须进行过专业化的学习才能获得。

   如果上面的陈述是真实的，则下列哪项一定为假？

   A. 一个人不喜欢戏剧，但是具有一定的文化背景。

   B. 或者不喜欢戏剧，或者进行过专业化的学习。

   C. 小王喜欢戏剧，但是不具有一定的文化背景。

   D. 一个人不喜欢戏剧，但是理解戏剧的精髓。

   E. 如果一个人不具有一定的文化背景，那么他肯定不喜欢戏剧。

5. 在某田径集训队里，所有的短跑运动员都是北京人，所有的女运动员都是上海人，所有会讲吴方言的人都是女运动员。

如果上述断定都是真的，那么以下哪项不可能是真的？

Ⅰ．该田径集训队有一位北京的不会讲吴方言的男短跑运动员。

Ⅱ．该田径集训队有一位短跑运动员会讲吴方言。

Ⅲ．该田径集训队有一位上海的会讲吴方言的女运动员。

A. 仅Ⅰ。 B. 仅Ⅱ。 C. 仅Ⅲ。

D. 仅Ⅰ和Ⅱ。 E. Ⅰ、Ⅱ和Ⅲ。

题型 17　隐含三段论与补充条件题

母题技巧

·命题模型·	·模型识别·	·秒杀技巧·
隐含三段论	(1)题干特点： 题干由一个（或多个）前提和一个结论组成。 (2)提问方式： 补充以下哪项能使题干成立？ 以下哪项是题干推理的假设？ 例如： 已知 A→B，B→C；因此，A→D。 若要得到上述结论，需补充哪个条件？	解题步骤： 第1步：将题干中的前提符号化。 例如：A→B，B→C。 第2步：如果有多个前提，将前提串联。 例如：串联成 A→B→C。 第3步：将题干中的结论符号化。 例如：A→D。 第4步：补充从前提到结论的箭头，从而得到结论。 例如：补充 C→D。 可得：A→B→C→D。 一些技巧： (1)有的互换：当出现带"有的"的项，但是无法串联时，互换以后再串联。 (2)统一性质：每个词项的性质(肯定否定)应该是相同的。在有些词项性质不同时，可通过逆否改变性质。 (3)成对出现：此类题的词项一般是成对出现的。如：两个"A"，两个"B"，两个"有的"。
反驳三段论	(1)题干特点： 题干由一个（或多个）前提和一个结论组成。 (2)提问方式： 以下哪项最能反驳题干？ 以下哪项最能说明上述推理不成立？	方法1： 先找结论的矛盾命题，再用上述"隐含三段论"的方法找到使这个矛盾命题成立的隐含条件。 方法2： 先用上述"隐含三段论"的方法找到题干的隐含条件，然后找到这个隐含条件的矛盾命题，即可反驳题干。

典型习题

1. 有些通信网络的维护涉及个人信息安全，因而，不是所有通信网络的维护都可以外包。

以下哪项可以使上述论证成立？

A. 所有涉及个人信息安全的都不可以外包。

B. 有些涉及个人信息安全的不可以外包。

C. 有些涉及个人信息安全的可以外包。

D. 所有涉及国家信息安全的都不可以外包。

E. 有些通信网络的维护涉及国家信息安全。

2. 有些工程师有博士学位，因此，有些获得博士学位的人技术水平很高。

为了使上述推理成立，必须补充以下哪项作为前提？

A. 所有技术水平很高的人都是工程师。

B. 所有工程师的技术水平都很高。

C. 有的工程师技术水平很高。

D. 有些技术水平很高的人并没有获得博士学位

E. 有些有博士学位的工程师技术水平并不高。

3. 没有鸟类是爬行动物，所有的蛇都是爬行动物，所以，没有蛇属于游禽家族。

以下哪项陈述是上述推理所必须假设的？

A. 所有游禽都是爬行动物。　　　B. 所有游禽都是鸟类。　　　C. 没有游禽是鸟类。

D. 没有鸟类是蛇。　　　E. 有的游禽是爬行动物。

4. 有些参加跳高的选手也参加短跑比赛，所有参加跳高比赛的选手都不参加跳远比赛。因此，参加短跑比赛的选手都参加铅球比赛。

以下哪项如果为真，最能反驳上述论证？

A. 不参加跳远比赛的选手都不参加铅球比赛。

B. 参加跳远比赛的选手都参加铅球比赛。

C. 有些不参加铅球比赛的选手不参加跳高比赛。

D. 有些参加跳远比赛的选手不参加铅球比赛。

E. 参加短跑的选手都参加铅球比赛。

5. 王晶：因为李军是优秀运动员，所以，他有资格进入名人俱乐部。

张华：但是因为李军吸烟，所以他不是年轻人的好榜样。因此，李军不应被名人俱乐部接纳。

张华的论证使用了以下哪项作为前提？

Ⅰ. 有些优秀运动员吸烟。

Ⅱ. 所有吸烟者都不是年轻人的好榜样。

Ⅲ. 所有被名人俱乐部接纳的都是年轻人的好榜样。

A. 仅Ⅰ。　　　B. 仅Ⅱ。　　　C. 仅Ⅲ。

D. 仅Ⅱ和Ⅲ。　　　E. 仅Ⅰ和Ⅱ。

6. 所有关心员工福利的经理人，都被证明是卓有成效的经理人；而关心员工福利的经理人，都把注意力放在解决中青年员工的待遇问题上。因此，那些不把注意力放在解决中青年员工待遇问题上的经理人，都不是卓有成效的经理人。

为使上述论证成立，以下哪项必须为真？

A. 中青年员工的待遇问题，是员工的福利中最为突出的问题。

B. 所有卓有成效的经理人，都是关心员工福利的经理人。

C. 中青年员工的比例，近年来普遍有了大的增长。

D. 所有把注意力放在解决中青年员工待遇问题上的经理人，都是卓有成效的经理人。

E. 老年员工普遍对自己的待遇状况比较满意。

7. 所有的小说家是想象力丰富的；所有想象力丰富的人都博览群书；如果一个人博览群书，那么他一定通晓古今。所以，小说家都是勤奋好学的。

以下哪项如果为真，最能保证上述论证的成立？

A. 通晓古今的人一定是勤奋好学的。

B. 有的小说家并不勤奋好学。

C. 所有小说家都不通晓古今。

D. 有的小说家是通晓古今的。

E. 通晓古今的人不一定是勤奋好学的。

8. 张珊是红星中学的学生，对篮球感兴趣。该校学生或者对排球感兴趣，或者对足球感兴趣；如果对篮球感兴趣，则对足球不感兴趣。因此，张珊对乒乓球感兴趣。

以下哪项最可能是上述论证的假设？

A. 红星中学所有学生都对乒乓球感兴趣。

B. 对排球感兴趣的学生都对乒乓球感兴趣。

C. 红星中学对排球感兴趣的学生都对乒乓球感兴趣。

D. 红星中学学生感兴趣的球类只限于篮球、排球、足球和乒乓球。

E. 篮球和乒乓球比足球更具挑战性。

题型 18　推理结构相似题

母题技巧

·命题模型·	·模型识别·	·秒杀技巧·
推理结构相似题	(1)题干特点： 题干中出现典型的形式逻辑关联词，如：如果……那么……、只有……才……、除非……否则……、所有、有的、必然，等等。 (2)提问方式： 以下哪项与题干的推理最为类似？ 以下哪项与题干所犯的逻辑错误最为相同？	第1步：读题干，寻找有没有形式逻辑的关联词。 第2步：写出题干的推理结构，如有必要，将其符号化。 第3步：依次对照选项，找出推理结构与题干相同的选项。 注意事项： 题干中的推理可能是正确的，也可能是错误的。如果题干的推理正确，则选项应该选正确的；如果题干的推理错误，则选项应该选和题干犯了相同错误的。

典型习题

1. 经过反复核查，质检员小李向厂长汇报说："726 车间生产的产品都是合格的，所以不合格的产品都不是 726 车间生产的。"

以下哪项和小李的推理结构最为相似？

A. 所有入场的考生都经过了体温测试，所以没能入场的考生都没有经过体温测试。

B. 所有出厂设备都是合格的，所以检测合格的设备都已出厂。

C. 所有已发表的文章都是认真校对过的，所以认真校对过的文章都已发表。

D. 所有真理都是不怕批评的，所以怕批评的都不是真理。

E. 所有不及格的学生都没有好好复习，所以没好好复习的学生都不及格。

2. 科学离不开测量，测量离不开长度单位。千米、米、分米、厘米等基本长度单位的确立完全是一种人为约定。因此，科学的结论完全是一种人的主观约定，谈不上客观的标准。

以下哪项与题干的论证最为类似？

A. 建立良好的社会保障体系离不开强大的综合国力，强大的综合国力离不开一流的国民教育。因此，要建立良好的社会保障体系，必须有一流的国民教育。

B. 做规模生意离不开做广告，做广告就要有大额资金投入。不是所有人都能有大额资金投入。因此，不是所有人都能做规模生意。

C. 游人允许坐公园的长椅，要坐公园长椅就要靠近它们，靠近长椅的一条路径要踩踏草地。因此，允许游人踩踏草地。

D. 具备扎实的舞蹈基本功必须经过常年不懈的艰苦训练。在春节晚会上演出的舞蹈演员必须具备扎实的基本功。常年不懈的艰苦训练是乏味的。因此，在春节晚会上演出是乏味的。

E. 家庭离不开爱情，爱情离不开信任。信任是建立在真诚的基础上的。因此，对真诚的背离是家庭危机的开始。

3. 所有重点大学的学生都是聪明的学生，有些聪明的学生喜欢逃学，小杨不喜欢逃学，所以，小杨不是重点大学的学生。

以下除哪项外，均与上述推理的形式类似？

A. 所有经济学家都懂经济学，有些懂经济学的爱投资企业，你不爱投资企业，所以，你不是经济学家。

B. 所有的鹅都吃青菜，有些吃青菜的也吃鱼，兔子不吃鱼，所以，兔子不是鹅。

C. 所有的人都是爱美的，有些爱美的还研究科学，亚里士多德不是普通人，所以，亚里士多德不研究科学。

D. 所有被高校录取的学生都是超过录取分数线的，有些超过录取分数线的是大龄考生，小张不是大龄考生，所以，小张没有被高校录取。

E. 所有想当外交官的都需要学外语，有些学外语的重视人际交往，小王不重视人际交往，所以，小王不想当外交官。

4. 草木是无情的，人不是草木，所以，人不是无情的。

与题干所犯的逻辑错误相同的是以下哪项？

A. 地球是个星球，地球上有人；月球是个星球，所以，月球上也有人。

B. 所有的天鹅都是白色的，这只鸟是黑色的，所以，这只鸟不是天鹅。

C. 鸟都是有羽毛的，拔光了羽毛的鸟是鸟，所以，拔光了羽毛的鸟是有羽毛的。

D. 所有鄙视知识的人都是无知之辈，他从不鄙视知识，所以，他不是无知之辈。

E. 所有的鱼都是自由自在的，草鱼是一种鱼，所以，草鱼是自由自在的。

5. 科学不是宗教，宗教都主张信仰，所以主张信仰都不是科学。

以下哪项的推理结构和题干的推理结构一致？

A. 所有渴望成功的人都必须努力工作，我不渴望成功，所以我不必努力工作。

B. 商品都有使用价值，空气当然有使用价值，所以空气当然是商品。

C. 不刻苦学习的人都成不了技术骨干，小张是刻苦学习的人，所以小张能成为技术骨干。

D. 台湾人不是北京人，北京人都说汉语，所以说汉语的人都不是台湾人。

E. 犯罪行为都是违法行为，违法行为都应该受到社会的谴责，所以应受到社会谴责的行为都是犯罪行为。

6. 李娜说，作为一个科学家，她知道没有一个科学家喜欢朦胧诗，而绝大多数科学家都擅长逻辑思维。因此，至少有些喜欢朦胧诗的人不擅长逻辑思维。

以下哪项的推理结构和题干的推理结构最为类似？

A. 余静说，作为一个生物学家，他知道所有的有袋动物都不产卵，而绝大多数有袋动物者生产在澳大利亚。因此，至少有些澳大利亚动物不产卵。

B. 方华说，作为父亲，他知道没有父亲会希望孩子在临睡前吃零食，而绝大多数父亲都是成年人。因此，至少有些希望孩子临睡前吃零食的人是孩子。

C. 王唯说，作为一个品酒专家，他知道，陶瓷容器中的陈年酒的质量，都不如木桶中的陈年酒，而绝大多数中国陈年酒都存在陶瓷容器中。因此，中国陈年酒的质量至少不如装在木桶中的法国陈年酒。

D. 林宜说，作为一个摄影师，他知道，没有彩色照片的清晰度能超过最好的黑白照片，而绝大多数风景照片都是彩色照片。因此，至少有些风景照片的清晰度不如最好的黑白照片。

E. 张成说，作为一个商人，他知道，没有商人不想发财。因为绝大多数商人都是守法的，因此，至少有些守法的人并不想发财。

7. 所有景观房都可以看到山水景致，但是李文秉家看不到山水景致，因此，李文秉家不是景观房。

以下哪项和上述论证方式最为类似？

A. 善良的人都会得到村民的尊重，乐善好施的成公得到了村民的尊重，因此，成公是善良的人。

B. 东墩市场的蔬菜都非常便宜，这篮蔬菜不是在东墩市场买的，因此，这篮蔬菜不便宜。

C. 九天公司的员工都会说英语，林英瑞也是九天公司的员工，因此，林英瑞会说英语。

D. 达到基本条件的人都可以申请小额贷款，孙雯没有申请小额贷款，因此，孙雯没有达到基本条件。

E. 进入复试的考生笔试成绩都在160分以上，王离芬的笔试成绩没有达到160分，因此，王离芬没有进入复试。

8. 只要上学期间成绩优秀，就能获得校长奖学金。小王获得了校长奖学金，所以，小王在上学期间成绩优秀。

以下哪项与上述论证方式最为相似？

A. 如果每天锻炼身体，就能打好篮球。李明没有每天锻炼身体，所以，李明篮球打得不好。

B. 李明每天锻炼身体，但是篮球打得不好，所以，每天锻炼身体不一定篮球打得好。

C. 每天锻炼身体，就可以打好篮球。李明篮球打得好，所以，李明一定每天锻炼身体。

D. 每天锻炼身体，就可以打好篮球。李明没有打好篮球，所以，李明一定每天锻炼身体。

E. 只有每天锻炼身体，才能打好篮球。李明篮球打得好，所以，李明一定每天锻炼身体。

9. 湖队是不可能进入决赛的。如果湖队进入决赛，那么太阳就从西边出来了。

以下哪项与上述论证方式最相似？

A. 今天天气不冷。如果冷，湖面怎么没结冰？

B. 张三昨天不可能杀人。如果张三昨天下午杀人了，他不可能在我们公司开一整天会。

C. 老吕的学生不可能考不上研究生的。如果有些老吕的学生确实没考上研究生，那么一定是太平洋干涸了。

D. 天上是不会掉馅饼的。如果你不相信这一点，那上当受骗是迟早的事。

E. 古典音乐不流行。如果流行，那就说明大众的音乐欣赏水平大大提高了。

第 2 节 综合推理秒杀技巧

题型 19　匹配题

母题技巧

·命题模型·	·模型识别·	·秒杀技巧·
一一匹配模型	题干特点： 题干中出现两组或多组元素，元素之间存在一对一的匹配关系。	1. 题干中虽然存在一一对应关系，但是，题干的已知条件是以假言为主的，本质上考查的是串联推理，用上一节所学的方法求解。 2. 题干中存在一一对应关系，但是已知条件中无假言的或者虽然有假言但是匹配关系比较复杂的，则： (1)首先分析题干中给出的事实或问题中给出的信息。 (2)然后分析重复信息。简单题通过重复信息一般可直接得到答案。 (3)两组元素的匹配可用表格法、连线法。 (4)三组或三组以上元素的匹配可使用连线法。 秒杀口诀： 　　事实/问题优先看，重复信息是关键。 　　两组匹配用表格，三组匹配就连线。 3. 此类题中，如果题干的问题是"以下哪项可能为真""以下哪项不符合题干""以下哪项符合题干"等，一般可使用选项排除法。
多一匹配模型	题干特点： 题干中出现两组元素的对应关系，但是两组元素的个数不一样多。 例如：5个人对应3个项目。	此类题优先算出数量关系，其余的解法与一一匹配模型相同。另外，数量关系处常有矛盾。 秒杀口诀： 　　数量关系优先算，数量矛盾出答案。

典型习题

1. 杰克夫妇、迈克夫妇和詹姆斯夫妇参加了复活节的舞会，已知如下信息：

   (1)舞会上没有一个男人同自己的妻子跳舞。

   (2)杰克在和琳达跳舞。

   (3)迈克的舞伴是詹姆斯的妻子。

   (4)露丝的丈夫正和爱丽思跳舞。

   那么杰克夫妇、迈克夫妇和詹姆斯夫妇分别为：

   A. 杰克——爱丽思、迈克——露丝、詹姆斯——琳达。

   B. 杰克——爱丽思、迈克——琳达、詹姆斯——露丝。

   C. 杰克——露丝、迈克——琳达、詹姆斯——爱丽思。

   D. 杰克——琳达、迈克——爱丽思、詹姆斯——露丝。

   E. 杰克——琳达、迈克——露丝、詹姆斯——爱丽思。

2. 中华大学城的一处 3 层楼房里住着 3 位学生孔、庄、孟，并已知下面的信息：

   ①3 位学生来自河南、河北和山东，所学专业为物理、历史和医学。

   ②孟所在楼层比那个物理学专业的学生高。

   ③庄来自山东。

   ④在 3 楼的学生来自河南。

   ⑤孔不是来自河北，也不是历史系的。

   下面关于 3 位学生所学专业、家乡以及楼层正确的一项是：

   A. 1 楼，孔，医学。　　　　　B. 孔，河北，物理。　　　　　C. 孟，河北，医学。

   D. 2 楼，庄，山东。　　　　　E. 庄，山东，物理。

3. 某饭局上有四个商人在谈生意，他们分别是上海人、浙江人、广东人和福建人。他们做的生意分别是服装加工、服装批发和服装零售。其中：

   (1)福建人单独做服装批发。

   (2)广东人不做服装加工。

   (3)上海人和另外某人同做一种生意。

   (4)浙江人不和上海人同做一种生意。

   (5)每个人只做一种生意。

   由以上条件可以推出上海人所做的生意是：

   A. 服装加工。　　　　　　　B. 服装批发。　　　　　　　C. 服装零售。

   D. 和广东人不做同一种生意。　E. 无法确定。

4～6 题基于以下题干：

   《创造10001》节目中有宁宁、婷婷、仪仪、超越、岐岐和豆子 6 位选手参加 4 个组别：声乐组、舞蹈组、唱作组、卖萌组。已知下列条件：

   ①每人恰好加入一个组，每个组至少有一人加入。

   ②仪仪和宁宁加入同一个组。

   ③恰有一个人和豆子加入同一个组。

④婷婷加入的是声乐组。

⑤超越加入的是声乐组或卖萌组。

⑥仪仪没加入卖萌组。

4. 根据题干，可以推断以下哪项一定为假？

    A. 岐岐加入的是声乐组。   B. 豆子加入的是声乐组。

    C. 豆子加入的是舞蹈组。   D. 岐岐加入的是唱作组。

    E. 超越加入的是卖萌组。

5. 如果豆子加入的是唱作组，则以下哪项一定为真？

    A. 仪仪加入的是舞蹈组。   B. 婷婷加入的是唱作组。

    C. 岐岐加入的是声乐组。   D. 岐岐加入的是舞蹈组。

    E. 岐岐加入的是卖萌组。

6. 如果岐岐没加入唱作组，则以下哪项一定为真？

    A. 豆子加入的是声乐组。

    B. 豆子加入的是舞蹈组。

    C. 豆子加入的是唱作组。

    D. 宁宁和仪仪加入的是舞蹈组。

    E. 宁宁和仪仪加入的是唱作组。

7～8 题基于以下题干：

    张珊、李思、王伍、赵柳、孙琪五位同学准备报考 MBA。他们各自准备报考北大、清华、人大三所学校中的一所。已知下列条件：

    (1)王伍和孙琪报考的学校互不相同。

    (2)张珊和赵柳报考同一所学校。

    (3)李思或者报考北大或者报考清华。

    (4)如果王伍报考人大，则张珊和他一起报考。

    (5)没有一位同学独自报考了某一所学校。

7. 根据以上信息，可以推断以下哪一项可能正确？

    A. 张珊、李思、王伍报考清华，赵柳和孙琪报考人大。

    B. 张珊、李思、王伍、赵柳报考北大，孙琪报考人大。

    C. 张珊、王伍、赵柳报考清华，李思和孙琪报考北大。

    D. 张珊、赵柳、孙琪报考北大，李思和王伍报考人大。

    E. 张珊、李思、王伍报考北大，赵柳和孙琪报考人大。

8. 若张珊和孙琪报考了同一所学校，则以下哪项可能正确？

    A. 张珊和李思报考了同一所学校。

    B. 李思和赵柳报考了同一所学校。

    C. 王伍报考了人大。

    D. 王伍报考了清华。

    E. 李思和王伍报考了不同的学校。

9. 甲、乙、丙、丁、戊五人决定去旅游，每人都将前往一至两个城市。已知五人去的三个城市分别是北京、西安和南京。其中一个城市三人都将前往，一个城市有两人前往，另一个城市只有一人前往。此外，五人的选择还满足以下条件：

①戊和丁没有前往同一个城市。

②丁和甲仅前往一个相同的城市，乙和丙也仅前往了一个相同的城市。

③甲没有前往北京，戊没有前往西安。

④丙前往了南京。

⑤乙同时前往了有两人前往与有三人前往的城市。

根据上述信息，以下哪项一定为真？

A. 戊没有前往北京。

B. 丁前往了南京。

C. 有三个人前往的城市是南京。

D. 有三个人前往的城市是西安。

E. 乙没有前往南京。

10. 某公园内有个奇怪的摊主小周，他只在星期一、星期二、星期三、星期五和星期六工作，而且他只出售4种商品：玩具汽车、充气气球、橡皮泥和遥控飞机。每个工作日，他上午只卖1种商品，下午只卖1种商品，而且还知道以下条件：

(1)小周只在两个连续的下午卖玩具汽车。

(2)小周只在一个上午和三个下午卖橡皮泥。

(3)星期六这天，小周既不卖玩具汽车，也不卖充气气球。

若上述情况为真，请问哪一天小周一定会卖玩具汽车？

A. 星期一。　　　　　　　B. 星期二。　　　　　　　C. 星期三。

D. 星期五。　　　　　　　E. 不能确定。

11. 某合唱乐团有周、吴、郑、王、冯、陈、楚7名成员，拟组成两个小分队巡演，第一分队3个人，第二分队4个人，组队需满足以下条件：

(1)陈必须编组在第二分队。

(2)周和郑不在同一分队。

(3)冯和郑至多有一人编组在第一分队。

(4)如果吴编组在第二分队，则王也必须编组在第二分队。

(5)王和楚两人形影不离。

如果周在第一分队，以下哪项一定为真？

A. 楚和王在第二分队。　　　　B. 冯和陈在第一分队。

C. 王和周在第二分队。　　　　D. 楚和陈在第一分队。

E. 陈和周在第二分队。

12. 老师将文房四宝分别装在一个有四层抽屉的柜子里，让学生猜笔、墨、纸、砚分别在哪一层。

按照笔、墨、纸、砚的顺序，有如下信息：

①小李猜测文房四宝分别依次装在第一、第二、第三和第四层。

②小王猜测文房四宝分别依次装在第一、第三、第四和第二层。

③小赵猜测文房四宝分别依次装在第四、第三、第一和第二层。

④小杨猜测文房四宝分别依次装在第四、第二、第三和第一层。

⑤小赵一个都没有猜对，小李和小王各猜对了一个，而小杨猜对了两个。

如果以上陈述为真，则以下哪项也一定是真的？

A. 第一层抽屉里装的是墨。

B. 第一层抽屉里装的是纸。

C. 第二层抽屉里装的是纸。

D. 第三层抽屉里装的不是笔。

E. 第四层抽屉里装的不是砚。

题型 20　选人问题

母题技巧

·命题模型·	·模型识别·	·秒杀技巧·
选一模型	题干特点：从 N 个对象中选出 1 个。	方法 1. 选项排除法。 方法 2. 直接推理法。根据题干的已知条件，直接进行推理。 方法 3. 二难推理法。某人入选和某人不入选都能得出某个确定的情况，这个确定情况就是一定为真的。
选多模型	题干特点：从 N 个对象中选出多个。如：从 6 个人中选 3 个入选奥运会。	方法 4. 找矛盾法。寻找条件之间的矛盾，尤其是数量关系之间的矛盾。 例如： 已知：只要 A 入选，则 B 入选。 又已知：只有一人入选。 可推知：A 不入选。

说明：

本章第 1 节"数量假言模型"中也有很多题都是从 N 个对象中选出多个对象，两类题具备一定的相似性，可以互相借鉴学习。

典型习题

1. 酱心作为女性嘉宾参加了某电视台举办的相亲节目，她择偶的条件是：高个子、相貌英俊、博士。在老周、老吴、老李、老张 4 位男性嘉宾中，只有 1 位符合她所要求的全部条件。已知：

(1) 4 位男性嘉宾中，有 3 位高个子，2 位博士，1 位长相英俊。

(2)老周和老吴都是博士。

(3)老张和老李身高相同。

(4)老李和老周并非都是高个子。

谁符合酱心要求的全部条件?

A. 老周。   B. 老吴。   C. 老李。

D. 老张。   E. 无法确定。

2. 甲、乙、丙、丁、戊、己六个人报考北京大学的 MBA,关于最终的录取结果有以下几个断定:

(1)甲、乙两人中至少有一人录取。

(2)甲、丁不能都录取。

(3)甲、戊、己三人有两人录取。

(4)乙、丙两人都录取或都不录取。

(5)丙、丁两人中录取一人。

(6)若丁不录取,则戊也不录取。

下面哪项符合上述关于录取结果的断定?

A. 丙、丁、戊共三个人录取。

B. 戊、己共两人录取。

C. 乙、丁、己共三个人录取。

D. 甲、乙、丙、己共四个人录取。

E. 六个人都录取。

3~4 题基于以下题干:

    清北大学拟组建集训队参加国际数学建模大赛,需要从甲、乙、丙、丁、戊、己、庚、辛等 8 名候选者中选出 5 名集训队员,为求参赛时队员协同能力最强,选拔需满足以下条件:

(1)甲、乙、丙 3 人中必须选出来两人。

(2)丁、戊、己 3 人中必须选来出两人。

(3)甲与丙不能都被选上。

(4)如果丁被选上,则乙不能选上。

3. 根据上述断定,如果再补充条件"如果庚被选上,则辛也被选上",则可以得出以下哪项?

A. 甲和乙都能被选上。   B. 丁和戊都能被选上。

C. 乙和庚都能被选上。   D. 己和辛都能被选上。

E. 乙和丙都能被选上。

4. 根据上述断定,如果再补充条件"如果戊被选上,则甲不能被选上",则可以得出以下哪项?

A. 甲和乙能被选上。   B. 乙和丙能被选上。   C. 丁和己能被选上。

D. 丁和庚能被选上。   E. 庚和辛能被选上。

5~6 题基于以下题干:

    因工作需要,某单位决定从本单位的 3 位女性(赵、钱、孙)和 5 位男性(李、周、吴、郑、王)中选出 4 人组建谈判小组参与一次重要谈判。选择需满足以下条件:

(1)小组成员既要有女性,也要有男性。

(2)李与赵不能都入选。

(3)钱与孙不能都入选。

(4)如果选周，则不选吴。

5. 如果李一定要入选，则可以得出以下哪项？

    A. 如果选吴，则选王。   B. 如果选周，则选郑。

    C. 要么选王，要么选郑。   D. 要么选钱，要么选孙。

    E. 要么选赵，要么选钱。

6. 如果赵和吴入选，则可以得出以下哪项？

    A. 或者选王，或者选郑。   B. 或者选钱，或者选孙。

    C. 如果选钱，那么选李。   D. 如果选孙，那么选周。

    E. 如果选孙，那么选钱。

7. S市教育局为提高农村中学教育质量，准备从市教学能手中选出多名骨干教师前往农村中学对农村中学教师进行系统培训。根据工作要求，教育局局长提出了以下要求：

(1)甲和乙两人中至少要选择一人。

(2)乙和丙两人中至多能选择一人。

(3)如果选择丁，则丙和戊两人都要选择。

(4)在甲、乙、丙、丁和戊等5人中应选择3人。

如果上述断定都是真的，则以下哪项也必然是真的？

    A. 选择甲和丙。   B. 选择乙和丁。   C. 选择丙和戊。

    D. 选择乙和丁。   E. 选择甲和戊。

题型 21　排序问题

母题技巧

·命题模型·	·模型识别·	·秒杀技巧·
排序问题	题干特点： 题干中出现大小、高低、多少、先后等关系。	**方法 1. 不等式法。** 第1步：将题干信息转化为不等式。 第2步：将能串联的不等式串联，不能串联的放一边。或者利用不等式的性质进行运算。 第3步：推出事实，判断选项的正确性。 **方法 2. 选项排除法。** 根据已知条件，依次判断选项是否符合已知条件，排除不符合的选项，余下的即为答案。

典型习题

1. 张刚、李达、王欣、赵大文、周莺 5 人周末相约去公园玩。结果发现:

   ①张刚到后,已有两人先到。

   ②王欣比李达先到、比周莺后到。

   ③赵大文最后到达。

   根据上述断定,5 人到达公园的先、后顺序是:

   A. 周莺、王欣、张刚、李达、赵大文。

   B. 周莺、李达、张刚、王欣、赵大文。

   C. 王欣、李达、张刚、周莺、赵大文。

   D. 周莺、张刚、李达、王欣、赵大文。

   E. 周莺、李达、王欣、张刚、赵大文。

2. 甲、乙、丙均为教师,其中一位是大学教师,一位是中学教师,一位是小学教师。大学教师比甲的学历高,乙的学历比小学教师低,小学教师的学历比丙的低。

   根据以上信息,可以推出以下哪项?

   A. 甲是小学教师,乙是中学教师,丙是大学教师。

   B. 甲是中学教师,乙是小学教师,丙是大学教师。

   C. 甲是大学教师,乙是小学教师,丙是中学教师。

   D. 甲是大学教师,乙是中学教师,丙是小学教师。

   E. 甲是小学教师,乙是大学教师,丙是中学教师。

3. 大学生小王参加研究生入学考试,一共考了四门科目:政治、英语、专业科目一、专业科目二。政治和专业科目一的成绩之和与另外两门科目的成绩之和相等。政治和专业科目二的成绩之和大于另外两门科目的成绩之和。专业科目一的成绩比政治和英语两门科目的成绩之和还高。

   根据以上条件可以推断,小王四门科目的成绩从高到低的排列顺序是:

   A. 专业科目一、专业科目二、英语、政治。

   B. 专业科目二、专业科目一、政治、英语。

   C. 专业科目一、专业科目二、政治、英语。

   D. 专业科目二、专业科目一、英语、政治。

   E. 政治、英语、专业科目一、专业科目二。

4~6 题基于以下题干:

   某企业评选年度优秀职员,J、K、L、M、N、O、P 七位候选人按得票的多少排序,得票最多的名列第一。每人获得的票数均不同。已知:

   ①J 的票数比 O 多。

   ②O 的票数比 K 多。

   ③K 的票数比 M 多。

④N 不是最后一名。

⑤P 的票数比 L 少，但是比 N 多，也比 O 多。

4. 如果 P、O、K 的排名连续，则以下哪项一定为假？

A. J 的票数比 L 多。　　　　B. J 的票数比 P 多。　　　　C. N 的票数比 O 多。

D. N 的票数比 M 多。　　　　E. L 的票数比 K 多。

5. 最多几人可能是前三名？

A. 3。　　　　　　　　　　B. 4。　　　　　　　　　　C. 5。

D. 6。　　　　　　　　　　E. 7。

6. 如果 P 的票数比 J 多，则最多有几个人的排名可以确定？

A. 2。　　　　　　　　　　B. 3。　　　　　　　　　　C. 4。

D. 5。　　　　　　　　　　E. 6。

7～9 题基于以下题干：

一位音乐制作人正在一张接一张地录制 7 张唱片：F、G、H、J、K、L 和 M，但不必按这一次序录制。安排录制这 7 张唱片的次序时，必须满足下述条件：

①F 必须排在第二位。

②J 不能排在第七位。

③G 既不能紧挨在 H 的前面，也不能紧接在 H 的后面。

④H 必定在 L 前面的某个位置。

⑤L 必须在 M 前面的某个位置。

7. 下面哪一项列出了可以被第一个录制的唱片的完整且准确的清单？

A. G、J、K。　　　　　　B. G、H、J、K。　　　　　C. G、H、J、L。

D. G、J、K、L。　　　　　E. G、J、K、M。

8. 录制 M 的最早的位置是：

A. 第一。　　　　　　　　B. 第三。　　　　　　　　C. 第四。

D. 第五。　　　　　　　　E. 第六。

9. 如果 G 紧挨在 H 的前面，且所有其他条件仍然有效，下面的任一选项都可以是真的，除了：

A. J 紧挨在 F 的前面。

B. K 紧挨在 G 的前面。

C. J 紧接在 L 的后面。

D. J 紧接在 K 的后面。

E. K 紧接在 M 的后面。

题型 22 方位问题

母题技巧

·命题模型·	·模型识别·	·秒杀技巧·
一字方位模型	题干特点： 题干中的元素一字形排列，如前后排列、左右排列、上下排列。此类题也可看作是排序题。	解题思路： 1. 优先考虑从确定位置的元素入手。 2. 如题干无确定位置的元素，可考虑以重复元素为突破口。 3. 优先考虑特殊的位置关系，如相邻、相隔、先后、相对等。
围桌而坐模型	题干特点： 题干中出现一些人坐在圆桌、方桌、六边形桌子周围。	4. 情况少的元素可进行分类讨论。分类讨论一般会出现两种可能：第一是其中一种情况出现矛盾，故被排除；第二是两种情况推出相同的结论，则该结论必然成立(二难推理)。 5. 选项排除法。
东南西北方位模型	题干特点： 题干中出现东南西北方位。	当问题为"可能符合题干""符合题干""不符合题干"等时，优先使用选项排除法。 6. 一些题目可看作两组元素的匹配问题，即，将人或物品与位置进行对应。

典型习题

1~2题基于以下题干：

某国东部沿海有5个火山岛：E、F、G、H、I，它们由北至南排列成一条直线，同时发现：

(1)F与H相邻并且在H的北边。

(2)I和E相邻。

(3)G在F的北边某个位置。

1. 假如G与I相邻并且在I的北边，则下面哪一项陈述一定为真？

    A. H在岛屿的最南边。   B. F在岛屿的最北边。

    C. E在岛屿的最南边。   D. I在岛屿的最北边。

    E. G在岛屿的最南边。

2. 假如G是最北边的岛屿，则该组岛屿有多少种可能的排列顺序？

    A. 2。   B. 3。   C. 4。   D. 5。   E. 6。

3~4题基于以下题干：

一座塑料大棚中有6块大小相同的长方形菜池，按照从左到右的顺序依次排列为：1、2、3、4、5和6号。而且1号与6号不相邻。大棚中恰好需要种6种蔬菜：Q、L、H、X、S和Y。每块菜池只能种植其中的一种。种植安排必须符合以下条件：

　　①Q 在 H 左侧的某一块菜池中种植。

　　②X 种植在 1 号或 6 号菜池。

　　③3 号菜池种植 Y 或 S。

　　④L 紧挨着 S 的右侧种植。

3. 如果 S 种植在偶数号的菜池中，则以下哪项陈述必然为真？

　　A. L 紧挨着 S 左侧种植。　　　　　　B. H 紧挨着 S 左侧种植。

　　C. Y 紧挨着 S 左侧种植。　　　　　　D. X 紧挨着 S 左侧种植。

　　E. H 紧挨着 Q 左侧种植。

4. 如果 S 和 Q 种植在奇数号的菜池中，则以下哪项陈述可能为真？

　　A. H 种植在 1 号菜池。　　　　　　　B. Y 种植在 2 号菜池。

　　C. H 种植在 4 号菜池。　　　　　　　D. L 种植在 5 号菜池。

　　E. L 种植在 1 号菜池。

5. 机场候机大厅里有三位乘客坐在椅子上聊天。聊天的过程中，发现如下信息：

　　①坐在左边座位的乘客要去法国。

　　②中间座位的乘客要去德国。

　　③右边座位的乘客要去英国。

　　④要去法国的乘客说："我们三人这次旅行的目的地恰好是我们三人的祖国，可我们每个人的目的地又不是自己的祖国。"

　　⑤德国人听了，无限感慨地回应说："我离开家乡很多年了，真想回去看看。"

　　如果他们说的话都是真话，则根据以上信息可以推知以下哪项判断是正确的？

　　A. 中间座位的乘客是英国人。

　　B. 中间座位的乘客是法国人。

　　C. 德国人坐在最左边。

　　D. 英国人坐在最右边。

　　E. 最右边的乘客是法国人。

6～7 题基于以下题干：

　　某日，F 夫妇邀请了 3 对夫妇来吃饭，他们分别是 G 夫妇、H 夫妇和 T 夫妇。用餐时，他们 8 人均匀地坐在一张圆桌旁，现已知：

　　①F 太太对面的人是坐在 G 先生左边的先生。

　　②H 太太左边的人是坐在 T 先生对面的一位女士。

　　③T 先生右边的人是位女士，她坐在 F 先生左边第 2 个位置上的女士的对面。

　　④只有一对夫妇是被隔开的。

6. 根据以上信息，哪对夫妇在安排座位时被隔开了？

　　A. F 夫妇。　　　　　　　　B. G 夫妇。　　　　　　　　C. H 夫妇。

　　D. T 夫妇。　　　　　　　　E. 无法确定。

7. 根据以上信息，以下哪项的说法是正确的？
   A. G太太和H太太相邻。　　　　　　　B. G太太和F太太相邻。
   C. T太太和F先生相邻。　　　　　　　D. F太太和F先生不相领。
   E. F太太和H先生相邻。

8～10题基于以下题干：

　　过新年，小明家吃团圆饭，7个家庭成员——小明、妹妹、阿姨、爷爷、奶奶、妈妈和爸爸坐在一张长方形桌子旁边。已知下列条件：

　　(1)3个人坐在桌子的一边，另外3个人坐在桌子的另一边，并且彼此相对，还有一个人坐在桌子的头部，没有人坐在桌子的尾部。

　　(2)妹妹总是坐在桌子两边的任一边上，且离桌头的距离最远。

　　(3)妈妈和阿姨相邻。

　　(4)阿姨和爸爸不能相邻。

　　(5)若爸爸不坐在桌头时，爷爷坐在桌头。

8. 下面哪一项对小明家7个家庭成员座位的安排(从妹妹开始，经桌头再到另一边)是可以接受的？
   A. 妹妹、奶奶、小明、爸爸、阿姨、妈妈、爷爷。
   B. 妹妹、小明、奶奶、爸爸、妈妈、阿姨、爷爷。
   C. 妹妹、奶奶、爸爸、妈妈、阿姨、爷爷、小明。
   D. 妹妹、爸爸、爷爷、奶奶、阿姨、妈妈、小明。
   E. 妹妹、爷爷、奶奶、爸爸、阿姨、妈妈、小明。

9. 若爷爷坐在小明的对面，则奶奶必须与下面哪一个人相邻？
   A. 小明。　　　　　　　　B. 妹妹。　　　　　　　　C. 阿姨。
   D. 妈妈。　　　　　　　　E. 爸爸。

10. 若小明坐在爸爸的对面且与阿姨相邻，则哪一个人必须坐在妹妹的对面？
    A. 阿姨。　　　　　　　　B. 爷爷。　　　　　　　　C. 奶奶。
    D. 妈妈。　　　　　　　　E. 爸爸。

11. 一个旅行者要去火车站，早上从旅馆出发，到达一个十字路口。十字路口分别通向东、南、西、北四个方向，四个方向上分别有饭店、旅馆、书店和火车站。书店在饭店的东北方，饭店在火车站的西北方。
    该旅行者要去火车站，应当往哪个方向走？
    A. 东。　　　　　　　　　B. 南。　　　　　　　　　C. 西。
    D. 北。　　　　　　　　　E. 由题干信息不能得知。

题型 23 数独问题

母题技巧

·命题模型·	·模型识别·	·秒杀技巧·
数独问题	题干特点：题目中会出现方格，并在里面会出现行、列或者特殊区域。	**第1步：找切入点。** 观察行、列或特殊框，已知的信息越多，未知的空格越少，一般就是优先的切入点。 **第2步：根据题干要求，将信息补充完整。** 注意： 数独题型每推出一步可先进行选项排除，再进行下一步的推理，有时也可直接使用选项排除法。

典型习题

1. 右侧是一个 4×4 的图形（见图 3-1），共有 16 个小方格。每个小方格中均可填一个词。要求图形的每行、每列均填入"爱国""敬业""诚信""友善"4 个词，不能重复，也不能遗漏。

   根据以上信息，依次填入图形中①、②、③、④处的 4 个词应是：

   A. 诚信、友善、敬业、爱国。

   B. 爱国、诚信、敬业、友善。

   C. 诚信、友善、爱国、敬业。

   D. 友善、爱国、敬业、诚信。

   E. 爱国、敬业、诚信、友善。

图 3-1

2. 在右侧 5×5 矩形阵中（见图 3-2），每个小方格可填入一个汉字，要求每行、每列及每个由粗线条围成的小区域内均含有金、木、水、火、土 5 个汉字，不能重复也不能遗漏。

   根据已经给定的条件，可以推出矩阵中②方格中依次填入的汉字是：

   A. 金。

   B. 木。

   C. 水。

   D. 火。

   E. 土。

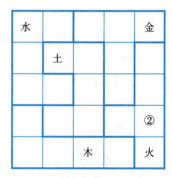

图 3-2

3. 在以下 5×5 矩形阵中（见图 3-3），每个小方格可填入一个数字，要求每行、每列及每个由粗线条围成的小区域内均含有 1、2、3、4、5 个数字，不能重复也不能遗漏。

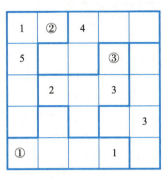

图 3-3

根据已经给定的条件，可以推出矩阵中①、②、③方格中依次填入的数字是：

A. 3、3、2。　　　　　　　　B. 3、5、4。　　　　　　　　C. 3、3、4。

D. 3、2、4。　　　　　　　　E. 3、2、5。

题型 24　其他综合推理

母题技巧

·命题模型·	·模型识别·	·秒杀技巧·
日期、星期、时间模型	题干特点： 试题的主体内容与时间、星期或日期有关，或者是选项与其有关。	方法 1. 假设归谬法。 假设某个选项为真，结合题干进行检验。 方法 2. 直接推理法。 根据题干的已知条件，直接进行推理。
数字模型	题干特点： 题干会出现如不同数字的积、差、和、商等明显的数量关系或者数量间的比较。	方法 3. 分类讨论法。 若题干中存在情况较少的不确定条件，可依据这一条件进行分类讨论。
说明： 此类试题中，时间、日期、星期、数字间可能存在周期性规律或典型特征。在解题过程中，可先据此进行简单干扰项的排除，也可根据该规律进行正向推理。		

典型习题

1. 小刘和小红都是张老师的学生，张老师的生日是 M 月 N 日，两人都知道张老师的生日是下列 10 天中的一天，这十天分别为 3 月 4 日、3 月 5 日、3 月 8 日、6 月 4 日、6 月 7 日、9 月 1 日、9 月 5 日、12 月 1 日、12 月 2 日、12 月 8 日。张老师把 M 值告诉了小刘，把 N 值告诉了小红，然后有如下对话：

小刘说：如果我不知道的话，小红肯定也不知道。

小红说：刚才我不知道，听小刘一说我就知道了。

小刘说：哦，那我也知道了。

请根据以上对话推断出张老师的生日是：

A. 3 月 4 日。   B. 3 月 5 日。   C. 3 月 8 日。

D. 9 月 1 日。   E. 9 月 5 日。

2. 古人以干支纪年。甲乙丙丁戊己庚辛壬癸为十干，也称天干。子丑寅卯辰巳午未申酉戌亥为十二支，也称地支。顺次以天干配地支，如甲子、乙丑、丙寅、……、癸酉、甲戌、乙亥、丙子等，六十年重复一次，俗称六十花甲子。根据干支纪年，公元 2014 年为甲午年，公元 2015 年为乙未年。

根据以上陈述，可以得出以下哪项？

A. 现代人已不用干支纪年。

B. 根据干支纪年，公元 2078 年为戊亥年。

C. 根据干支纪年，公元 2047 年为甲寅年。

D. 根据干支纪年，公元 2024 年为甲寅年。

E. 根据干支纪年，公元 2087 年为丁未年。

3. 甲、乙、丙、丁 4 个人玩游戏，在每张纸上写出 1～9 中的一个数字，然后叠起来，每人从中抽取 2 张，然后报出两数的关系，由此猜出剩下没有人拿的那个数字是多少。已知：

(1)甲说他手里的两数相加为 10。

(2)乙说他手里的两数相减为 1。

(3)丙说他手里的两数之积为 24。

(4)丁说他手里的两数之商为 3。

由此他们 4 个都猜出了剩下没有人拿的那个数字，这个数字是：

A. 5。   B. 6。   C. 7。

D. 8。   E. 9。

4. 张老师的班里有 60 个学生，男、女生各一半。有 40 个学生喜欢数学，有 50 个学生喜欢语文。

如果上述陈述为真，那么以下哪项可能是真的？

Ⅰ. 20 个男生喜欢数学而不喜欢语文。

Ⅱ. 20 个喜欢语文的男生不喜欢数学。

Ⅲ. 30 个喜欢语文的女生不喜欢数学。

A. 仅Ⅰ。   B. 仅Ⅱ。   C. 仅Ⅲ。

D. 仅Ⅰ和Ⅱ。   E. Ⅰ、Ⅱ和Ⅲ。

第 ③ 节 真假话推理秒杀技巧

题型 25 真假话问题

母题技巧

·命题模型·	·模型识别·	·秒杀技巧·
真假话问题	题干特点： 题干中已知几个判断，又已知这些判断的真假情况(如：一真三假，两真两假，三真一假等)。	1. 题干中有矛盾。 第1步：找到矛盾关系。 第2步：判断其他已知条件的真假。 矛盾关系必为"一真一假"；若题干为"N假一真"，则其他已知条件均为假；若题干为"N真一假"，则其他已知条件全部为真。 第3步：推出结论。
		2. 题干中无矛盾，且已知"只有一真"。 方法1. 找下反对关系。 因为下反对关系的两个判断至少一真，又因为题干已知"只有一真"，故可知题干中的其他判断均为假。 方法2. 找推理关系(假设归谬法)。 找到题干中的推理关系，如"①→②"，假设①真，则②也为真。与题干中的已知条件"只有一真"矛盾，因此，"①真"不成立，故①为假。
		3. 题干中无矛盾，且已知"只有一假"。 解题方法：找反对关系。 因为反对关系的两个判断至少一假，又因为题干已知"只有一假"，故可知题干中的其他判断均为真。
一个人多个判断问题	题干特点： (1)题干中有多个人，每个人都做了两个或两个以上的判断。 (2)已知每个人的判断有几真几假。	解题方法： 方法1. 选项排除法。 方法2. 假设法。 方法3. 找对当关系法。

·命题模型·	·模型识别·	·秒杀技巧·
	常见的对当关系	

1. 矛盾关系(一真一假)。

①"A"与"¬A"。
②"所有"与"有的不"。
③"所有不"与"有的"。
④"必然"与"可能不"。
⑤"必然不"与"可能"。
⑥A→B 与 A∧¬B。
⑦A∧B 与 ¬A∨¬B。
⑧A∨B 与 ¬A∧¬B。
⑨A∀B 与 (A∧B)∀(¬A∧¬B)。

2. 下反对关系(至少一真)。

①"有的 A 是 B"与"有的 A 不是 B"。
②"A 可能是 B"与"A 可能不是 B"。
③"A"与"¬A∨B"。
④"A∨B"与"¬A∨B"。

3. 反对关系(至少一假)。

①"所有 A 是 B"与"所有 A 不是 B"。
②"A 必然是 B"与"A 必然不是 B"。
③"A"与"¬A∧B"。
④"A∧B"与"¬A∧B"。

4. 推理关系(前真推后真)。

①所有→某个→有的。
②必然→事实→可能。
③"A"与"A∨B"。
④"A∧B"与"A"。
⑤"A∀B"与"A∨B"。
⑥"A∧B"与"A∨B"。
⑦"女教师"与"教师"。
⑧"$x>7$"与"$x>5$"。

典型习题

1. 甲、乙、丙、丁四人在一起议论本班同学奖学金的获得情况。

　　甲说:"我班所有同学都得了奖学金。"

　　乙说:"除非班长得奖学金,否则学习委员没得奖学金。"

　　丙说:"班长没有得奖学金。"

　　丁说:"我班有人没得奖学金。"

已知四人中只有一人说假话，则可推出以下哪项结论？

A. 甲说假话，班长得了奖学金。

B. 乙说假话，学习委员没得奖学金。

C. 丙说假话，班长没得奖学金。

D. 甲说假话，学习委员没得奖学金。

E. 丁说假话，学习委员得了奖学金。

2. 小王参加了某企业管培生面试，不久，他得知以下消息：

(1)公司已决定，他与小陈至少录用一人。

(2)公司如果不录用小王，则一定录用小李。

(3)公司不会录用小陈或小王。

(4)公司已录用小王。

其中两条消息为真，两条消息为假。

如果上述断定为真，则以下哪项为真？

A. 公司已录用小王，未录用小李。

B. 公司未录用小王，已录用小李。

C. 公司既录用了小王，也录用了小李。

D. 公司未录用小王，也未录用小陈。

E. 公司录用了小王、小李、小陈三人。

3. 某集团公司有四个部门，分别生产冰箱、彩电、电脑和手机。根据前三个季度的数据统计，四个部门经理对 2010 年全年的赢利情况作了如下预测：

冰箱部门经理：今年手机部门会赢利。

彩电部门经理：如果冰箱部门今年赢利，那么彩电部门就不会赢利。

电脑部门经理：如果手机部门今年没赢利，那么电脑部门也没赢利。

手机部门经理：今年冰箱和彩电部门都会赢利。

全年数据统计完成后，发现上述四个预测只有一个符合事实。

关于该公司各部门的全年赢利情况，以下除哪项外，均可能为真？

A. 彩电部门赢利，冰箱部门没赢利。

B. 冰箱部门赢利，电脑部门没赢利。

C. 电脑部门赢利，彩电部门没赢利。

D. 冰箱部门和彩电部门都没赢利。

E. 冰箱部门和电脑部门都赢利。

4. 有五支球队参加比赛，对于比赛结果，观众有如下议论：

(1)冠军队不是山南队，就是江北队。

(2)冠军队既不是山北队，也不是江南队。

(3)冠军队只能是江南队。

(4)冠军队不是山南队。

比赛结果显示，只有一条议论是正确的。那么获得冠军的队是：

A. 山南队。　　　　　　　　B. 江南队。　　　　　　　　C. 山北队。

D. 江北队。　　　　　　　　　　　　E. 江东队。

5. 有五支球队参加比赛，对于比赛结果，观众有如下议论：

(1)冠军队不是山南队，就是江北队。

(2)冠军队既不是山北队，也不是江南队。

(3)冠军队只能是江南队。

(4)冠军队不是山南队。

比赛结果显示，只有一条议论是错误的。那么获得冠军的队是：

A. 山南队。　　　　　　　　B. 江南队。　　　　　　　　C. 山北队。

D. 江北队。　　　　　　　　E. 江东队。

6. 小张、小王、小李、小赵四人进入乒乓球半决赛。甲、乙、丙、丁四位教练对半决赛结果有如下预测：

甲：小张未进决赛，除非小李进决赛。

乙：小张进决赛，小李未进决赛。

丙：如果小王进决赛，则小赵未进决赛。

丁：小王和小李都未进决赛。

如果四位教练的预测只有一个不对，则以下哪项一定为真？

A. 甲的预测错误，小张进决赛。

B. 乙的预测正确，小李未进决赛。

C. 丙的预测正确，小王未进决赛。

D. 丁的预测错误，小王进决赛。

E. 甲和乙的预测都正确，小李未进决赛。

7. 近日，某集团高层领导研究了发展方向问题。

王总经理认为：既要发展纳米技术，也要发展生物医药技术。

赵副总经理认为：只有发展智能技术，才能发展生物医药技术。

李副总经理认为：如果发展纳米技术和生物医药技术，那么也要发展智能技术。

最后经过董事会研究，只有其中一位的意见被采纳。

根据以上陈述，以下哪项符合董事会的研究决定？

A. 发展纳米技术和智能技术，但是不发展生物医药技术。

B. 发展生物医药技术和纳米技术，但是不发展智能技术。

C. 发展智能技术和生物医药技术，但是不发展纳米技术。

D. 发展智能技术，但是不发展纳米技术和生物医药技术。

E. 发展生物医药技术、智能技术和纳米技术。

8. 临江市地处东部沿海，下辖临东、临西、江南、江北四个区。近年来，文化旅游产业成为该市新的经济增长点。2010 年，该市一共吸引了全国数十万人次游客前来参观旅游。12 月底，关于该市四个区当年吸引游客人次多少的排名，各位旅游局局长作了如下预测：

临东区旅游局局长：如果临西区第三，那么江北区第四。

临西区旅游局局长：只有临西区不是第一，江南区才是第二。

江南区旅游局局长：江南区不是第二。

江北区旅游局局长：江北区第四。

最终的统计表明，只有一位局长的预测符合事实，则临东区当年吸引游客人次的排名是：

A. 第一。   B. 第二。   C. 第三。

D. 第四。   E. 在江北区之前。

9. 龙舟竞赛前，人们对参赛的红、黄、蓝、绿四个队的成绩作了三种估计：

(1)蓝队获冠军，黄队获亚军。

(2)蓝队获亚军，绿队得第三名。

(3)红队获亚军，绿队得第四名。

然而，实际的比赛结果显示，以上三种估计中，每一种均对了一半，错了一半，由此推出，比赛结果列一至四名的顺序为：

A. 蓝队、绿队、黄队、红队。

B. 绿队、黄队、红队、蓝队。

C. 蓝队、红队、绿队、黄队。

D. 红队、黄队、蓝队、绿队。

E. 绿队、黄队、蓝队、红队。

10. 张山、李思和王武参加篮球比赛，一共出场4次。

张山说："我出场2次，李思和王武每人出场1次。"

李思说："我出场3次，张山出场1次，王武没出场。"

王武说："我出场2次，张山出场2次，李思没出场。"

接着，张山说："李思说谎了。"

李思说："王武说谎了。"

王武说："张山和李思都说谎了。"

已知，说真话的人前后两句说的都是真话，说假话的人前后两句说的都是假话，则以下哪项为真？

A. 张山出场2次，李思出场1次，王武出场1次。

B. 张山出场1次，李思出场3次，王武出场0次。

C. 张山出场1次，李思出场2次，王武出场1次。

D. 张山出场1次，李思出场1次，王武出场2次。

E. 张山出场2次，李思出场2次，王武出场0次。

11. 在乐学喵举办的"618年中大促"上，为吸引学员，大促现场进行了抽奖活动。老吕在三个箱子里各放了一个奖品，让张珊、李思、王伍、赵陆四人猜一下各个箱子中放了什么奖品。

张珊说："1号箱是vivo手机，2号箱是华为手机，3号箱是小米手机。"

李思说："1号箱是OPPO手机，2号箱是华为手机，3号箱是荣耀手机。"

王伍说："1号箱是谢谢参与，2号箱是vivo手机，3号箱是红米手机。"

赵陆说："1号箱是OPPO手机，2号箱是荣耀手机，3号箱是谢谢参与。"

如果有一个人恰好猜对了两个，其余三人都只猜对了一个，那么2号箱子放的是：

A. 华为手机。   B. OPPO手机。   C. 红米手机。

D. 谢谢参与。   E. vivo手机。

第4章 论证

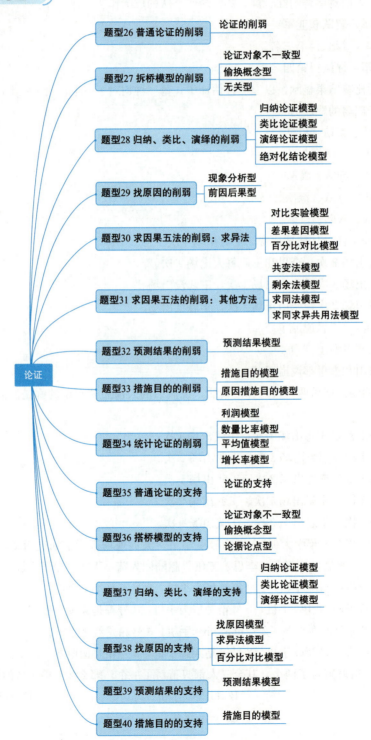

- 论证
  - 题型26 普通论证的削弱
    - 论证的削弱
  - 题型27 拆桥模型的削弱
    - 论证对象不一致型
    - 偷换概念型
    - 无关型
  - 题型28 归纳、类比、演绎的削弱
    - 归纳论证模型
    - 类比论证模型
    - 演绎论证模型
    - 绝对化结论模型
  - 题型29 找原因的削弱
    - 现象分析型
    - 前因后果型
  - 题型30 求因果五法的削弱：求异法
    - 对比实验模型
    - 差果差因模型
    - 百分比对比模型
  - 题型31 求因果五法的削弱：其他方法
    - 共变法模型
    - 剩余法模型
    - 求同法模型
    - 求同求异共用法模型
  - 题型32 预测结果的削弱
    - 预测结果模型
  - 题型33 措施目的的削弱
    - 措施目的模型
    - 原因措施目的模型
  - 题型34 统计论证的削弱
    - 利润模型
    - 数量比率模型
    - 平均值模型
    - 增长率模型
  - 题型35 普通论证的支持
    - 论证的支持
  - 题型36 搭桥模型的支持
    - 论证对象不一致型
    - 偷换概念型
    - 论据论点型
  - 题型37 归纳、类比、演绎的支持
    - 归纳论证模型
    - 类比论证模型
    - 演绎论证模型
  - 题型38 找原因的支持
    - 找原因模型
    - 求异法模型
    - 百分比对比模型
  - 题型39 预测结果的支持
    - 预测结果模型
  - 题型40 措施目的的支持
    - 措施目的模型

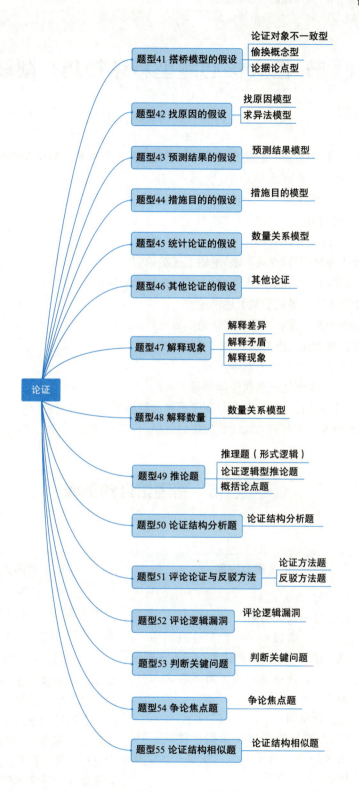

第 ❶ 节 四大核心题型秒杀技巧：削弱题

必备知识

　　削弱题是论证逻辑中最重要的题型，另外，论证有效性分析的基础也是削弱题，因此削弱题掌握的水平如何，对考试有着重要影响。

　　削弱题的特点是：题干给出一个论证或者表达某种观点，要求从选项中找出最能（或不能）削弱题干论证或观点的选项。

　　削弱题的常见提问方式如下：

　　"以下哪项如果为真，最能（或不能）削弱上述结论？"

　　"以下哪项如果为真，最能（或不能）对上述结论提出质疑？"

　　"以下哪项如果为真，最能反驳上述结论？"

　　"以下哪项如果为真，最能说明上述结论不成立？"

　　"以下选项都是对上述论点的质疑，除了哪项？"

　　对于削弱题，我们常采取以下解题步骤：

　　①看提问方式，判断此题是否属于削弱题。

　　②分析题干的论证结构，并判断题目属于哪种命题模型。

　　③依据解题模型及常见削弱方法，找出正确选项。

题型 26 普通论证的削弱

母题技巧

·命题模型·	·模型识别·	·秒杀技巧·
论证的削弱	1. 标志词识别法。 论点提示词：因此……，所以……，可见……，这表明……，实验表明……，据此推断……，由此认为……，这样说来……，我认为……，简而言之……，显然……，等等。 论据提示词： (1)论据标志词后接论据：例如……，因为……，由于……，依据……，据统计……，等等。 (2)论点标志词前接论据：……据此推断，……研究人员据此认为，……因此，……专家由此认为，等等。	第 1 步：确定论证结构。 即找到题干的论据和论点。其结构为：论据 —证明→ 论点。 第 2 步：看题干中有无常见的解题模型。如果题干中含解题模型，则用模型解题。常见的论证模型有：搭桥拆桥模型、归纳论证模型、演绎论证模型、类比论证模型、因果论证模型、统计论证模型等。相关模型的解法见后文。如果题干中不含解题模型，则进入第 3 步。 第 3 步：使用质疑论证的一般方法解题。

续表

·命题模型·	·模型识别·	·秒杀技巧·
	2. 内容识别法。 论点的内容一定是有所断定(例如论证者赞成什么、反对什么,认为应该怎样,制定了事件的原因、结果等);论据的内容一般是事实描述(即对客观事物的真实的描述和概括,包括具体事例、概括事实、统计数字、例证等)。	(1)质疑论点。 (2)质疑隐含假设。 (3)质疑论据。 (4)提出反面论据。 (5)质疑论证过程。

说明:
本题型讲解的是削弱论证的一般方法。后面出现的"归纳论证""类比论证""演绎论证""因果论证""统计论证"也属于论证,是对论证更详细的划分。

典型习题

1. 一种虾常游弋于高温的深海间歇泉附近,在那里生长着它爱吃的细菌类生物。由于间歇泉能发射一种暗淡的光线,因此,科学家们认为这种虾背部的感光器官是用来寻找间歇泉,从而找到食物的。

下列哪项能对科学家的结论提出质疑?

A. 实验表明,这种虾的感光器官对间歇泉发出的光并不敏感。

B. 间歇泉的光线十分暗淡,人类用肉眼难以察觉。

C. 间歇泉的高温足以杀死这附近的细菌。

D. 大多数其他品种的虾的眼睛都位于眼柄的末端。

E. 其他虾身上的感光器官同样能起到发现间歇泉的作用。

2. 一个医生在进行健康检查时,如果检查得足够彻底,就会使那些本没有疾病的被检查者无谓地饱经折腾,并白白地支付了昂贵的检查费用;如果检查得不够彻底,又可能错过一些严重的疾病,给病人一种虚假的安全感而延误治疗。问题在于,一个医生往往很难确定该把一个检查进行到何种程度。因此,对普通人来说,没有感觉不适就去接受医疗检查是不明智的。

以下各项如果为真,都能削弱上述论证,除了:

A. 有些严重疾病早期就有病人自己能察觉的明显症状。

B. 有些严重疾病早期虽无病人能察觉的明显症状,但这些症状并不难被医生发现。

C. 有些严重疾病只有经过彻底检查才能被发现。

D. 有些经验丰富的医生可以恰如其分地把握检查的彻底程度。

E. 有些严重疾病发展到病人有明显不适时,已错过了治疗的最佳时机。

3. 过去,大多数航空公司都尽量减轻飞机的重量,从而达到节省燃油的目的。那时最安全的飞机座椅是非常重的,因此只安装很少的这类座椅。今年,最安全的座椅卖得最好。这非常明显地证明,现在的航空公司在安全和省油这两方面更倾向重视安全了。

以下哪项如果为真,能够最有力地削弱上述结论?

A. 去年销售量最大的飞机座椅并不是最安全的座椅。

B. 所有航空公司总是宣称他们比其他公司更加重视安全。

C. 与安全座椅销量不好的那些年比，今年的油价有所提高。

D. 由于原材料成本提高，今年的座椅价格比以往都贵。

E. 由于技术创新，今年最安全的座椅反而比一般座椅的重量轻。

4. 一个部落或种族在历史的发展中灭绝了，但它的文字会留传下来。"亚里洛"就是这样一种文字。考古学家是在内陆发现这种文字的。经研究"亚里洛"中没有表示"海"的文字，但有表示"冬""雪""狼"的文字。因此，专家们推测，使用"亚里洛"文字的部落或种族在历史上生活在远离海洋的寒冷地带。

以下哪项如果为真，最能削弱上述专家的推测？

A. 蒙古语中有表示"海"的文字，尽管古代蒙古人从没见过海。

B. "亚里洛"中有表示"鱼"的文字。

C. "亚里洛"中有表示"热"的文字。

D. "亚里洛"中没有表示"山"的文字。

E. "亚里洛"中没有表示"云"的文字。

5. 许多消费者在超级市场挑选食品时，往往喜欢挑选那些用透明材料包装的食品，其理由是通过透明包装可以直接看到包装内的食品，这样心里有一种安全感。

以下哪项如果为真，最能对上述心理感受构成质疑？

A. 光线对食品营养所造成的破坏，引起了科学家和营养专家的高度重视。

B. 食品的包装与食品内部的卫生程度并没有直接的关系。

C. 美国宾州州立大学的研究结果表明：牛奶暴露于光线之下，无论是何种光线，都会引起风味上的变化。

D. 有些透明材料包装的食品，有时候让人看了会倒胃口，特别是不新鲜的蔬菜和水果。

E. 世界上许多国家在食品包装上大量采用阻光包装。

题型 27　拆桥模型的削弱

母题技巧

·命题模型·	·模型识别·	·秒杀技巧·
论证对象 不一致型	题干特点： 论据中的论证对象与论点中的论证对象不一致。	指出论证对象的区别。 例 1. <u>学渣</u>爱酱缸老师，因此，<u>吕酱油</u>爱酱缸老师。 拆桥：<u>吕酱油不是学渣</u>。 例 2. 岩儿不喜欢<u>没头发的男人</u>，因此，岩儿不喜欢康哥。 拆桥：<u>康哥有头发</u>。

续表

·命题模型·	·模型识别·	·秒杀技巧·
偷换概念型	题干特点： 论据中的某核心概念与论点中的某核心概念出现了不一致。	指出核心概念的区别。 例3. 吕酱心的男朋友喜欢吕酱心，因此，吕酱心的男朋友爱吕酱心。 拆桥：喜欢不等于爱。
无关型	题干特点： 论据说A，论点说B，但A和B没关系。	直接指出论据和论点没关系。 例4. 康哥没头发，因此，康哥的英语讲得不好。 拆桥：没头发和英语讲得好不好没关系。

句子成分分析法：看论据中的主谓宾，与论点中的主谓宾是否对应(逻辑上把"主语"称为"主项"或"论证对象"，把"谓语"和"宾语"统称为谓项，即论证对象的性质)。

口诀：主对主，谓对谓，宾语就和宾语对。

典型习题

1. 某中学自2010年起试行学生行为评价体系。最近，校学生处调查了学生对该评价体系的满意程度。数据显示：得分高的学生对该评价体系的满意度都很高。学生处由此得出结论：表现好的学生对这个评价体系都很满意。

以下哪项如果为真，最能削弱的结论？

A. 得分低的学生对该评价体系普遍不满意。

B. 得分高的学生未必是表现好的学生。

C. 并不是所有得分低的学生对该评价体系都不满意。

D. 得分高的学生受到该评价体系的激励，自觉改进了自己的行为方式。

E. 对于该评价体系，学生们今年的满意度不如去年的满意度高。

2. 某研究机构以约2万名65岁以上的老人为对象，调查了笑的频率与健康状态的关系。结果显示，在不苟言笑的老人中，认为自身现在的健康状态"不怎么好"和"不好"的比例分别是几乎每天都笑的老人的1.5倍和1.8倍。爱笑的老人对自我健康状态的评价往往较高。他们由此认为，爱笑的老人更健康。

以下哪项如果为真，最能质疑上述调查者的观点？

A. 乐观的老人比悲观的老人更长寿。

B. 病痛的折磨使得部分老人对自我健康状态的评价不高。

C. 身体健康的老人中，女性爱笑的比例比男性高10个百分点。

D. 良好的家庭氛围使得老年人生活更乐观，身体更健康。

E. 老年人的自我健康评价往往和他们实际的健康状况之间存在一定的差距。

3. 人们通常认为，幸福能够增进健康，有利于长寿，而不幸福则是健康状况不佳的直接原因，但最近有研究人员对3 000多人的生活状况调查后发现，幸福或者不幸福并不意味着死亡的风险会相应地变得更低或者更高。他们由此指出，疾病可能会导致不幸福，但不幸福本身并不会对健康状况造成损害。

以下哪项如果为真，最能质疑上述研究人员的论证？

A. 幸福是个体的一种心理体验，要求被调查对象准确断定其幸福程度有一定的难度。

B. 有些高寿老人的人生经历较为坎坷，他们有时过得并不幸福。

C. 有些患有重大疾病的人乐观向上，积极与疾病抗争，他们的幸福感比较高。

D. 人的死亡风险低并不意味着健康状况好，死亡风险高也不意味着健康状况差。

E. 少数个体死亡风险的高低难以进行准确评估。

4. 因为照片的影像是通过光线与胶片的接触形成的，所以每张照片都具有一定的真实性。但是，从不同角度拍摄的照片总是反映了物体某个侧面的真实，而不是全部的真实。在这个意义上，照片又是不真实的。因此，在目前的技术条件下，以照片作为证据是不恰当的，特别是在法庭上。

以下哪项如果为真，最能削弱上述论证？

A. 摄影技术是不断发展的，理论上说，全景照片可以从外观上反映物体的全部真实。

B. 任何证据只需要反映事实的某个侧面。

C. 在法庭审理中，有些照片虽然不能成为证据，但有重要的参考价值。

D. 有些照片是通过技术手段合成或伪造的。

E. 就反映真实性而言，照片的质量有很大的差别。

题型 28　归纳、类比、演绎的削弱

母题技巧

·命题模型·	·模型识别·	·秒杀技巧·
归纳论证模型	题干特点： (1)题干中出现调查。 (2)题干论据中的论证对象 a 是论点中的论证对象 A 的子集。可用下图表示： 对象a　　对象A	**方法 1. 指出题干以偏概全。** 指出样本 a 数量太少，广度不够或者不是随机选取的，因此样本 a 不能代表 A。 **方法 2. 指出调查者/被调查者不中立。** 多数归纳论证的题会涉及调查，如果调查者或被调查者不中立，就存在调查作弊的嫌疑，可能会影响调查结果的准确性。 **方法 3. 举反例。** 如果题干中归纳论证的结论是绝对化的，可举反例进行削弱。可参考本表格中的"绝对化结论模型"。

·命题模型·	·模型识别·	·秒杀技巧·
类比论证模型	题干特点： 题干论据中的论证对象是 A，论点中的论证对象是 B。可用下图表示： 对象A → 对象B	质疑方法：指出题干中的类比对象有差异。 即指出论据中的对象和论点中的对象有本质差异，这种差异影响了类比的成立性。 注意： 1. 此处也可看作前面拆桥法原理的一种应用。 2. 完全相同的类比对象是不存在的，有时候，类比对象之间的一些无关紧要的差异并不影响类比的成立性。例如：我头发多，康哥头发少，但这种区别并不影响我们的教学质量。
演绎论证模型	(1)题干论据的特点： 题干的论据(前提)是一般性的，即论据中会出现"所有""一定""必然""必须""如果，那么""只有，才"等绝对化词。 (2)题干结论的特点： 题干结论的是个别性的，即观点是针对某个个体或某个特殊情况。	例如：每次下雨，东风路都会堵车(一般性前提)。因此，情人节那天东风路将会堵车(个别性结论)。 方法1. 质疑一般性前提：并不是每次下雨东风路都会堵车。 方法2. 质疑隐含假设：情人节那天不会下雨。
绝对化结论模型	题干结论的特点： 题干的结论带有绝对化词，如"一定""必然""必须"，等等。	方法1. 举反例。 方法2. 找矛盾。 如： 用"$A \wedge \neg B$"质疑"$A \rightarrow B$"。 用"$\neg A \wedge B$"质疑"$\neg A \rightarrow \neg B$"。

典型习题

1. 某博主宣称："我的这篇关于房价未来走势的分析文章得到了 1 000 余个网民的跟帖，我统计了一下，其中 85％的跟帖是赞同我的观点的。这说明大部分民众是赞同我的观点的。"
   以下哪项最能质疑该博主的结论？
   A. 有些人虽然赞同他的观点，但是不赞同他的分析。
   B. 该博主其他得到比较高支持率的文章后来被证实其观点是错误的。
   C. 有些支持反对意见的跟帖理由更充分。
   D. 博主文章的观点迎合了大多数人的喜好。
   E. 关注该博主文章的大部分人是其忠实粉丝。

2. 为了预测大学生毕业后的就业意向，《就业指南》杂志在大学生中进行了一次问卷调查，结果显示，超过半数的答卷都把教师作为首选的职业。这说明，随着我国教师社会地位和经济收入的提高，大学生毕业后普遍不愿意当教师的现象已经成为过去。

以下哪项如果为真，将严重削弱上述结论？

A. 目前我国教师的平均收入，和各行业相比，仍然是中等偏下。

B. 被调查者虽然遍布全国 100 多所院校，但总人数不过 1 000 多人。

C. 被调查者的半数是师范院校的学生。

D.《就业指南》并不是一份很有影响的杂志。

E. 上述调查问卷的回收率超过 90%。

3. 妇女适合当警察的想法是荒唐的。妇女毕竟比男子平均矮 15 公分、轻 15 公斤。很显然，在遇到暴力事件时，妇女没有男子有效。

以下哪项如果为真，最能削弱以上论证？

A. 有些申请当警察的妇女比在职的男警察长得高大。

B. 警察必须经过 18 个月的强化训练。

C. 在许多情况下，罪犯或受害者是妇女。

D. 警察要求携带和使用枪支，而妇女通常胆小怕枪。

E. 有许多警察部门的办公室工作妇女可以做。

4. 某校报受校学生会委托，在全校师生中进行抽样调查，推选最受欢迎的学生会干部，结果姚军得到 65% 以上的支持，得票最多。据此，学生会认为最受欢迎的学生会干部是姚军。

以下哪项如果为真，最能削弱学生会的结论？

A. 这次调查在设计上把姚军放在了候选人的首位。

B. 该校所有人都参加了此次调查。

C. 多数被调查者并不关注学生会成员及其工作。

D. 该校师生中有部分人没有在调查中发表自己的意见。

E. 这次的调查对象大部分来自姚军所在的院系。

5. 2020 年 2 月 11 日，世界卫生组织总干事谭德塞在瑞士日内瓦宣布，将新型冠状病毒感染的肺炎命名为"COVID-19"，国内简称"新冠肺炎"。"新冠肺炎"在全球大规模爆发，给人类带来了一场不小的灾难。研究人员发现，注射灭活疫苗可使人体产生对伤寒、霍乱、流行性脑膜炎等病毒的抗体。有科学家据此认为，研发灭活疫苗将是人类对抗新冠病毒的有效途径。

以下哪项如果为真，最能质疑科学家的论证？

A. 研发灭活疫苗存在一定的难度。

B. 注射灭活疫苗并不能使人对新冠病毒产生完全免疫效果。

C. 灭活疫苗有一定的副作用。

D. 我国采取动态清零的防控模式，对新冠病毒起到了很好的防控效果。

E. 人类对伤寒、霍乱、流行性脑膜炎等病毒的免疫反应原理与人体对新型冠状病毒的免疫反应原理不同。

6. 人乘坐一次航班所受到的辐射量，不会大于接受一次牙齿 X 光检查。一次牙齿 X 光检查的辐射量对人体的影响几乎可以忽略不计，因此，空姐不必担心自己的职业会对健康带来潜在的危害。

以下哪项如果为真，则最能削弱上述论证？

A. 接受一次牙齿 X 光检查所受的辐射对人体无害，不等于辐射对人体无害。

B. 辐射的影响，不仅对空姐存在，也对乘客存在。

C. 飞机航行产生的辐射，可能不止 X 射线。

D. 现代医学对辐射所造成的身体伤害的预防和治疗手段已经非常先进。

E. 受到辐射的时间越长，次数越多，辐射对人体的影响就越大。

7. 科学研究证明，非饱和脂肪酸含量高和饱和脂肪酸含量低的食物有利于预防心脏病。鱼通过食用浮游生物中的绿色植物使得体内含有丰富的非饱和脂肪酸"奥米加·3"，而牛和其他反刍动物通过食用青草同样获得丰富的非饱和脂肪酸"奥米加·3"。因此，多食用牛肉和多食用鱼肉对于预防心脏病都是有效的。

以下哪项如果为真，最能削弱题干的论证？

A. 在单位数量的牛肉和鱼肉中，前者非饱和脂肪酸"奥米加·3"的含量要少于后者。

B. 欧洲疯牛病的风波在全球范围内大大减少了牛肉的消费者，增加了鱼肉的消费者。

C. 牛和其他反刍动物在反刍消化的过程中，把大量的非饱和脂肪酸转化为饱和脂肪酸。

D. 实验证明，鱼肉中含有的非饱和脂肪酸"奥米加·3"比牛肉中含有的非饱和脂肪酸更易被人吸收。

E. 统计表明，在欧洲内陆大量食用牛肉和奶制品的居民中患心脏病的比例，要高于在欧洲沿海大量食用鱼肉的居民中患心脏病的比例。

8. 足球是一项集体运动，若想不断取得胜利，每个强队都必须有一位核心队员，他总能在关键场次带领全队赢得比赛。友南是某国甲级联赛强队西海队队员，据某记者统计，在上赛季参加的所有比赛中，有友南参赛的场次，西海队胜率高达 75.5%，另有 16.3% 的平局、8.2% 的场次输球；而在友南缺阵的情况下，西海队的胜率只有 58.9%，输球的比率高达 23.5%。该记者由此得出结论：友南是上赛季西海队的核心队员。

以下哪项如果为真，最能质疑该记者的结论？

A. 西海队教练表示："球队是一个整体，不存在有友南的西海队和没有友南的西海队。"

B. 上赛季友南缺席且西海队输球的比赛都是小组赛中西海队已经确定出线后的比赛。

C. 西海队队长表示："没有友南我们将失去很多东西，但我们会找到解决办法。"

D. 上赛季友南上场且西海队输球的比赛，都是西海队与传统强队对阵的关键场次。

E. 本赛季开始以来，在友南上阵的情况下，西海队胜率暴跌 20%。

9. 在家电产品"三下乡"活动中，某销售公司的产品受到了农村居民的广泛欢迎。该公司总经理在介绍经验时表示：只有用最流行畅销的明星产品面对农村居民，才能获得他们的青睐。

以下哪项如果为真，最能质疑总经理的论述？

A. 某品牌电视由于其较强的防潮能力，尽管不是明星产品，仍然获得了农村居民的青睐。

B. 流行畅销的明星产品由于价格偏高，没有赢得农村居民的青睐。

C. 流行畅销的明星产品只有质量过硬，才能获得农村居民的青睐。

D. 有少数娱乐明星为某些流行畅销的产品做虚假广告。

    E. 流行畅销的明星产品最适合城市中的白领使用。

10. 当企业处于蓬勃上升时期，往往紧张而忙碌，没有时间和精力去设计和修建"琼楼玉宇"；当企业所有的重要工作都已经完成，其时间和精力就开始集中在修建办公大楼上。所以，如果一个企业的办公大楼设计得越完美，装饰得越豪华，则该企业离解体的时间就越近；当某个企业的大楼设计和建造趋向完美之际，它的存在就逐渐失去意义。这就是所谓的"办公大楼法则"。

    以下哪项如果为真，最能质疑上述观点？

    A. 某企业的办公大楼修建得美轮美奂，入住后该企业的事业蒸蒸日上。

    B. 一个企业如果将时间和精力都耗费在修建办公大楼上，则对其他重要工作就投入不足了。

    C. 建造豪华的办公大楼，往往会加大企业的运营成本，损害其实际利益。

    D. 企业办公大楼越破旧，该企业就越有活力和生机。

    E. 建造豪华的办公大楼并不需要企业投入太多的时间和精力。

题型 29　找原因的削弱

母题技巧

·命题模型·	·模型识别·	·秒杀技巧·
现象分析型	(1)题干的结构为：摆现象、析原因。 (2)题干中的结论提示词，如"因此""所以""这说明"，一般可替换成"这是因为"。 例如：吕酱心考上了研究生，这说明，老吕的课有效。 可替换为：吕酱心考上了研究生(摆现象)，这是因为，老吕的课有效(析原因)。	假设题干结构为： 原因 A，导致了结果 B。 **方法 1. 否因削弱(力度大)。** 直接否定题干中的原因 A。 **方法 2. 因果无关(力度大)。** 指出题干中的原因 A 和结果 B 无关。 **方法 3. 因果倒置(力度大)。** 指出不是 A 导致 B，而是 B 导致 A。 **方法 4. 另有他因(力度取决于排他性)。** 指出是其他原因 C，导致了题干中的结果 B。 另有他因的力度，取决于原因 A 和 C 是否具有排他性。
前因后果型	题干中出现"导致了""引发了""引起了""造成了"等表示因果关系的词。 例如： 在人群中看了你一眼(前因)，导致了我再也不能忘记你容颜(后果)。 此例可改写为： 我再也不能忘记你容颜(摆现象)，是因为我在人群中看了你一眼(析原因)。	**方法 5. 有因无果(力度小于前 3 种)。** 在某些场合中，出现了原因 A，但没有出现结果 B。 **方法 6. 无因有果(力度小于前 3 种)。** 在某些场合中，没有出现原因 A，但出现了结果 B。

典型习题

1. 为什么古希腊会产生城邦制，东方国家却长期存在君主专制？亚里士多德认为，君主专制在野蛮人中间常常可以见到，同僭主制或暴君制很接近。因为野蛮民族的性情天生就比希腊各民族更具奴性，其中亚细亚蛮族的奴性更甚于欧罗巴蛮族，所以他们甘受独裁统治而不起来叛乱。

   如果以下各项陈述为真，除哪一项外，都能削弱亚里士多德的解释？

   A. 城邦制造就了公民的自主性，君主专制造就了顺民的奴性。

   B. 地理环境的差别造就了城邦制和君主专制的区别。

   C. 亚里士多德的解释在感情上令绝大多数东方人难以接受。

   D. 文明人与野蛮人的区别是文化和社会组织不同造成的。

   E. 古希腊长期存在奴隶制，这些奴隶的长期存在说明古希腊人的奴性并不低于东方民族。

2. 为什么人类在长距离奔跑方面要比跑得更快的四足动物更有耐力？也许这是因为早期人类是炎热的非洲热带草原上的猎人。人类逐渐发展出了通过出汗散热的能力，而大多数哺乳动物只能靠喘气，这一功能在跑的时候很难调节。而且，四足动物必须采取一种速度能让它们在一步中间呼吸一次，否则，它们前足落地的撞击力将会阻碍深呼吸。人类则可以改变跑步中呼吸的次数，确定一种其猎物无法适应的速度，最终使之力竭。

   以下哪项如果为真，该作者对人类为何会发展为更好的长跑者的解释将受到最严重的削弱？

   A. 早期人类一般捕猎那些没有人类擅长长跑的动物。

   B. 早期人类只是在非洲热带草原上进行狩猎的物种之一。

   C. 早期人类狩猎主要是通过偷偷靠近并围成圈来捕捉猎物。

   D. 狩猎对于后来处在较寒冷气候中的人类与对早期非洲热带草原上的人类一样重要。

   E. 今天的人类保持了长跑的能力，但不再通过追赶猎物来狩猎了。

3. S 市持有驾驶证的人员数量较五年前增加了数十万，但交通死亡事故却较五年前有明显的减少。由此可以得出结论：目前 S 市驾驶员的驾驶技术熟练程度较五年前有明显的提高。

   以下各项如果为真，都能削弱上述论证，除了：

   A. 交通事故的主要原因是驾驶员违反交通规则。

   B. 目前 S 市的交通管理力度较五年前有明显加强。

   C. S 市加强对驾校的管理，提高了对新驾驶员的培训标准。

   D. 由于油价上涨，许多车主改乘公交车或地铁上下班。

   E. S 市目前的道路状况及安全设施较五年前有明显改善。

4. 在过去的十年中，美国年龄在 85 岁或以上的人口数量开始大量增长。出现这一趋势的主要原因是这些人在脆弱的孩提时期享受到了美国的良好的健康医疗照顾。

   下面哪项如果正确，最能严重地削弱上面的解释？

   A. 在美国，年龄 85 岁或 85 岁以上的人中，有 75% 的其父母的寿命小于 65 岁。

   B. 在美国，现在 85 岁以上年龄组出生人数少于比这一年龄组大一点和小一点的年龄组。

   C. 在美国，年龄在 85 岁以上的人中，有 35% 需要 24 小时护理。

   D. 美国很多 85 岁以上的人是在 20 岁或 20 岁以后才移民至美国的。

E. 由于联邦政府用于怀孕妇女和儿童的医疗护理的资金减少，美国公民的寿命有可能会缩短。

5. 不仅人上了年纪会难以集中注意力，就连蜘蛛也有类似的情况。年轻蜘蛛结的网整齐均匀，角度完美；年老蜘蛛结的网可能出现缺口，形状怪异。蜘蛛越老，结的网就越没有章法。科学家由此认为，随着时间的流逝，这种动物的大脑也会像人脑一样退化。

以下哪项如果为真，最能质疑科学家的上述论证？

A. 优美的蛛网更容易受到异性蜘蛛的青睐。

B. 年老蜘蛛的大脑较之年轻蜘蛛，其脑容量明显偏小。

C. 运动器官的老化会导致年老蜘蛛结网能力下降。

D. 蜘蛛结网只是一种本能的行为，并不受大脑控制。

E. 形状怪异的蛛网较之整齐均匀的蛛网，其功能没有大的差别。

6. 2009 年 12 月初，两院院士新增选名单相继公布，继而有统计数据披露：中国科学院新增的 35 名院士中，80％是高校或研究机构的现任官员；中国工程院新增的 48 名院士中，超过 85％是现任官员；工程院 60 岁以下新当选的院士，均有校长、院长、副院长、董事长等职务。所以，有人认为，"官员身份"在院士评选中起到了非常大的作用。

以下哪一项如果正确，最能对上述结论构成反驳？

A. 院士评选没有规定官员不能当选。

B. 许多非常优秀的学者担任了行政职务。

C. 有官员身份的学者占学者整体的比例不大。

D. 优秀的官员可以兼任学者。

E. 不应该因为官员身份的敏感性而剥夺官员当选院士的权利。

7. 因偷盗、抢劫或流氓罪入狱的刑满释放人员的重新犯罪率，要远远高于因索贿、受贿等职务犯罪入狱的刑满释放人员。这说明，在狱中对上述前一类罪犯教育改造的效果，远不如对后一类罪犯。

以下哪项如果为真，则最能削弱上述论证？

A. 与其他类型的罪犯相比，职务犯罪者往往有较高的文化水平。

B. 对贪污、受贿的刑事打击，并没能有效地遏制腐败，有些地方的腐败反而愈演愈烈。

C. 刑满释放人员很难再得到官职。

D. 职务犯罪的罪犯在整个服刑犯中只占很小的比例。

E. 统计显示，职务犯罪者很少有前科。

8. 一般认为，剑乳齿象是从北美洲迁入南美洲的。剑乳齿象的显著特征是具有较直的长剑型门齿，颚骨较短，臼齿的齿冠隆起，齿板数目为 7～8 个，并呈乳状凸起，剑乳齿象因此得名。剑乳齿象的牙齿比较复杂，这表明它能吃草，在南美洲的许多地方都有证据显示史前人类捕捉过剑乳齿象。由此可以推测，剑乳齿象的灭绝可能与人类的过度捕杀有密切关系。

以下哪项如果为真，最能反驳上述结论？

A. 史前动物之间经常发生大规模相互捕杀的现象。

B. 剑乳齿象在遇到人类攻击时缺乏自我保护能力。

C. 剑乳齿象也存在由南美洲进入北美洲的回迁现象。

D. 由于人类活动范围的扩大，大型食草动物难以生存。

E. 幼年剑乳齿象的牙齿结构比较简单，自我生存能力弱。

9. 某教育专家认为："男孩危机"是指男孩调皮捣蛋、胆小怕事、学习成绩不如女孩好等现象。近些年，这种现象已经成为儿童教育专家关注的一个重要问题。这位专家在列出一系列统计数据后，提出了"今日男孩为什么从小学、中学到大学全面落后于同年龄段的女孩"的疑问，这无疑加剧了无数男生家长的焦虑。该专家通过分析指出，恰恰是家庭和学校不适当的教育方法导致了"男孩危机"现象。

以下哪项如果为真，最能对该专家的观点提出质疑？

A. 家庭对独生子女的过度呵护，在很大程度上限制了男孩发散思维的拓展和冒险性格的养成。

B. 现在的男孩比以前的男孩在女孩面前更喜欢表现出"绅士"的一面。

C. 男孩在发展潜能方面要优于女孩，大学毕业后他们更容易在事业上有所成就。

D. 在家庭、学校教育中，女性充当了主要角色。

E. 现代社会游戏泛滥，男孩天性比女孩更喜欢游戏，这耗去了他们大量的精力。

题型 30 求因果五法的削弱：求异法

母题技巧

·命题模型·	·模型识别·	·秒杀技巧·
对比实验模型	题干中出现对比实验，常见以下两种结构： (1)两组对比： 　　第一组对象：有 A，有 B； 　　第二组对象：无 A，无 B； 　　──────────── 　　故有：A 是 B 的原因。 (2)前后对比： 　　同一对象有因素 A 前：没有 B； 　　同一对象有因素 A 后：有 B； 　　──────────── 　　故有：A 是 B 的原因。	方法 1. 另有差因。 对比实验中，只能有一个差异因素影响实验结果。如果还有其他差异因素，实验结果就很可能出现误差。因此，此类题目中常用另有其他差异因素(可简称另有差因)来削弱。 方法 2. 不当归纳。 对比实验是用样本来归纳一般性规律，因此，可能出现样本没有代表性，调查者/被调查者不中立等问题。 方法 3. 削弱因果。 求异法归根结底还是找原因的方法，故因果倒置、因果无关等削弱因果的方法也适用。

续表

·命题模型·	·模型识别·	·秒杀技巧·
差果差因模型	题干的论据为：两个对象的结果差异。 题干的论点为：两个对象的原因差异。	削弱方法：另有差因。 例如： 张三考上了研究生，而李四没考上研究生（结果差异）。这说明，张三比李四努力（原因差异）。 削弱方法：张三报了老吕的班而李四没有报班（另有差因）。
百分比对比模型	题干的论据：百分比。 题干的结论：因果关系或者某种评价。 选项特点：选项中也出现百分比。	(1)秒杀口诀：同比削弱，差比加强。 如果选项中的百分比和题干的百分比差不多，就削弱；如果选项中的百分比和题干的百分比差很多，就支持。 例如： 中华女子学院保研的学生中，女生占比达到了 80％，因此，该校女生比男生优秀。 反驳：中华女子学院的女生占比达到了 80％以上。这说明女生保研占比多可能是因为该校女生数量上占绝对优势，而不是因为女生优秀。 支持：中华女子学院的女生占比仅有 30％，这说明女生在总数占有绝对劣势的情况下，保研者中却占了绝对优势，那就证明女生优秀。 (2)由于结论是个因果关系，也可用削弱因果关系的方法进行削弱。

典型习题

1. 在两块试验菜圃里每块种上相同数量的西红柿苗，给第一块菜圃加入镁盐，但不给第二块加。第一块菜圃产出了 20 磅西红柿，第二块菜圃产出了 10 磅。因为除了水以外，没有向两块菜圃加入其他任何东西，第一块菜圃较高的产量必然是由于镁盐。

下面哪项如果正确，最能严重地削弱以上的论证？

A. 少量的镁盐从第一块菜圃渗入了第二块菜圃。

B. 第三块菜圃加入了一种高氮肥料，但没有加镁盐，产出了 15 磅西红柿。

C. 在每块菜圃中以相同份额种植了四种不同的西红柿。

D. 有些与西红柿竞争生长的野草不能忍受土壤里大量的镁盐。

E. 这两块试验菜圃的土质和日照量不同。

2. 一项研究表明，吃芹菜有助于抑制好斗情绪。151 名女性接受了调查。在称自己经常吃芹菜的女性中，95％称自己很少有好斗情绪，或者很少被彻底激怒。在不经常吃芹菜的女性中，53％

称自己经常有焦虑、愤怒和好斗的情绪。

以下陈述都能削弱上述的结论，除了：

A. 那些经常吃芹菜的女性更注意健身，而健身消耗掉大量体能，十分疲惫，抑制了好斗情绪。

B. 女性受访者易受暗示且更愿意合作，会有意无意地配合研究者，按他们所希望的方向去回答问题。

C. 像安慰剂有疗效一样，吃芹菜会抑制好斗情绪的说法激发了女性受访者的一系列心理和精神活动，让她们感觉不那么好斗了。

D. 芹菜具有平肝清热、除烦消肿、解毒宣肺、健胃利血、降低血压、健脑镇静之功效。

E. 该调查得到了一家蔬菜销售公司的资助。

3. 加拿大的一位运动医学研究人员报告说，利用放松体操和机能反馈疗法，有助于对头痛进行治疗。研究人员抽选出95名慢性牵张性头痛患者和75名周期性偏头痛患者，教他们放松头部、颈部和肩部的肌肉，以及用机能反馈疗法对压力和紧张程度加以控制。其结果，前者中有四分之三，后者中有一半人报告说，他们头痛的次数和剧烈程度有所下降。

以下哪项如果为真，最不能削弱上述论证的结论？

A. 参加者接受了高度的治疗有效的暗示，同时，对病情改善的希望亦起到了一定的作用。

B. 参加者有意迎合研究人员，即使不合事实，也会说感觉变好。

C. 多数参加者自愿合作，虽然他们在生活中承受着巨大的压力。在研究过程中，他们会感觉到生活压力有所减轻。

D. 参加实验的人中，慢性牵张性头痛患者和周期性偏头痛患者人数选择不等，实验设计需要进行调整。

E. 放松体操和机能反馈疗法的锻炼，减少了这些头痛患者的工作时间，使得他们对自己病情的感觉有所改善。

4. 某学校最近进行的一项关于奖学金对学习效率起促进作用的调查表明：获得奖学金的学生比那些没有获得奖学金的学生的学习效率平均要高出25％。调查的内容包括自习的出勤率、完成作业所需要的时间、日阅读量等许多指标。这充分说明，奖学金对帮助学生提高学习效率的作用是很明显的。

以下哪项如果为真，最能削弱以上论证？

A. 获得奖学金通常是因为那些同学有好的学习习惯和高的学习效率。

B. 获得奖学金的同学可以更容易改善学习环境来提高学习效率。

C. 学习效率低的同学通常学习时间长而缺少正常的休息。

D. 学习效率的高低与奖学金多少的研究应当采用定量方法进行。

E. 没有获得奖学金的同学的学习压力重，很难提高学习效率。

5. 在疟疾流行的地区，许多人多次感染疟疾后，会对此病产生免疫力。很明显，感染一次疟疾后，人的免疫系统仅受到轻微的激活；而多次感染疟疾，与疟原虫接触，可产生有效的免疫反应，使人免于患疟疾。

以下哪项如果为真，最能削弱上述结论？

A. 疟疾病人由于体质的严重消耗，极易同时感染其他疾病。

　　B. 有几种不同类型的疟疾，身体对某一种疟原虫的免疫反应并不能保护其免于其他类型的疟疾感染。

　　C. 疟疾只通过蚊子传播，现在的蚊子对杀蚊剂已产生抵抗力。

　　D. 将疟疾患者隔离不能阻止此病的流行。

　　E. 对疟疾的免疫力可通过遗传的方法获得。

6. 据统计资料显示，美国的人均寿命是 73.9 岁，而在夏威夷出生的人的平均寿命是 77 岁，在路易斯安那州出生的人的平均寿命是 71.7 岁。因此，一对来自路易斯安那州的新婚夫妇，如果选择定居夏威夷，那么，他们的孩子的寿命，可以比在路易斯安那州出生要长。

　　以下哪项如果为真，将最有力地削弱题干的结论？

　　A. 在路易斯安那州首府巴吞鲁日出生的人的平均寿命是 78 岁。

　　B. 路易斯安那州的居民中 1/3 以上是黑人，是美国黑人比例最高的州；美国黑人的平均寿命要低于白人 3～5 个百分点。

　　C. 美国人寿保险公司的专家并不认为移居夏威夷会使路易斯安那州人的平均寿命明显提高。

　　D. 夏威夷群岛的大部分岛屿的空气污染程度要大大低于全美的平均水平。

　　E. 和环境相比，遗传是人的寿命长短的更为重要的决定性因素。

7. 早期人类遗骸化石显示，我们的祖先很少有现代人常见的牙齿疾病。因此，早期人类的饮食很可能和现代人有很大的不同。

　　以下哪项如果为真，最能削弱上述论证？

　　A. 早期人的寿命比现代人短得多，而人的牙病通常出现在 50 岁以后。

　　B. 健康的饮食有利于保护健康的牙齿。

　　C. 饮食是影响牙齿健康的最重要因素。

　　D. 遗骸化石显示，有些早期人类有相当多的龋齿洞。

　　E. 和现代人一样，早期人类主要以熟食为主。

8. 认为大学的附属医院比社区医院或私立医院要好，是一种误解。事实上，大学的附属医院抢救病人的成功率比其他医院更低。这说明大学的附属医院的医疗护理水平比其他医院要低。

　　以下哪项如果为真，最能驳斥上述论证？

　　A. 有的医生既在大学工作又在私立医院工作。

　　B. 大学，特别是医科大学的附属医院拥有其他医院所缺少的精密设备。

　　C. 大学的附属医院的主要任务是科学研究，而不是治疗和护理病人。

　　D. 去大学的附属医院就诊的病人的病情，通常比去私立医院或社区医院的病人的病情重。

　　E. 抢救病人的成功率只是评价医院的标准之一，而不是唯一的标准。

9. 对某高校本科生的某项调查统计发现：在因成绩优异被推荐免试攻读硕士研究生的文科专业学生中，女生占 70％。由此可见，该校本科生文科专业的女生比男生优秀。

　　以下哪项如果为真，能最有力地削弱上述结论？

　　A. 在该校本科生文科专业学生中，女生占 30％以上。

　　B. 在该校本科生文科专业学生中，女生占 30％以下。

　　C. 在该校本科生文科专业学生中，男生占 30％以下。

D. 在该校本科生文科专业学生中，女生占 70％以下。

E. 在该校本科生文科专业学生中，男生占 70％以上。

10. 一项对某高校教员的健康普查表明，80％的胃溃疡患者都有夜间工作的习惯。因此，夜间工作容易造成的自主神经功能紊乱是诱发胃溃疡的重要原因。

以下哪项如果为真，最能严重地削弱上述论证？

A. 医学研究尚不能清楚地揭示消化系统的疾病和神经系统的内在联系。

B. 该校的胃溃疡患者主要集中在中老年教师中。

C. 该校的胃溃疡患者近年来有上升的趋势。

D. 该校教员中只有近五分之一的教员没有夜间工作的习惯。

E. 该校胃溃疡患者中近 60％患有不同程度的失眠症。

题型 31　求因果五法的削弱：其他方法

母题技巧

·命题模型·	·模型识别·	·秒杀技巧·
共变法模型	论据： 情况(1)：论据中的现象出现共生或共变关系。 情况(2)：论据中出现三组对比实验。 情况(3)：论据中出现关联词"越……越……"。 结论： 结论指出论据中的两个现象存在因果关系。	方法 1. 另有其他共变因素。 存在共变的几个场合中，若还有其他共变因素，就无法确定哪个是真正的原因。 方法 2. 共因削弱。 有一个共同原因，导致题干中两个现象出现。如云层间的放电导致闪电和雷场同时出现。 方法 3. 因果倒置。 共变法的题干中，出现 A、B 两个现象，那么 A 是 B 的原因还是 B 是 A 的原因呢？可见，共变法很容易出现因果倒置的错误。 方法 4. 其他削弱因果的方法。 共变法归根结底还是找原因的方法，故因果无关、有因无果、无因有果等削弱因果的方法也适用。
剩余法模型	剩余法的本质是排除法，也就是说，题干会排除某一原因，从而肯定是另外的原因。如果把所有已知原因都排除了，那说明还有未知因素。	方法 1. 排除无效。 指出题干中的排除无效，即可削弱题干。 方法 2. 削弱因果。 剩余法也是找原因的方法，故可以用削弱因果的方法进行削弱。

续表

·命题模型·	·模型识别·	·秒杀技巧·
求同法模型	论据：论据中在某现象出现的两个场合中，有一个共同因素。 结论：这一共同因素是该现象的原因。	**方法 1. 另有其他共同因素。** 如果在这两个场合中，还有其他可能导致这一现象出现的共同因素，即可削弱题干。 **方法 2. 削弱因果。** 求同法也是找原因的方法，故可以用削弱因果的方法进行削弱。
求同求异共用法模型	题干中既出现求同，也出现求异。	用求异法及求同法模型的解题方法进行解题即可。

典型习题

1. 汉武市进行了一项针对喝酒与肝癌的调查。被调查者被分为了三组：第一组对象的饮酒史为 20 年以上；第二组对象的饮酒史为 10～20 年；第三组对象的饮酒史为 10 年以下。调查结果显示，三组对象的肝癌发病率分别为 1.2%、0.7% 和 0.5%。因此，肝癌的发病与喝酒有关。

   以下哪项如果为真，最能削弱以上结论？

   A. 医生尚不能说明为什么喝酒会导致肝癌。

   B. 三组调查对象的人数分别为 1 980 人、1 480 人、1 200 人。

   C. 停止喝酒并不能帮助肝癌的治疗。

   D. 被调查对象的年龄均在 60 岁以上。

   E. 三组调查对象的父辈中，肝癌的发病率分别为 2.3%、1.7% 和 0.8%。

2. 某研究人员发现，按体重比例来看，儿童比成人吸收的糖类多，儿童比成人运动的更多。于是他得出结论，糖类的吸收和不同程度的运动所需要的热量是成正比的。

   以下哪项如果是真的，则最能构成对上述观点的质疑？

   A. 对于公众体育项目政府人均投入较多的国家，人均糖类消费也较高。

   B. 不参加有组织的体育运动的儿童一般比参加此类运动的儿童糖类吃得多。

   C. 身体生长的阶段比平时更需要大量的糖类消耗。

   D. 增加糖类摄入是为长跑竞赛做准备的运动员普遍采用的一种战术。

   E. 尽管为保持身体健康糖类是必需品，但是糖类消耗多的人不一定是健康的。

3. 近年来，立氏化妆品的销量有了明显的增长，同时，该品牌用于广告的费用也有同样明显的增长。业内人士认为，立氏化妆品销量的增长，得益于其广告的促销作用。

   以下哪项如果为真，最能削弱上述结论？

   A. 立氏化妆品的广告费用，并不多于其他化妆品。

   B. 立氏化妆品的购买者中，很少有人注意到该品牌的广告。

   C. 注意到立氏化妆品广告的人中，很少有人购买该产品。

   D. 消协收到的对立氏化妆品的质量投诉，多于其他化妆品。

E. 近年来，化妆品的销售总量有明显增长。

4. 国外某教授最近指出，长着一张娃娃脸的人意味着他将享有更长的寿命，因为人们的生活状况很容易反映在脸上。从1990年春季开始，该教授领导的研究小组对1 826对70岁以上的双胞胎进行了体能和认知测试，并拍了他们的面部照片。在不知道他们确切年龄的情况下，三名研究助手先对不同年龄组的双胞胎进行年龄评估。结果发现，即使是双胞胎，被猜出的年龄也相差很大。然后，研究小组用若干年时间对这些双胞胎的晚年生活进行了跟踪调查，直至他们去世。调查表明：双胞胎中，外表年龄差异越大，看起来老的那个就越可能先去世。

以下哪项如果为真，最能形成对该教授调查结论的反驳？

A. 如果把调查对象扩大到40岁以上的双胞胎，结果可能有所不同。

B. 三名研究助手比较年轻，从事该项研究的时间不长。

C. 外表年龄是每个人生活环境，生活状况和心态的集中体现，与生命老化关系不大。

D. 生命老化的原因在于细胞分裂导致染色体末端不断损耗。

E. 看起来越老的人，在心理上一般较为成熟，对于生命有更深刻的理解。

5. 小儿神经性皮炎一直被认为是由母乳过敏引起的。但是，如果我们让患儿停止进食母乳而改用牛乳，他们的神经性皮炎并不能因此而消失。因此，显然存在别的某种原因引起小儿神经性皮炎。

下列哪项如果为真，最能削弱上述论证？

A. 牛乳有时也会引起过敏。

B. 小儿神经性皮炎属顽症，一旦发生，很难在短期内治愈。

C. 小儿神经性皮炎的患者大多有家族史。

D. 母乳比牛乳更易于被婴儿吸收。

E. 小儿神经性皮炎大多发生在有过敏体质的婴儿中。

题型 32 预测结果的削弱

母题技巧

·命题模型·	·模型识别·	·秒杀技巧·
预测结果模型	题干中存在"将会""会""未来会""会导致""一定能""要"等表示将来的词汇。	方法1. 指出结果不会发生。 通过反面理由或指出题干中的因果不相关，从而说明题干中的结果不会发生。多数预测结果型的题都用该方式削弱。 例如：张三报了老吕的班，他一定会考上北京大学。 反驳方式：张三学习不努力。 方法2. 另有他果。 题干中的结果不会发生，而是发生另外一种结果。 例如：天阴的这么厚，看来要下雨了。 反驳方式：有可能下雪。

典型习题

1. 最近由于在蜜橘成熟季节出现了持续干旱，四川蜜橘的价格比平时同期上涨了三倍，这将会大大提高橘汁酿造业的成本，估计橘汁的价格会有大幅度的提高。

   以下哪项如果为真，最能削弱上述结论？

   A. 去年橘汁的价格是历年最低的。

   B. 其他替代原料可以用来生产仿橘汁。

   C. 最近的干旱并不如专家们估计的那么严重。

   D. 除了四川外，其他省份也可以提供蜜橘。

   E. 近年来橘汁生产工艺有了很大改进。

2. 随着互联网的飞速发展，足不出户购买自己心仪的商品已经成为现实。即使在经济发展水平较低的国家和地区，人们也可以通过网络购物来满足自己对物质生活的追求。

   以下哪项最能质疑上述观点？

   A. 随着网购销售额的增长，相关税费也会随之增加。

   B. 即使在没有网络的时代，人们一样可以通过实体店购买心仪的商品。

   C. 网络上的商品展示不能完全反映真实情况。

   D. 便捷的网络购物可能耗费人们更多的时间和精力，影响人际间的交流。

   E. 人们对物质生活追求的满足仅仅取决于所在地区的经济发展水平。

3. 北极地区蕴藏着丰富的石油、天然气、矿物和渔业资源，其油气储量占世界未开发油气资源的 1/4。全球变暖使北极地区的冰面以每 10 年 9％的速度融化，穿过北冰洋沿俄罗斯北部海岸线连通大西洋和太平洋的航线可以使从亚洲到欧洲比走巴拿马运河近上万公里。因此，北极的开发和利用将为人类带来巨大的好处。

   如果以下陈述为真，除哪一项外，都能削弱上述论证？

   A. 穿越北极的航船会带来入侵生物，破坏北极的生态系统。

   B. 国际社会因北极开发问题发生过许多严重冲突，但当事国做了冷静搁置或低调处理。

   C. 开发北极会使永久冻土融化，释放温室气体甲烷，导致极端天气增多。

   D. 开发北极会加速冰雪融化，使海平面上升，淹没沿海低地。

   E. 冰川消融会使海水入侵沿海地下淡水层，从而给人类带来灾难。

4. 在目前财政拮据的情况下，在本市增加警力的动议不可取。在计算增加警力所需的经费开支时，仅考虑到支付新增警员的工资是不够的，同时还要考虑到支付法庭和监狱新雇员的工资。由于警力的增加带来的逮捕、宣判和监管任务的增加，势必需要相关部门同时增员。

   以下哪项如果为真，将最有力地削弱上述论证？

   A. 增加警力所需的费用，将由中央和地方财政共同负担。

   B. 目前的财政状况，绝不至于拮据到连维护社会治安的费用都难以支付的地步。

   C. 湖州市与本市毗邻，去年警力增加 19％，逮捕个案增加 40％，判决个案增加 13％。

   D. 并非所有侦察都导致逮捕，并非所有逮捕都导致宣判，并非所有宣判都导致监禁。

   E. 当警力增加到与市民的数量达到一个恰当的比例时，将减少犯罪。

5. 3D 立体技术代表了当前电影技术的尖端水准，由于使电影实现了高度可信的空间感，它可能成为未来电影的主流。3D 立体电影中的银幕角色虽然由计算机生成，但是那些包括动作和表情的电脑角色的"表演",都以真实演员的"表演"为基础,就像数码时代的化妆技术一样。这也引起了某些演员的担心:随着计算机技术的发展,未来计算机生成的图像和动画会替代真人表演。

以下哪项如果为真,最能减弱上述演员的担心?

A. 所有电影的导演只能和真人交流,而不是和电脑交流。

B. 任何电影的拍摄都取决于制片人的选择,演员可以跟上时代的发展。

C. 3D立体电影目前的高票房只是人们一时图新鲜的结果,未来尚不可知。

D. 掌握3D立体技术的动画专业人员不喜欢去电影院看3D电影。

E. 电影故事只能用演员的心灵,情感来表现,其表现形式与导演的喜好无关。

6. 通常人们总认为,赞助人向博物馆赠送展品,是对博物馆的一种财政上的支持。事实上,对捐赠品的日常保管和维护是一笔昂贵的开支。这笔开支的累计,甚至很快就会超过该捐赠品的市场价。因此,这些捐赠品事实上加剧而并非减轻了博物馆的财政负担。

以下哪项如果为真,最能削弱上述论证?

A. 捐赠品中包括珍贵的历史文物。

B. 博物馆的开支主要由国家财政负担。

C. 博物馆一般只接受允许并易于出售的赠品。

D. 博物馆对藏品的保管和维护费用因藏品的等级而异。

E. 博物馆对藏品的保管和维护费用,近年来有下降的趋势。

题型 33 措施目的的削弱

母题技巧

·命题模型·	·模型识别·	·秒杀技巧·
措施目的模型	(1)题干中存在"为了""能""可以""以求"等表示目的的词汇。 (2)题干中存在"计划""建议""方法"等表达措施的内容。 (3)"目的"是指我们想要的未来结果,从本质上来说,它也是对未来结果的预测。因此,此类题可以看作是预测结果模型题目的一个小类。	方法1. 措施不可行。 方法2. 措施达不到目的(即措施无效)。 方法3. 措施弊大于利。 方法4. 措施有较小的副作用。 措施都或多或少地有一些副作用,但如果副作用较小,一般是可以被接受的。所以,措施有较小的副作用常常用作干扰项。在削弱题中,没有其他更好的选项时才选这一项。
原因措施目的模型	(1)论据的特点: 论据中有共变的现象、对比实验等与求因果五法相关的内容。 (2)论点的特点: 论点直接给出建议、措施、计划等表达措施目的的内容。	方法1. 削弱因果关系。 由于论据中出现求因果五法,因此,题目中暗含因果关系,故可以削弱这个因果关系。 方法2. 削弱措施目的。 论点中出现措施,故可削弱措施目的。

典型习题

1. 某市主要干道上的摩托车车道的宽度为 2 米，很多骑摩托车的人经常在汽车道上抢道行驶，严重破坏了交通秩序，使交通事故频发。有人向市政府提出建议：应当将摩托车车道扩宽为 3 米，让骑摩托车的人有较宽的车道，从而消除抢道的现象。

   以下哪项如果为真，最能削弱上述论点？

   A. 摩托车车道宽度增加后，摩托车车速将加快，事故也许会随着增多。

   B. 摩托车车道变宽后，汽车车道将会变窄，汽车驾驶者会有意见。

   C. 当摩托车车道扩宽后，有些骑摩托车的人仍会在汽车车道上抢道行驶。

   D. 扩宽摩托车车道的办法对汽车车道上的违章问题没有什么作用。

   E. 扩宽摩托车车道的费用太高，需要进行项目评估。

2. 一些城市，由于作息时间比较统一，加上机动车太多，很容易形成交通早高峰和晚高峰，市民们在高峰时间上下班很不容易。为了缓解人们上下班的交通压力，某政府顾问提议采取不同时间段上下班制度，即不同单位可以在不同的时间段上下班。

   以下哪项如果为真，最可能使该顾问的提议无法取得预期效果？

   A. 有些上班时间段与员工的用餐时间冲突，会影响他们生活的乐趣，从而影响他们的工作积极性。

   B. 许多上班时间段与员工的正常作息时间不协调，他们需要较长一段时间来调整适应，这段时间的工作效率难以保证。

   C. 许多单位的大部分工作通常需要员工们在一起讨论，集体合作才能完成。

   D. 该市的机动车数量持续增加，即使不在早晚高峰期，交通拥堵也时有发生。

   E. 有些单位员工的住处与单位很近，步行即可上下班。

3. 1991 年 6 月 15 日，菲律宾吕宋岛上的皮纳图博火山突然大爆发，2 000 万吨二氧化硫气体冲入平流层，形成的霾像毯子一样盖在地球上空，把部分要照射到地球的阳光反射回太空。几年之后，气象学家发现这层霾使得当时地球表面的温度累计下降了 0.5℃。而皮纳图博火山爆发前的一个世纪，因人类活动而造成的温室效应已经使地球表面温度升高了 1℃。某位持"人工气候改造论"的科学家据此认为，可以用火箭弹等方式将二氧化硫充入大气层，阻挡部分阳光，达到给地球表面降温的目的。

   以下哪项如果为真，最能对该科学家提议的有效性构成质疑？

   A. 如果利用火箭弹将二氧化硫充入大气层，会导致航空乘客呼吸不适。

   B. 如果在大气层上空放置反光物，就可以避免地球表面受到强烈阳光的照射。

   C. 可以把大气中的碳提取出来存储到地下，减少大气层中的碳含量。

   D. 不论任何方式，"人工气候改造"都将破坏地球的大气层结构。

   E. 火山喷发形成的降温效应只是暂时的，经过一段时间温度将再次回升。

4. 借助动物化石和标本中留存的 DNA，运用日益先进的克隆和基因技术，人类已经能够"复活"一些早已灭绝的动物，如猛犸象、渡渡鸟、恐龙等。与此同时，科学界对"人类是否应该复活灭绝动物"也展开了一场大讨论。支持者们相信，复活动物有望恢复某些地区被破坏的生态环境。例如，猛犸象生活在西伯利亚广阔草原上，其排泄物是滋养草原的绝佳肥料。猛犸象灭绝后，缺少肥料的草原逐渐被苔原取代。如果能让猛犸象复活，重回西伯利亚，将有助于缩小苔原面积，逐渐恢复草原生态系统。

以下哪项如果为真，最能反驳上述支持者的观点？

A. 如果投入大量时间，精力和成本去复活已经消失的生物，势必牵制和削弱对现存濒危动物的保护，结果得不偿失。

B. 仅仅克隆出某种灭绝动物的个体，并不等于人类有能力复活整个种群。

C. 即便灭绝动物能够成批复活，适宜它们生长的栖息地或许早已消失，如果不能给予重生物种一个适宜生存的环境，一切努力都将徒劳。

D. 这些动物绝大多数是在人类发展过程中逐渐消失的，正是人类活动，才导致了它们的灭绝。

E. 地球资源有限，复活灭绝了的动物势必对现存生物造成威胁。

5. 与矿泉水相比，纯净水缺乏矿物质，而其中有些矿物质是人体必需的。所以营养专家老张建议那些经常喝纯净水的人改变习惯，多饮用矿泉水。

以下哪项最能削弱老张的建议？

A. 人们需要的营养大多数不是来源于饮用水。

B. 人体所需的不仅仅是矿物质。

C. 可以饮用纯净水和矿泉水以外的其他水。

D. 有些矿泉水也缺少人体必需的矿物质。

E. 人们可以从其他食物中得到人体必需的矿物质。

6. 越来越多有说服力的统计数据表明，具有某种性格特征的人易患高血压，而另一种性格特征的人易患心脏病，如此等等。因此，随着对性格特征的进一步分类了解，通过主动修正行为和调整性格特征以达到防治疾病的可能性将大大提高。

以下哪项最能反驳上述观点？

A. 一个人可能会患有与各种不同性格特征均有关系的多种疾病。

B. 许多性格与其相关的疾病由相同的生理因素导致。

C. 某一种性格特征与某一种疾病的联系可能只是数据上的巧合，并不具有一般性意义。

D. 人们有时是在病情已难以扭转的情况下，才愿意修正自己的行为，但已为时太晚。

E. 用心理手段医治与性格特征相关疾病的这一研究，导致心理疗法遭到淘汰。

题型 **34** 统计论证的削弱

母题技巧

·命题模型·	·模型识别·	·秒杀技巧·
利润模型	题干中出现"利润""收入""成本"等词。	利润＝收入－成本。 故，若题干仅因为收入增加就认为利润增长，我们就用成本增加进行削弱；同理，若题干仅因为成本增长就认为利润减小，我们就用收入增加进行削弱。
数量比率模型	(1)题干中出现"比例""含量""占有率"等比率。 (2)题干常用数量推出比率，或用比率推出数量。 (3)题干用数量作为评价事物的标准，但实际上应该用"率"作为标准。 (4)题干用"比率 A"作为评价事物的标准，但实际上应该用"比率 B"作为标准。	列出比率公式，利用公式解题。 例如： 今年老吕弟子班的学员录取了 3 万人，是去年录取人数的 1.5 倍，这说明：结论(1)今年老吕弟子班的录取率提高了；结论(2)今年老吕弟子班的教学质量提高了。 公式： $$录取率 = \frac{录取人数}{总人数} \times 100\%。$$ 反驳：若今年老吕弟子班的总人数是去年的 3 倍，这就说明今年的录取率只有去年的一半(质疑结论 1)，从而说明今年老吕弟子班的教学质量反而下降了(质疑结论 2)。
平均值模型	题干中出现"平均"二字。	指出平均值不能代表某个体的值。或者指出某个体的值不能代表平均值，即可削弱。
增长率模型	题干出现"增长率"。	现值＝期初值×(1＋增长率)。 故，增长率高不代表"现值"大，可用"期初值"小进行削弱。

典型习题

1. 成品油生产商的利润很大程度上受国际市场原油价格的影响，因为大部分原油是按国际市场价购进的。今年来，国际原油市场价格的不断提高，增加了 A 国成品油生产商的运营成本，这说明，这些成品油生产商的利润将会大幅减少。

   以下哪项如果为真，最能削弱以上结论？

   A. 原油成本只占成品油生产商运营成本的一半。

   B. 随着国际原油市场价格的上涨，该国政府将为成品油生产商提供较多的补助。

   C. 在国际原油市场价格不断上涨期间，该国成品油生产商降低了个别高薪雇员的工资。

D. 在国际原油市场价格上涨之后，除进口成本增加外，成品油生产的其他成本也有所提高。

E. 该国成品油生产商的原油有一部分来自国内，这部分受国际市场价格波动影响较小。

2. 由于邮费上涨，广州《周末画报》杂志为了减少成本、增加利润，准备将每年发行 52 期改为每年发行 26 期，但每期文章的质量、每年的文章总数和每年的定价都不变。市场研究表明，杂志的订户和在杂志上刊登广告的客户的数量均不会下降。

以下哪项如果为真，最能说明该杂志社的利润将会因上述变动而降低？

A. 在新的邮资政策下，每期的发行费用将比原来高 1/3。

B. 杂志的大部分订户较多地关心文章的质量，而较少地关心文章的数量。

C. 即使邮费上涨，许多杂志的长期订户仍将继续订阅。

D. 在该杂志上购买广告页的多数广告商将继续在每一期上购买同过去一样多的页数。

E. 杂志的设计，制作成本预期将保持不变。

3. 塑料垃圾因为难以被自然分解一直令人类感到头疼。近年来，许多易于被自然分解的塑料代用品纷纷问世，这是人类为减少塑料垃圾的一种努力。但是，这种努力几乎没有成效，因为据全球范围内大多数垃圾处理公司统计，近年来，它们每年填埋的垃圾中塑料垃圾的比例，不但没有减少，反而有所增加。

以下哪项如果为真，最能削弱上述论证？

A. 近年来，由于实行了垃圾分类，越来越多的过去被填埋的垃圾被回收利用了。

B. 塑料代用品利润很低，生产商缺乏投资的积极性。

C. 近年来，用塑料包装的商品品种有了很大的增长。

D. 上述垃圾处理公司绝大多数属于发达或中等发达国家。

E. 由于燃烧时会产生有毒污染物，塑料垃圾只适合填埋于地下。

4. 科学家再次发现在美洲大陆曾经广泛种植的一种粮食作物，它每磅的蛋白质含量高于现在如小麦、水稻等主食作物。科学家声称，种植这种谷物对人口稠密、人均卡路里摄入量低和蛋白质来源不足的国家大为有利。

以下哪项如果是真的，最能对上述科学家的声称构成质疑？

A. 全球的粮食供给只来自 20 种粮食作物。

B. 许多重要的粮食作物如马铃薯最初都产自新大陆。

C. 很多人都认为这种谷物让他们感觉营养物质丰富。

D. 重新发现的农作物每磅产生的卡路里比目前的粮食作物都要高。

E. 重新发现的农作物平均亩产量远比现在的主食作物低得多。

5. 做了为期一年研究项目工作的研究人员发现，一根大麻香烟在吸食者的肺部沉积的焦油量是一根烟草香烟的 4 倍还要多。研究人员由此断定，大麻香烟吸食者比烟草香烟吸食者更有可能患上由焦油导致的肺癌。

下面哪一项如果为真，将对上文中研究者的结论构成最有力的削弱？

A. 研究中使用的大麻香烟比典型吸食者所用的大麻香烟要小很多。

B. 没有一个该研究项目的参与者在过去曾经吸食过大麻或烟草。

C. 在该研究项目的早期研究过去 5 年后所进行的一次跟踪检查表明，没有一名该研究项目的参与者得了肺癌。

D. 研究中使用的烟草香烟含有的焦油量比典型吸食者所用的烟草香烟略高。

E. 典型的大麻香烟吸食者吸食大麻的频率比典型的烟草香烟吸食者低很多。

6. 春江市师范大学的同学们普遍抱怨各个食堂的伙食太差。然而唯独一年前反映最差的风味食堂，这一次抱怨的同学人数比较少。学校后勤部门号召其他各个食堂向风味食堂学习，共同改善学校学生关心的伙食问题。

下列哪项如果为真，则表明学校后勤部门的这个决定是错误的？

A. 各个食堂的问题不同，不能一刀切，要因地制宜，采取不同的措施。

B. 风味食堂的进步也是与其他各个食堂的支持分不开的。

C. 粮食价格一天天上涨，蔬菜供应也很难保质保量，食堂再努力，也是"难为无米之炊"。

D. 因为伙食差，来风味食堂就餐的人数比其他食堂要少得多。

E. 风味食堂的花样多，但是价格高，困难同学可吃不起。

7. 受多元文化和价值观的冲击，甲国居民的离婚率明显上升。最近一项调查表明，甲国的平均婚姻存续时间为 8 年。张先生为此感慨，现在像钻石婚、金婚、白头偕老这样的美丽故事已经很难得了，人们淳朴的爱情婚姻观一去不复返了。

以下哪项如果为真，最可能表明张先生的理解不确切？

A. 现在有不少闪婚一族，他们经常在很短的时间里结婚又离婚。

B. 婚姻存续时间长并不意味着婚姻的质量高。

C. 过去的婚姻主要由父母包办，现在主要是自由恋爱。

D. 尽管婚姻存续时间短，但年轻人谈恋爱的时间比以前增加很多。

E. 婚姻是爱情的坟墓，美丽感人的故事更多体现在恋爱中。

8. 与 2020 年相比，2021 年德国与 A 国的贸易总额只增长了 2.7%，而其他欧洲国家与 A 国的贸易总额最低也增长了 3.9%，这说明，2021 年德国与 A 国的贸易总额已经落后于其他欧洲国家。

以下哪项如果为真，最能质疑以上论证？

A. 2021 年，A 国从德国的进口总额超过了其他所有国家。

B. 德国与 A 国达成了战略伙伴关系。

C. 很多亚洲国家与 A 国的贸易也增长迅速。

D. 2020 年，德国与 A 国的贸易总额超过了 1 000 亿美元，而其他欧洲国家的与 A 国的贸易总额最多不过 800 亿美元。

E. 专家预计，2022 年德国与 A 国的贸易总额会有大幅提高。

第 2 节 四大核心题型秒杀技巧：支持题

必备知识

支持题是论证逻辑的重要题型。此类题型的特点是：题干给出一个论证或者表达某种观点，要求从选项中找出最能（或不能）支持题干论证或观点的选项。

支持题的一般提问方式如下：

"以下哪项如果为真，最能支持上述结论？"

"以下哪项如果为真，最能加强上述结论？"

"以下哪项如果为真，最不能支持上述结论？"

对于支持题，我们常采取以下解题步骤：

①读题目要求，判断题目是否属于支持题。需要注意的是，如果题目问的是"以下哪项最能支持题干"，是支持题；但如果题目问的是"题干最能支持以下哪个选项"，则是推论题，而不是支持题。

②写出题干的逻辑主线，并判断属于哪种模型。

③依据解题模型及常见支持方法，找出正确选项。

题型 35　普通论证的支持

母题技巧

·命题模型·	·模型识别·	·秒杀技巧·
论证的支持	1. 标志词识别法。 论点提示词：因此……，所以……，可见……，这表明……，等等。 论据提示词：例如……，因为……，由于……，据统计……，等等。 2. 内容识别法。 论点的内容一定是有所断定(即明确地表示论证者赞成什么，反对什么)；论据的内容一般是事实描述(即对客观事物的真实的描述和概括，包括具体事例、概括事实、统计数字、亲身经历等)。	第1步：确定论证结构。 即，找到题干的论据和论点。其结构为：论据 —证明→ 论点。 第2步：看题干中有无常见的解题模型。 (1)如果题干中含解题模型，则用模型解题。 如：搭桥拆桥模型、归纳论证模型、演绎论证模型、类比论证模型、因果论证模型、统计论证模型等。 (2)如果题干中不含解题模型则进入第3步。 第3步：使用支持论证的一般方法解题。 (1)补充新论据。 (2)补充隐含假设。 (3)直接肯定题干的论据。 (4)直接肯定题干的论点。 (5)例证法。
说明： 支持题在题干识别和模型判断上与削弱题几乎完全相同，故学习本节时可参照上一节内容。		

典型习题

1. 统计数字表明，近年来，民用航空飞机的安全性有很大提高。例如，某国 2008 年每飞行 100 万次发生恶性事故的次数为 0.2 次，而 1989 年为 1.4 次。从这些年的统计数字看，民用航空恶性事故发生率总体呈下降趋势。由此看出，乘飞机出行越来越安全。

   以下哪项不能加强上述结论？

   A. 近年来，飞机事故中"死里逃生"的概率比以前提高了。

   B. 各大航空公司越来越注意对机组人员的安全培训。

   C. 民用航空公司的空中交通控制系统更加完善。

   D. 避免"机鸟互撞"的技术与措施日臻完善。

   E. 虽然飞机坠毁很可怕，但从统计数字上讲，驾车仍然要危险得多。

2. 科学研究中使用的形式语言和日常生活中使用的自然语言有很大的不同。形式语言看起来像天书，远离大众，只有一些专业人士才能理解和运用。但其实这是一种误解，自然语言和形式语言的关系就像肉眼与显微镜的关系。肉眼的视域广阔，可以从整体上把握事物的信息；显微镜可以帮助人们看到事物的细节和精微之处，尽管用它看到的范围小。所以，形式语言和自然语言都是人们交流和理解信息的重要工具，把它们结合起来使用，具有强大的力量。

   以下哪项如果为真，最能支持上述结论？

   A. 通过显微镜看到的内容可能成为新的"风景"，说明形式语言可以丰富自然语言的表达，我们应重视形式语言。

   B. 正如显微镜下显示的信息最终还是要通过肉眼观察一样，形式语言表述的内容最终也要通过自然语言来实现，说明自然语言更基础。

   C. 科学理论如果仅用形式语言表达，很难被普通民众理解；同样，如果仅用自然语言表达，有可能变得冗长且很难表达准确。

   D. 科学的发展很大程度上改善了普通民众的日常生活，但人们并没有意识到科学表达的基础——形式语言的重要性。

   E. 采用哪种语言其实不重要，关键在于是否表达了真正想表达的思想内容。

3. 由于含糖饮料的卡路里含量高，容易导致肥胖，因此无糖饮料开始流行。经过一段时期的调查，李教授认为：无糖饮料尽管卡路里含量低，但并不意味着它不会导致体重增加。因为无糖饮料可能导致人们对于甜食的高度偏爱，这意味着可能食用更多的含糖类食物。而且无糖饮料几乎没什么营养，喝得过多就限制了其他健康饮品的摄入，比如茶和果汁等。

   以下哪项如果为真，最能支持李教授的观点？

   A. 茶是中国的传统饮料，长期饮用有益健康。

   B. 有些瘦子也爱喝无糖饮料。

   C. 有些胖子爱吃甜食。

   D. 不少胖子向医生报告他们常喝无糖饮料。

   E. 喝无糖饮料的人很少进行健身运动。

4. 在不同的语言中，数字的发音和写法都不一样。一些科学家认为，代表不同文化背景的语言，会对人们大脑处理数学信息的方式产生影响。

以下哪项如果为真，最能支持上述结论？

A. 相比欧洲，亚洲地区的人们在进行数量大小比较时，大脑中个别区域的活跃程度有所不同。

B. 在同一国家，不同方言区的人们在进行数学运算时，大脑语言区的神经传递路线并不十分一致。

C. 研究发现，以英语为母语的人在进行心算时主要依赖大脑的语言区，而以中文为母语的人在进行心算时主要动用了大脑的视觉信息识别区。

D. 研究发现，不同专业背景的人们在计算数学题时会选择不同的思考方法，但都会不同程度地依赖大脑的语言区。

E. 通常说英语的人不太喜欢进行数学计算。

5. 对胎儿的基因检测在道德上是错误的。人们无权只因不接受一个潜在生命体的性别，或因其有某种生理缺陷就将其杀死。

以下陈述如果为真，则哪一项对上文中的论断提供了最强的支持？

A. 如果允许事先选择婴儿的性别，将会造成下一代性别比例失调，引发严重的社会问题。

B. 所有的人生来都是平等的，无论是男是女，也无论其身体是否有缺陷。

C. 身体有缺陷的人同样可以作出伟大的贡献，例如霍金的身体状况糟糕透顶，却被誉为"当代的爱因斯坦"。

D. 女人同样可以取得优异成绩，赢得社会的尊敬。

E. 科学家已经掌握了基因检测的方法。

6.《消费报》每年都要按期公布当年手机销量的排行榜。管理咨询家认为，这个排行榜不应该成为每个消费者决定购买哪种手机的基础。

以下哪项最能支持这个管理咨询家的观点？

A. 购买《消费报》的人不限于要购买手机的人。

B. 在《消费报》上排名较前的手机制造商利用此举进行广告宣传，以吸引更多的消费者。

C. 每年的排名变化较小。

D. 对任何两个消费者而言，可以根据自己具体情况的不同，而有不同的购物标准。

E. 一些消费者对他们根据《消费报》上的排名所购买的手机很满意。

题型 36 搭桥模型的支持

母题技巧

·命题模型·	·模型识别·	·秒杀技巧·
论证对象 不一致型	题干特点： 题干论据中的论证对象与论点中的论证对象不一致。	指出论证对象具备相似性、等价性、一致性。 例 1. 学渣爱酱缸老师，因此，吕酱油爱酱缸老师。 搭桥：吕酱油是学渣。 例 2. 岩儿不喜欢没头发的男人，因此，岩儿不喜欢康哥。 搭桥：康哥是没头发的人。
偷换概念型	题干特点： 题干论据中的某核心概念与论点中的某核心概念出现了不一致。	指出核心概念具备相似性、等价性、一致性。 例 3. 吕酱心的男朋友喜欢吕酱心，因此，吕酱心的男朋友爱吕酱心。 搭桥：喜欢就是爱。
论据论点型	题干特点： 论据说 A，论点说 B。	直接指出论据和论点有关系。

典型习题

1. 某中学自 2010 年起试行学生行为评价体系。最近，校学生处调查了学生对该评价体系的满意程度。数据显示：得分高的学生对该评价体系的满意度都很高。学生处由此得出结论：表现好的学生对这个评价体系都很满意。

   以下哪项如果为真，最能支持学生处的结论？

   A. 得分低的学生对该评价体系普遍不满意。

   B. 表现好的学生都是得分高的学生。

   C. 并不是所有得分低的学生对该评价体系都不满意。

   D. 得分高的学生受到该评价体系的激励，自觉改进了自己的行为方式。

   E. 有的得分高的学生表现好。

2. 在一次围棋比赛中，参赛选手陈华不时地挤捏指关节，发出的声响干扰了对手的思考。在比赛封盘间歇时，裁判警告陈华：如果再次在比赛中挤捏指关节并发出声响，将判其违规。对此，陈华反驳说，他挤捏指关节是习惯性动作，并不是故意的，因此，不应被判违规。

   以下哪项如果成立，最能支持陈华对裁判的反驳？

A. 在此次比赛中，对手不时打开、合拢折扇，发出的声响干扰了陈华的思考。

B. 在围棋比赛中，只有选手的故意行为，才能成为判罚的根据。

C. 在此次比赛中，对手本人并没有对陈华的干扰提出抗议。

D. 陈华一向恃才傲物，该裁判对其早有不满。

E. 如果陈华为人诚实，从不说谎，那么他就不应该被判违规。

3. 自然界的基因有千万种，哪个基因是最为常见和最为丰富的？某研究机构在对大量基因组进行成功解码后找到了答案，那就是有"自私 DNA"之称的转座子。转座子基因的丰度和广度表明，他们在进化和生物多样性的保持中发挥了至关重要的作用。生物学教科书一般认为在光合作用中能固定二氧化碳的酶是地球上最为丰富的酶，有学者曾据此推测能对这种酶进行编码的基因也应当是最丰富的。不过研究却发现，被称为"垃圾 DNA"的转座子反倒统治着已知基因世界。

以下哪项如果为真，最能支持该学者的推测？

A. 转座子的基本功能就是到处传播自己。

B. 同样一种酶有时是用不同的基因进行编码的。

C. 不同的酶可能有同样的基因进行编码。

D. 基因的丰富性是由生物的多样性决定的。

E. 不同的酶需要不同的基因进行编码。

4. 某国研究人员报告说，他们在某地区的地层里发现了约 2 亿年前的陨石成分，而它们很可能是当时一颗巨大陨石撞击现在的加拿大魁北克省时的飞散物痕迹。在该岩石厚约 5 厘米的黏土层中还含有高浓度的铱和铂等元素，浓度是通常地表中浓度的 50 至 2 000 倍。另外，这处岩石中还含有白垩纪末期地层中的特殊矿物。由于地层上下还含有海洋浮游生物化石，所以可以确定撞击时期是在约 2.15 亿年前。

以下哪项如果为真，最能支持上述研究发现？

A. 该处岩石是远古时代深海海底的堆积层露出地面后形成的。

B. 在古生代三叠纪后期(约 2 亿年至 2.37 亿年前)菊石等物种大规模灭绝。

C. 铱和铂等元素是陨石特有的，在地表中通常只微量存在。

D. 在远古时代曾经发生多起陨石撞击地球的事件。

E. 白垩纪末期，地球上曾经发生过生物大灭绝事件。

题型 **37**　归纳、类比、演绎的支持

母题技巧

·命题模型·	·模型识别·	·秒杀技巧·
归纳论证模型	题干特点： (1)题干涉及调查。 (2)题干论据中的论证对象 a 是论点中的论证对象 A 的子集。可用下图表示： 对象a　　对象A	方法 1. 指出样本具有代表性(力度大)。 方法 2. 指出调查者/被调查者中立或具备中立性(力度小)。 调查者不中立，会影响调查的结论；但调查者中立，不能说明调查的结论正确，故而这种支持方法力度小。
类比论证模型	题干特点： 题干论据中的论证对象是 A，论点中的论证对象是 B。可用下图表示： 对象A　→　对象B	支持方法：指出类比对象本质上相似(搭桥法)。
演绎论证模型	(1)题干论据的特点： 题干的论据(前提)是一般性的。 (2)题干结论的特点： 题干的观点是个别性的。	使用形式逻辑的思路进行解题，如三段论、选言推理等。

典型习题

1. 当前的大学教育在传授基本技能上是失败的。有人对若干大公司人事部门负责人进行了一次调查，发现很大一部分新上岗的大学生都没有很好地掌握基本的写作、数量和逻辑技能。

以下哪项如果为真，最能支持以上论证？

A. 有的大学生没有选修基本技能方面的课程。

B. 新上岗的大学生中只有很少是 985 院校毕业。

C. 写作、数量、逻辑方面的基本技能对胜任工作很重要。

D. 大公司的新上岗大学生基本代表了当前大学生的普遍水平。

E. 过去的大学生比现在的大学生接受了更多的基本技能教育。

2. 一项调查表明,一些新闻类期刊每一份杂志平均有 4～5 个读者。由此可以推断,在《诗刊》12 000 订户的背后有 48 000～60 000 个读者。

下列哪项如果为真,最能支持上述推断?

A. 大多数《诗刊》的读者都是新闻类期刊的订户。

B. 《诗刊》的读者与订户的比例与文中提到的新闻类期刊的读者与订户的比例相同。

C. 读者通常都喜欢阅读一种以上的刊物。

D. 新闻类期刊的读者数与《诗刊》的读者数相近。

E. 大多数期刊订户都喜欢把自己的杂志与同事,亲友共享。

3. Y 国反对开采泥煤的人认为,这样做会改变被开采地区的生态平衡,从而使这些地区的饮用水受到污染。这一观点难以成立。因为,不妨以爱尔兰为例,这个国家泥煤已开采了半个世纪,水源并没有受到污染。因此,Y 国可以放心地开采。

以下哪项如果为真,能最强有力地支持题干的论证?

A. 数个世纪以来,所有地区的生态环境都处于或大或小的变动之中,某些植物或动物种群从这种变动中获益。

B. 爱尔兰含泥煤地区的原始生态面貌与 Y 国未开采地区的原始生态面貌基本一样。

C. 未来几年中 Y 国水资源污染的最大威胁,来自纺织和化工产业的迅速发展。

D. Y 国的泥煤资源,远远大于其他常年开采泥煤的国家。

E. 泥煤的开采将使 Y 国的经济发展获得巨大利益。

4. 由于人口老龄化,德国政府面临困境:如果不改革养老体系,将出现养老金不可持续的现象。解决这一难题的政策包括提高养老金缴费比例,降低养老金支付水平,提高退休年龄。其中提高退休年龄所受阻力最大,实行这一政策的政府可能会在下次选举时丢失大量选票。但德国政府于 2007 年完成法定程序,将退休年龄从 65 岁提高到 67 岁。

以下哪一项陈述如果为真,最能支持德国政府采取的政策?

A. 延迟退休一年,所削减的养老金可达 GDP 的 1%。

B. 德国政府规定从 2012 年起用 20 年的过渡期来实现退休年龄从 65 岁提高到 67 岁。

C. 2001 年,德国以法律形式确定了养老金缴费上限,2004 年确定了养老金支付下限,两项政策已经用到了极致。

D. 现在德国人的平均寿命大大提高,退休者领取养老金的年限越来越长。

E. 欧盟已经有多个国家在 2007 年以前提高了退休年龄。

题型 **38** 找原因的支持

母题技巧

·命题模型·	·模型识别·	·秒杀技巧·
找原因模型	(1)现象分析型：题干的结构为"摆现象、析原因"，即，题干的论据是现象，论点是对现象的原因的分析。 (2)前因后果型：题干直接出现"导致了""引发了""引起了""造成了"等表示因果关系的词。	假设题干结构为： 原因(A)，导致了结果(B)。 **方法 1. 因果相关。** 直接说明题干中的因果关系成立。 **方法 2. 排除他因。** 指出不是别的原因导致了 B 发生。 **方法 3. 无因无果。** 题干：有原因 A 时，有结果 B。 选项：无原因 A 时，无结果 B。 根据求异法，支持 A、B 之间存在因果关系。 **方法 4. 并非因果倒置。** 排除 B 是 A 的原因这种可能。
求异法模型	题干中出现对比实验(两组对比或前后对比)。	使用求异法要求只能有一个差异因素，因此，常用排除其他差异因素的方法支持(排除差因)。
百分比对比模型	题干的论据：百分比。 题干的结论：因果关系或者某种评价。 选项特点：选项中也出现百分比。	**秒杀口诀：同比削弱，差比加强。** 可参考削弱题中的"百分比对比模型"。

说明：
求因果五法的其他方法在支持题中考查的较少，万一考查到，用支持因果关系的原理进行支持即可。

典型习题

1. S 市环保检测中心的统计分析表明，2009 年空气质量为优的天数为 150 天，比 2008 年多出 22 天。二氧化碳、一氧化碳、二氧化氮、可吸入颗粒物四项污染物浓度平均值，与 2008 年相比分别下降了约 21.3％、25.6％、26.2％、15.4％。S 市环保负责人指出，这得益于近年来本市政府持续采取的控制大气污染的相关措施。
   以下除哪项外，均能支持上述市环保负责人的看法？
   A. S 市广泛展开环保宣传，加强了市民的生态理念和环保意识。
   B. S 市启动了内部控制污染方案，凡是不达标的燃煤锅炉停止运行。
   C. S 市执行了机动车排放国Ⅳ标准，单车排放比Ⅲ降低了 49％。

D. S市市长办公室最近研究了焚烧秸秆的问题，并着手制定相关条例。

E. S市制定了"绿色企业"标准，继续加快污染重、能耗高的企业的退出。

2. 3年来，在河南信阳息县淮河河滩上，连续发掘出3艘独木舟。其中，2010年息县城郊乡徐庄村张庄组的淮河河滩下发现第一艘独木舟，被证实为目前我国考古发现最早，最大的独木舟之一。该艘独木舟长9.3米，最宽处0.8米，高0.6米。根据碳-14测定，这些独木舟的选材竟和云南热带地区所产的木头一样。这说明，3 000多年前的古代，河南的气候和现在热带的气候很相似。淮河中下游两岸气候温暖湿润，林木高大茂密，动植物种类繁多。

以下哪项如果为真，最能支持以上论证？

A. 这些独木舟的原料不可能从遥远的云南原始森林运来，只能就地取材。

B. 这些独木舟在水中浸泡了上千年，十分沉重。

C. 刻舟求剑故事的发生地，就是包括当今河南许昌以南在内的楚地。

D. 独木舟舟体两头呈尖状，由一根完整的原木凿成，保存较为完整。

E. 在淮河流域的原始森林中，如今仍然生长着一些热带植物。

3. 从"阿喀琉斯基猴"身上，研究者发现了许多类人猿的特征。比如，它脚后跟的一块骨头短而宽。此外，"阿喀琉斯基猴"的眼眶较小，科学家据此推测它与早期类人猿的祖先一样，是在白天活动的。

以下哪项如果为真，最能支持上述科学家的推测？

A. 短而宽的后脚骨使得这种灵长类动物善于在树丛中跳跃捕食。

B. 动物的视力与眼眶大小不存在严格的比例关系。

C. 最早的类人猿与其他灵长类动物分开的时间，至少在5 500万年以前。

D. 以夜间活动为主的动物，一般眼眶较大。

E. 对"阿喀琉斯基猴"的基因测序表明，它和类人猿是近亲。

4. 抚仙湖虫是泥盆纪澄江动物群中的一种，属于真节肢动物中比较原始的类型，成虫体长10厘米，有31个体节，外骨骼分为头、胸、腹三部分，它的背、腹分节数目不一致。泥盆纪直虾是现代昆虫的祖先，抚仙湖虫化石与直虾类化石类似，这间接表明了抚仙湖虫是昆虫的远祖。研究者还发现，抚仙湖虫的消化道充满泥沙，这表明它是食泥的动物。

以下除哪项外，均能支持上述论证？

A. 昆虫的远祖也有不是食泥的生物。

B. 泥盆纪直虾的外骨骼分为头、胸、腹三部分。

C. 凡是与泥盆纪直虾类似的生物都是昆虫的远祖。

D. 昆虫是由真节肢动物中比较原始的生物进化而来的。

E. 抚仙湖虫消化道中的泥沙不是在化石形成过程中由外界渗透进去的。

5. 在一项研究中，51名中学生志愿者被分成测试组和对照组，进行同样的数学能力培训。在为期5天的培训中，研究人员使用一种称为经颅随机噪声刺激的技术对25名测试组成员脑部被认为与运算能力有关的区域进行轻微的电击。此后的测试结果表明，测试组成员的数学运算能力明显高于对照组成员。而令他们惊讶的是，这一能力提高的效果至少可以持续半年时间。研究人员由此认为，脑部微电击可提高大脑运算能力。

以下哪项如果为真，最能支持上述研究人员的观点？

A. 这种非侵入式的刺激手段成本低廉，且不会给人体带来任何痛苦。

B. 对脑部轻微电击后，大脑神经元间的血液流动明显增强，但多次刺激后又恢复常态。

C. 在实验之前，两个组学生的数学成绩相差无几。

D. 脑部微电击的受试者更加在意自己的行为，测试时注意力更集中。

E. 测试组和对照组的成员数量基本相等。

6. 某研究人员分别用新鲜的蜂王浆和已经存放了30天的蜂王浆喂养蜜蜂幼虫，结果显示：用新鲜蜂王浆喂养的幼虫成长为蜂王。进一步研究发现，新鲜蜂王浆中有一种叫作"royalactin"的蛋白质能促进生长激素的分泌量，使幼虫出现体格变大、卵巢发达等蜂王的特征，研究人员用这种蛋白质喂养果蝇，果蝇也同样出现体长、产卵数和寿命等方面的增长，说明这一蛋白质对生物特征的影响是跨物种的。

以下哪项如果为真，可以支持上述研究人员的发现？

A. 蜂群中的工蜂、蜂王都是雌性且基因相同，其幼虫没有区别。

B. 蜜蜂和果蝇的基因差别不大，它们有许多相同的生物学特征。

C. "royalactin"只能短期存放，时间一长就会分解为别的物质。

D. 能成长为蜂王的蜜蜂幼虫的食物是蜂王浆，而其他幼虫的食物只是花粉和蜂蜜。

E. 名为"royalactin"的这种蛋白质具有雌性激素的功能。

7. 动物种群的跨物种研究表明，出生一个月就与母亲隔离的幼仔常常表现出很强的侵略性。例如，在觅食时好斗且拼命争食，别的幼仔都退让了它还在争抢。解释这一现象的假说是，形成侵略性强的毛病是由于幼仔在初始阶段缺乏由父母引导的社会化训练。

以下哪项陈述如果为真，能够最有力地加强上述论证？

A. 早期与母亲隔离的羚羊在冲突中表现出极大的侵略性，以确立其在种群中的优势地位。

B. 在父母的社会化训练环境中长大的黑猩猩在交配冲突中的侵略性，比没有在这一环境中长大的黑猩猩弱得多。

C. 出生头三个月被人领养的婴儿在童年时期常常表现得富有侵略性。

D. 许多北极熊在争食冲突中的侵略性比交配冲突中的侵略性强。

E. 动物幼仔争食好斗是动物的本能。

8. 据世界卫生组织1995年的调查报告显示，70％的肺癌患者有吸烟史，其中有80％的人吸烟的历史多于10年。这说明吸烟会增加人们患肺癌的危险。

以下哪项最能支持上述论断？

A. 1950年至1970年期间男性吸烟者人数增加较快，女性吸烟者也有增加。

B. 虽然各国对吸烟有害进行了大力宣传，但自20世纪50年代以来，吸烟者所占的比例还是呈明显的逐年上升的趋势。到20世纪90年代，成人吸烟者达到成人数的50％。

C. 没有吸烟史的人数在1995年超过了人口总数的40％。

D. 1995年未成年吸烟者的人数也在增加，成为一个令人挠头的社会问题。

E. 医学科研工作者已经用动物实验发现了尼古丁的致癌作用，并从事开发预防药物的研究。

9. 近年来，S市的外来人口已增至全市总人口的 1/4。有人认为，这是造成S市治安状况恶化的重要原因。这一看法是不能成立的。因为据统计，S市记录在案的刑事犯罪人员中，外来人口所占的比例明显低于 1/4。

以下哪项如果为真，最能加强题干中的论证？

A. S市的刑事案件，绝大部分为中青年犯罪分子所为，而外来人口中 95% 以上都是中青年。

B. S市外来人口的平均文化水平，不低于S市人口的平均文化水平。

C. S市的外来人口主要是农村人口。

D. S市近年来的刑事犯罪案件中，贪污受贿的比例有所上升。

E. S市的外来人口都办理了居住证。

题型 39 预测结果的支持

母题技巧

·命题模型·	·模型识别·	·秒杀技巧·
预测结果模型	题干中存在"将会""会""未来会""会导致""一定能""要"等表示将来的词汇。	方法 1. 直接指出因果相关。 方法 2. 补充结果会发生的理由。 方法 3. 构造对比实验。

典型习题

1. 由于一种新的电池技术装置的出现，手机在几分钟内充满电很快就会变成现实。这种新装置是一种超级电容器，它储存电流的方式是通过让带电离子聚集到多孔材料表面，而非像传统电池那样通过化学反应储存这些离子。因此这种超级电容器能在几分钟内储满电。研究人员认为这种技术装置将会替代传统的手机电池。

以下哪项如果为真，不能支持上述结论？

A. 超级电容器能够储存大量电能，保证长时间正常运行。

B. 超级电容器能循环使用数百万次，相比之下传统电池只能使用数千次。

C. 超级电容器可嵌入汽车底盘为汽车提供动力，可更方便地进行无线充电。

D. 超级电容器充电时所耗电能比传统电池少 90%，但供电时间比后者长 10 倍。

E. 超级电容器轻便耐用，相同电容下重量是传统电池的 20%。

2. 目前我国有 3 种转基因水稻正等待商业化种植审批，每种至少涉及 5～12 项国外专利；有 5 种转基因水稻正处于研发过程中，每种至少涉及 10 项国外专利。有专家认为，水稻是我国的主要粮食作物，如果我国允许转基因水稻商业化种植，国家对主要粮食作物的控制权就可能受到威胁。

以下哪项陈述如果为真，将最为有力地支持该专家的观点？

A. 转基因水稻的优势在于抵抗特定的害虫，但我国的水稻很少有这些害虫。

B. 目前还没有任何一种转基因水稻能超出我国超级稻、杂交稻等品种的产量和品质。

C. 美国引入转基因种子后，玉米、棉花、大豆等种子的价格大幅上涨。

D. 转基因水稻对人类是否有害，还需要经过长期大量的实验。

E. 如果我国商业化种植转基因水稻，国外专利持有人就会禁止我国农民保留种子，迫使他们每个播种季都高价购买种子。

3. 在美国，近年来在电视卫星的发射和操作中事故不断，这使得不少保险公司不得不面临巨额赔偿，这不可避免地导致了电视卫星的保险金的猛涨，使得发射和操作电视卫星的费用变得更为昂贵。为了应付昂贵的成本，必须进一步开发电视卫星更多的尖端功能来提高电视卫星的售价。因此，电视卫星的成本将继续上升。

以下哪项如果为真，最能支持题干的结论？

A. 承担电视卫星保险业风险的只有为数不多的几家大公司，这使得保险金必定很高。

B. 电视卫星具备的尖端功能越多，越容易出问题。

C. 电视卫星目前具备的功能已能满足需要，用户并没有对此提出新的要求。

D. 卫星的故障大都发生在进入轨道以后，对这类故障的分析及排除变得十分困难。

E. 美国电视卫星业面临的问题，在西方发达国家具有普遍性。

题型 40　措施目的的支持

母题技巧

·命题模型·	·模型识别·	·秒杀技巧·
措施目的模型	(1)题干中存在"为了""能""可以""以求"等表示目的的词汇。 (2)题干中存在"计划""建议""方法"等表达措施的内容。	方法 1. 措施可行。 方法 2. 措施可以达到目的(即措施有效)。 方法 3. 措施利大于弊。 方法 4. 补充需要这一措施的原因(即措施有必要)。 注意： (1)措施可行的力度小于措施有效。因为一项措施可行并不能保证这项措施可以达到想要的目的。 (2)措施没有副作用，对于一项措施来说当然是好事。但其支持力度相对较小，因为"没有副作用"并不能肯定措施有效果。

典型习题

1. 全国政协常委、著名社会学家、法律专家钟万春教授认为：我们应当制定全国性的政策，用立法的方式规定父母每日与未成年子女共处的时间下限。这样的法律能够减少子女平日的压力。因此，这样的法律也就能够使家庭幸福。

   以下哪项如果为真，最能够加强上述推论？

   A. 父母有责任抚养好自己的孩子，这是社会对每一个公民起码的要求。

   B. 大部分的孩子平常都能够与父母经常地在一起。

   C. 这项政策的目标是降低孩子们在平日生活中的压力。

   D. 未成年孩子较高的压力水平是成长过程中以及长大后家庭幸福很大的障碍。

   E. 父母现在对孩子多一份关心，就会减少日后父母很多的操心。

2. 历史并非清白之手编织的网，使人堕落和道德沦丧的一切原因中，权力是最永恒、最活跃的。因此，应该设计出一些制度，限制和防范权力的滥用。

   下面哪个假设能够给予上述推理最强的支持？

   A. 应该设法避免使人堕落和道德沦丧。

   B. 权力常常使人堕落和道德沦丧。

   C. 没有权力的人就没有机会在道德上堕落。

   D. 一些堕落和道德沦丧的人通常拥有很大的权力。

   E. 限制和防范权力的滥用需要付出很多努力才能实现。

3. 去年，冈比亚从第三世界国际基金会得到了25亿美元的贷款，它的国民生产总值增长了5％；今年，冈比亚向第三世界国际基金会提出两倍于去年的贷款要求，它的领导人并因此期待今年的国民生产总值将增长10％。但专家认为，即使上述贷款要求得到满足，冈比亚领导人的期待也很可能落空。

   以下哪项如果为真，将支持上述专家的意见？

   Ⅰ. 去年该国5％的GNP增长率主要得益于农业大丰收，而这又主要是难得的风调雨顺所致。

   Ⅱ. 冈比亚的经济还未强到足以吸收每年30亿美元以上的外来资金。

   Ⅲ. 冈比亚不具备足够的重工业基础以支持每年6％以上的GNP增长率。

   A. 仅Ⅰ。　　　　　　　B. 仅Ⅱ。　　　　　　　C. 仅Ⅰ和Ⅱ。

   D. 仅Ⅱ和Ⅲ。　　　　　E. Ⅰ、Ⅱ和Ⅲ。

第 ❸ 节 四大核心题型秒杀技巧：假设题

必备知识

1. 隐含假设的定义

隐含假设就是对方在论述中虽未言明，但是其结论要想成立所必须具有的一个前提，即必要条件。缺少这个前提，题干的论证无法成立。

因此，严格意义上来说，必要型的假设题才真正符合假设的定义。

2. 假设题的分类

(1)必要型假设题

必要型假设题的一般提问方式如下：

"上述结论如果要成立，必须基于以下哪项假设？"

"上述论证假设了以下哪项？"

"以下哪项是张医生的要求所预设的？"

必要条件的含义是：没它不行。所以，正确的选项取非以后，会使题干的论证不成立。这种方法称为"取非法"，是必要型假设题的常用方法。

图示如下：

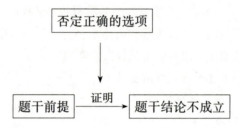

(2)充分型假设题（补充条件题）

充分型假设题的一般提问方式如下：

"假设以下哪项，能使上述题干成立？"

其原理是，补充一个正确的选项作为前提，联合题干中的前提，一定能使题干的结论成立。因此，题干中虽然会出现"假设"的字样，但它其实并不是真正的假设题，称之为"补充条件题"也许更为恰当。

图示如下：

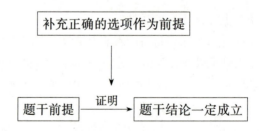

(3)可能型假设题

可能型假设题的一般提问方式如下：

"以下哪项最可能是上述论证所作的假设？"

此类题目，如果选项中有题干的必要条件，就选这个必要条件的选项；如果选项中没有题干的必要条件，就选充分条件的选项。

题型 41　搭桥模型的假设

母题技巧

·命题模型·	·模型识别·	·秒杀技巧·
论证对象不一致型	题干论据中的论证对象与论点中的论证对象不一致。	指出论证对象具备相似性、等价性、一致性。 例1. 学渣爱酱缸老师，因此，吕酱油爱酱缸老师。 搭桥：吕酱油是学渣。
偷换概念型	题干论据中的某核心概念与论点中的某核心概念出现了不一致。	指出核心概念具备相似性、等价性、一致性。 例2. 吕酱心的男朋友喜欢吕酱心，因此，吕酱心的男朋友爱吕酱心。 搭桥：喜欢就是爱。
论据论点型	论据说A，论点说B。	直接指出论据和论点有关系。

说明：
搭桥法既适用于支持题，又适用于假设题。从近5年的真题来看，搭桥法是假设题中考查的最多的一个类型。

典型习题

1. 某中学自 2010 年起试行学生行为评价体系。最近，校学生处调查了学生对该评价体系的满意程度。数据显示：得分高的学生对该评价体系的满意度都很高。学生处由此得出结论：表现好的学生对这个评价体系都很满意。

根据以上论述，该校学生处的结论基于以下哪一项假设？

A. 得分低的学生对该评价体系普遍不满意。

B. 表现好的学生都是得分高的学生。

C. 并不是所有得分低的学生对该评价体系都不满意。

D. 得分高的学生受到该评价体系的激励，自觉改进了自己的行为方式。

E. 有的得分高的学生表现好。

2～3 题基于以下题干：

有钱并不意味着幸福。有一项覆盖面相当广的调查显示，在自认为有钱的被调查者中，只有 1/3 的人感觉自己是幸福的。

2. 要使上述论证成立，以下哪项必须为真？

A. 在不认为自己有钱的被调查者中，感觉自己是幸福的人多于 1/3。

B. 在自认为有钱的被调查者中，其余的 2/3 都感觉自己很不幸福。

C. 许多自认为有钱的人，实际上并没有钱。

D. 上述调查的对象全部是有钱人。

E. 是否幸福的标准是当事人的自我感觉。

3. 以下哪项有关上述调查的断定如果为真，最能支持上述论证？

A. 绝大多数自认为有钱的人，实际上都达到了中等以上的富裕程度。

B. 许多感觉不幸福的人，实际上十分幸福。

C. 许多不认为自己有钱的人，实际上很有钱。

D. 被调查的有钱人中，绝大多数是合法致富。

E. 被调查的有钱人中，许多是非法致富。

4. 一项调查表明，一些新闻类期刊每一份杂志平均有 4 到 5 个读者。由此可以推断，在《诗刊》12 000 订户的背后有 48 000 到 60 000 个读者。

下列哪项是上述估算的前提？

A. 大多数《诗刊》的读者都是该刊物的订户。

B.《诗刊》的读者与订户的比例与文中提到的新闻类期刊的读者与订户的比例相同。

C. 读者通常都喜欢阅读一种以上的刊物。

D. 新闻类期刊的读者数与《诗刊》的读者数相近。

E. 大多数期刊订户都喜欢把自己的杂志与同事、亲友共享。

5. 因为照片的影像是通过光线与胶片的接触形成的，所以每张照片都具有一定的真实性。但是，从不同角度拍摄的照片总是反映了物体某个侧面的真实，而不是全部的真实。在这个意义上，照片又是不真实的。因此，在目前的技术条件下，以照片作为证据是不恰当的，特别是在法庭上。

以下哪项是上述论证所假设的？

A. 不完全反映全部真实的东西不能成为恰当的证据。

B. 全部的真实性是不可把握的。

C. 目前的法庭审理都把照片作为重要物证。

D. 如果从不同角度拍摄一个物体，就可以把握它的全部真实性。

E. 法庭具有判定任一证据真伪的能力。

6. 张珊：不同于"刀""枪""剑""戟"，"之""乎""者""也"这些字无确定所指。

李思：我同意。因为"之""乎""者""也"这些字无意义。因此，应当在现代汉语中废止。

以下哪项最有可能是李思认为张珊的断定所蕴含的意思？

A. 除非一个字无意义，否则一定有确定所指。

B. 如果一个字有确定所指，则它一定有意义。

C. 如果一个字无确定所指，则应当在现代汉语中废止。

D. 只有无确定所指的字，才应当在现代汉语中废止。

E. 大多数的字都有确定所指。

7. 人们一直认为管理者的决策都是逐步推理，而不是凭直觉。但是最近一项研究表明，高层管理者比中、基层管理者更多地使用直觉决策，这就证实了直觉其实比精心的、有条理的推理更有效。

以上结论是建立在以下哪项假设基础之上的？

A. 有条理的、逐步的推理对于许多日常管理决策是不适用的。

B. 高层管理者制定决策时，有能力凭直觉决策或者有条理，逐步分析推理决策。

C. 中、基层管理者采用有条理决策和直觉决策时同样简单。

D. 高层管理者在多数情况下采用直觉决策。

E. 高层管理者的决策比中、基层管理者的决策更有效。

题型 42 找原因的假设

母题技巧

·命题模型·	·模型识别·	·秒杀技巧·
找原因模型	(1)现象分析型：题干的结构为"摆现象、析原因"，即，题干的论据是现象，论点是对现象的原因的分析。 (2)前因后果型：题干直接出现"导致了""引发了""引起了""造成了"等表示因果关系的词。	假设题干结构为： 原因(A)，导致了结果(B)。 方法1. 因果相关。 直接说明题干中的因果关系成立。 方法2. 排除他因。 指出不是别的原因导致了B发生。 方法3. 并非因果倒置。 排除B是A的原因这种可能。 方法4. 无因无果。 ①如果题干认为"原因A导致了结果B"，不必假设无因无果。 例如：张三被车撞死了。即，车祸导致了张三的死亡。此时，我们并不假设"没有车祸张三不会死(无因无果)"，因为，没有车祸，可能会有其他原因(如癌症、跳楼、凶杀等)导致张三死亡。 ②如果题干认为"事件B的发生一定是因为原因A"。那么，有B一定有A，逆否即得：没有A就没有B(无因无果)。此时，无因无果需要假设。此时真正的考点是"A是B的必要条件"。
求异法模型	题干中出现对比实验(两组对比或前后对比)。	使用求异法要求只能有一个差异因素，因此，常常假设"排除其他差异因素"(排除差因)。

典型习题

1. 在西西里的一处墓穴里，发现了一只陶瓷花瓶。考古学家证实这只花瓶原产自希腊。墓穴主人生活在2 700年前，是当时的一个统治者。因此，这说明在2 700年前，西西里和希腊之间已有贸易往来。

以下哪项是上述论证必须假设的？

A. 西西里陶瓷匠人的水平不及希腊陶瓷匠人。

B. 在当时用来制造陶瓷的黏土，西西里产的和希腊产的很不一样。

C. 墓穴主人活着的时候，已经有大批船队能够往来于西西里和希腊。

D. 在西西里墓穴里发现的这只花瓶不是墓穴主人的后裔在后来放进去的。

E. 墓穴主人不是西西里皇族的成员。

2. 有医学研究显示，行为痴呆症患者大脑组织中往往含有过量的铝。同时有化学研究表明，一种硅胶化合物可以吸收铝。陈医生据此认为，可以用这种硅化合物治疗行为痴呆症。

以下哪项是陈医生最可能依赖的假设？

A. 行为痴呆症患者大脑组织的含铝量通常过高，但具体数量不会变化。

B. 该硅化合物在吸收铝的过程中不会产生副作用。

C. 用来吸收铝的硅化合物的具体数量与行为痴呆症患者的年龄有关。

D. 过量的铝是导致行为痴呆症的原因，患者脑组织中的铝不是痴呆症引起的结果。

E. 行为痴呆症患者脑组织中的铝含量与病情的严重程度有关。

3. 胼胝体是将大脑两个半球联系起来的神经纤维集束。平均而言，音乐家的胼胝体比非音乐家的胼胝体大。与成年的非音乐家相比，7 岁左右开始训练的成年音乐家，胼胝体在体积上的区别特别明显。因此，音乐训练，特别是从幼年开始的音乐训练，会导致大脑结构上的某种变化。

以下哪一项是上述论证所依赖的假设？

A. 在音乐家开始训练之前，他们的胼胝体并不比同年龄的非音乐家的胼胝体大。

B. 在生命晚期进行的音乐训练不会引起大脑结构上的变化。

C. 对任何两个从 7 岁左右开始训练的音乐家而言，他们的胼胝体有差不多相同的体积。

D. 成年的非音乐家在其童年时代没有参与过任何能够促进胼胝体发育的活动。

E. 对各种艺术的学习会引起大脑结构上的变化。

4. 对患有心脏疼痛和消化不良等症状的患者的调查表明，喜欢戴墨镜的患者比不喜欢戴墨镜的患者心情会更加消沉或有忧郁症的倾向。对此，研究人员解释道，墨镜可以减少令人易怒的视觉刺激，有消沉或忧郁症倾向的患者更加喜欢戴上墨镜以减少这种刺激。

上述论证以下面哪项为假设？

A. 消沉或忧郁症都不是由身体的有机条件造成的。

B. 戴墨镜者认为墨镜不是一种把自己与别人疏远开来的方法。

C. 消沉有很多原因，包括任何人消沉都合乎情理的真实条件。

D. 对于戴墨镜的忧郁症患者来说，眼镜可以作为让别人看来戴镜者的健康不佳的视觉信号。

E. 墨镜没有把光线变得如此黯淡以致戴镜者的心情急剧消沉。

5. 最近五年来，共有五架 W-160 客机失事。面对 W-160 设计有误的指控，W-160 的生产厂商明确加以否定，其理由是，每次 W-160 空难的调查都表明，失事的原因是飞行员的操作失误。

为使厂商的上述反驳成立，以下哪项是必须假设的？

Ⅰ. 如果飞行员不操作失误，W-160 就不会失事。

Ⅱ. 飞行员的操作失误和 W-160 任一部分的设计都没有关系。

Ⅲ. 每次对 W-160 空难的调查结论都可信。

A. 仅Ⅰ。　　　　　　　B. 仅Ⅱ。　　　　　　　C. 仅Ⅲ。

D. 仅Ⅱ和Ⅲ。　　　　　E. Ⅰ、Ⅱ和Ⅲ。

题型 43　预测结果的假设

母题技巧

·命题模型·	·模型识别·	·秒杀技巧·
预测结果模型	题干中存在"将会""会""未来会""会导致""一定能""要"等表示将来的词汇。	方法 1. 直接指出因果相关。 方法 2. 指出结果发生的前提。

典型习题

1. 为防止利益冲突，国会可以禁止政府高层官员在离开政府部门后三年内接受院外游说集团提供的职位。然而，一个这种类型的官员认为这种禁止是不幸的，因为它将阻止政府高层官员在这三年里谋求生计。

   这个官员的结论，从逻辑上讲，依赖于以下哪一项假设？

   A. 法律不应限制前政府官员的行为。

   B. 院外游说集团主要是那些以前曾担任过政府高层官员的人。

   C. 当政府底层官员离开政府部门后，他们一般不会成为院外游说集团的成员。

   D. 离开政府部门的政府高层官员只能靠做院外游说集团的成员来谋生。

   E. 政府高层官员通常享有丰厚的退休金。

2. 在世界市场上，日本生产的冰箱比其他国家生产的冰箱耗电量要少。因此，其他国家的冰箱工业将失去相当部分的冰箱市场，而这些市场将被日本冰箱占据。

   以下哪项是上述论证所要假设的？

   Ⅰ. 日本的冰箱比其他国家的冰箱更为耐用。

   Ⅱ. 电费是冰箱购买者考虑的重要因素。

   Ⅲ. 日本冰箱与其他国家冰箱的价格基本相同。

   A. Ⅰ、Ⅱ和Ⅲ。　　　　B. 仅Ⅰ和Ⅱ。　　　　C. 仅Ⅱ。

   D. 仅Ⅱ和Ⅲ。　　　　　E. 仅Ⅲ。

3. 通常的高山反应是由高海拔地区空气中缺氧造成的，当缺氧条件改变时，症状可以很快消失。急性脑血管梗阻也具有脑缺氧的病征，如不及时恰当处理，会危及生命。由于急性脑血管梗阻的症状和普通高山反应相似，因此，在高海拔地区，急性脑血管梗阻这种病特别危险。

   以下哪项最可能是上述论证所假设的？

   A. 普通高山反应和急性脑血管梗阻的医疗处理是不同的。

   B. 高山反应不会诱发急性脑血管梗阻。

   C. 急性脑血管梗阻如及时恰当处理，则不会危及生命。

D. 高海拔地区缺少抢救和医治急性脑血管梗阻的条件。

E. 高海拔地区的缺氧可能会影响医生的工作，降低其诊断的准确性。

4. 面对预算困难，W国政府不得不削减对科研项目的资助，一大批这样的研究项目转而由私人基金资助。这样，可能产生争议结果的研究项目在整个受资助研究项目中的比例肯定会因此降低，因为私人基金资助者非常关心其公众形象，他们不希望自己资助的项目会导致争议。

以下哪项是上述论证所必须假设的？

A. W国政府比私人基金资助者较为愿意资助可能产生争议的科研项目。

B. W国政府只注意所资助的研究项目的效果，而不在意它是否会导致争议。

C. W国政府没有必要像私人基金资助者那样关心自己的公众形象。

D. 可能引起争议的科研项目并不一定会有损资助者的公众形象。

E. 可能引起争议的科研项目比一般的项目更有价值。

题型 44　措施目的的假设

母题技巧

·命题模型·	·模型识别·	·秒杀技巧·
措施目的模型	(1)题干中存在"为了""能""可以""以求"等表示目的的词汇。 (2)题干中存在"计划""建议""方法"等表达措施的内容。	方法 1. 措施可行。 方法 2. 措施可以达到目的(即措施有效)。 方法 3. 措施利大于弊。 方法 4. 措施有必要。 注意：假设题中，"措施没有副作用"一般是干扰项。因为当措施可以达到目的时，措施有一些副作用也是可以接受的。

典型习题

1. 新一年的电影节的影片评比，准备打破过去的只有一部最佳影片的限制，而按照历史片、爱情片等几种专门的类型分别评选最佳影片，这样可以使电影工作者的工作得到更为公平的对待，也可以使观众和电影爱好者对电影的优劣有更多的发言权。

根据以上信息，这种评比制度的改革隐含了以下哪项假设？

A. 划分影片类型，对于规范影片拍摄有重要的引导作用。

B. 每一部影片都可以按照这几种专门的类型来进行分类。

C. 观众和电影爱好者在进行电影评论时喜欢进行类型的划分。

D. 按照类型来进行影片的划分，不会使有些冷门题材的影片被忽视。

E. 过去因为只有一部最佳影片，影响了电影工作者参加电影节评比的积极性。

2. 黑脉金蝴蝶幼虫先折断含毒液的乳草属植物的叶脉，使毒液外流，再食入整片叶子。一般情况下，乳草属植物叶脉被折断后其内的毒液基本完全流掉，即便有极微量的残留，对幼虫也不会构成威胁。黑脉金蝴蝶幼虫就是采用这种方式以有毒的乳草属植物为食物来源直到它们发育成熟。

以下哪项最可能是上文所作的假设？

A. 幼虫有多种方法对付有毒植物的毒液，因此，有毒植物是多种幼虫的食物来源。

B. 除黑脉金蝴蝶幼虫外，乳草属植物不适合其他幼虫食用。

C. 除乳草属植物外，其他有毒植物已经进化到能防止黑脉金蝴蝶幼虫破坏其叶脉的程度。

D. 黑脉金蝴蝶幼虫成功对付乳草属植物毒液的方法不能用于对付其他有毒植物。

E. 乳草属植物的叶脉没有进化到黑脉金蝴蝶幼虫不能折断的程度。

3. 在美国，比较复杂的民事审判往往超过陪审团的理解力，结果，陪审团对此作出的决定经常是错误的。因此，有人建议，涉及较复杂的民事审判由法官而不是陪审团来决定，将提高司法部门的服务质量。

上述建议依据下列哪项假设？

A. 大多数民事审判的复杂性超过了陪审团的理解力。

B. 法官在决定复杂民事审判的时候，对那些审判的复杂性，比陪审团的人员有更好的理解。

C. 在美国以外一些具有相同法系的国家，也早就有类似的提议，并有付诸实施的记录。

D. 即使涉及不复杂的民事审判，陪审团的决定也常常出现差错。

E. 赞成由法官决定民事审判的唯一理由是想象法官的决定几乎总是正确的。

4. 某学会召开的国际性学术会议，每次都收到近千篇的会议论文。为了保证大会交流论文的质量，学术会议组委会决定，每次只从会议论文中挑选出 10% 的论文作为会议交流论文。

学术会议组委会的决定最可能基于以下哪项假设？

A. 每次提交的会议论文中总有一定比例的论文质量是有保证的。

B. 今后每次收到的会议论文数量将不会有大的变化。

C. 90% 的会议论文达不到大会交流论文的质量。

D. 学术会议组委会能够对论文质量做出准确判断。

E. 学会有足够的经费保证这样的学术会议能继续举办下去。

5. 研究显示，大多数有创造性的工程师，都有在纸上乱涂乱画，并记下一些看来稀奇古怪想法的习惯。他们的大多数最有价值的设计，都直接与这种习惯有关。而现在的许多工程师都用电脑工作，在纸上乱涂乱画不再是一种普遍的习惯。一些专家担心，这会影响工程师的创造性思维，建议在用于工程设计的计算机程序中匹配模拟的便条纸，能让使用者在上面涂鸦。

以下哪项最可能是上述建议所假设的？

A. 在纸上乱涂乱画，只可能产生工程设计方面的灵感。

B. 对计算机程序中匹配的模拟便条纸，只能用于乱涂乱画，或记录看来稀奇古怪的想法。

C. 所有用计算机工作的工程师都不会备有纸笔以随时记下有意思的想法。

D. 工程师在纸上乱涂乱画所记下的看来稀奇古怪的想法，大多数都有应用价值。

E. 乱涂乱画所产生的灵感，并不一定通过在纸上的操作获得。

6. 无论是工业用电还是民用电，现行的电价格一直偏低。某区推出一项举措，对超出月额定数的用电量，无论是工业用电还是民用电，一律按上调高价收费。这一举措将对该区的节约用电产生重大的促进作用。

上述举措要达到预期的目的，以下哪项必须是真的？

Ⅰ. 有相当数量的浪费用电是电价格偏低而造成的。

Ⅱ. 有相当数量的用户是因为电价格偏低而浪费用电的。

Ⅲ. 超额用电价格的上调幅度一般足以对浪费用电的用户产生经济压力。

A. Ⅰ、Ⅱ和Ⅲ。　　　　B. 仅Ⅰ和Ⅱ。　　　　C. 仅Ⅰ和Ⅲ。

D. 仅Ⅱ和Ⅲ。　　　　E. Ⅰ、Ⅱ和Ⅲ都不必须是真的。

7. 在四川的一些沼泽地中，剧毒的链蛇和一些无毒蛇一样，在蛇皮表面都有红、白、黑相间的鲜艳花纹。而就在离沼泽地不远的干燥地带，链蛇的花纹中没有了红色；奇怪的是，这些地区的无毒蛇的花纹中同样没有了红色。对这种现象的一个解释是，在上述沼泽和干燥地带中，无毒蛇为了保护自己，在进化过程中逐步变异为和链蛇具有相似的体表花纹。

以下哪项最可能是上述解释所假设的？

A. 毒蛇比无毒蛇更容易受到攻击。

B. 在干燥地区，红色是自然界中的一种常见色，动物体表的红色较不容易被发现。

C. 链蛇体表的颜色对其捕食的对象有很强的威慑作用。

D. 以蛇为食物的捕猎者尽量避免捕捉剧毒的链蛇，以免在食用时发生危险。

E. 蛇在干燥地带比在沼泽地带更易受到攻击。

8. 从技术上讲，一种保险单如果其索赔额及管理费用超过保金收入，这种保险单就属于折价发行。但是保金收入可以用来投资并产生回报，因而折价发行的保单并不一定总是亏本的。

上述论断建立在以下哪项假设基础之上？

A. 保险公司不会为吸引顾客而故意折价发行保单。

B. 并不是每种亏本的保单都是折价发行的。

C. 在索赔发生前，保单每年的索赔额都是可以精确估计的。

D. 投资与保金收入的所得是保险公司利润的最重要来源。

E. 至少部分折价发行的保单，并不要求保险公司在得到保金后立即支付全部赔偿。

9. 近几年来，一种从国外传入的白蝇严重危害着我国南方农作物的生长。昆虫学家认为，这种白蝇是甜薯白蝇的一个变种，为了控制这种白蝇的繁殖，他们一直在寻找并人工繁殖甜薯白蝇的寄生虫。但最新的基因研究成果表明，这种白蝇不是甜薯白蝇的变种，而是与之不同的一种蝇种，称作银叶白蝇。因此，如果这项最新的基因研究成果是可信的话，那么，近年来昆虫学家寻找白蝇寄生虫的努力白费了。

以下哪项是上述论证最可能假设的？

A. 上述最新的基因研究成果是可信的。

B. 甜薯白蝇的寄生虫对农作物没有任何危害。

C. 农作物害虫的寄生虫都可以用来有效控制这种害虫的繁殖。

D. 甜薯白蝇的寄生虫无法在银叶白蝇中寄生。

E. 某种生物的寄生虫只能在这种生物及其变种中寄生。

题型 45　统计论证的假设

母题技巧

·命题模型·	·模型识别·	·秒杀技巧·
数量关系模型	题干中出现"利润率""增长率""比例""占有率""平均值"等词。	第1步：列出题干中涉及的数量关系公式。 第2步：根据公式解题。

典型习题

1. 某地区过去三年日常生活必需品平均价格增长了30％。在同一时期，购买日常生活必需品的开支占家庭平均月收入的比例并未发生变化。因此，过去三年家庭平均收入一定也增长了30％。

   以下哪项最可能是上述论证所假设的？

   A. 在过去的三年中，平均每个家庭购买的日常生活必需品数量和质量没有变化。

   B. 在过去的三年中，除生活必需品外，其他商品平均价格的增长低于30％。

   C. 在过去的三年中，该地区家庭数量增长了30％。

   D. 在过去的三年中，家庭用于购买高档消费品的平均开支明显减少。

   E. 在过去的三年中，家庭平均生活水平下降了。

2. 心脏的搏动引起血液循环。对同一个人，心率越快，单位时间进入循环的血液量越多。血液中的红细胞运输氧气。一般来说，一个人单位时间通过血液循环获得的氧气越多，他的体能及其发挥就越佳。因此，为了提高运动员在体育比赛中的竞技水平，应该加强他们在高海拔地区的训练，因为在高海拔地区，人体内每单位体积血液中含有的红细胞数量，要高于在低海拔地区。

   以下哪项是题干的论证必须假设的？

   A. 海拔的高低对运动员的心率不产生影响。

   B. 不同运动员的心率基本相同。

   C. 运动员的心率比普通人慢。

   D. 在高海拔地区训练能使运动员的心率加快。

   E. 运动员在高海拔地区的心率不低于在低海拔地区。

3. 有的地质学家认为，如果地球未勘探的地区中单位面积的平均石油储藏量能和已勘探地区一样的话，那么，目前关于地下未开采的能源含量的正确估计因此要乘上一万倍。如果地质学家的这一观点成立，那么，我们可以得出结论：地球上未勘探地区的总面积是已勘探地区的一万倍。

   为使上述论证成立，以下哪项是必须假设的？

   Ⅰ. 目前关于地下未开采的能源含量的估计，只限于对已勘探地区。

   Ⅱ. 目前关于地下未开采的能源含量的估计，只限于对石油含量。

Ⅲ．未勘探地区中的石油储藏能和已勘探地区一样得到有效的勘测和开采。

A．仅Ⅰ。 　　　　　B．仅Ⅱ。 　　　　　C．仅Ⅲ。

D．仅Ⅰ和Ⅱ。 　　　　　E．Ⅰ、Ⅱ和Ⅲ。

4. 作为市电视台的摄像师，最近国内电池市场的突然变化让我非常头疼。进口高能量的电池缺货，我只能用国产电池作为摄像的主要电源。尽管每单位的国产电池要比进口电池便宜，但我估计如果持续用国产电池替代进口电池的话，我支付在电池上的费用将会提高。

该摄像师在上面这段话中隐含了以下哪项假设？

A．以每单位电池提供的电能来计算，国产电池要比进口电池提供得少。

B．每单位的进口电池要比国产电池价格贵。

C．生产国产电池要比生产进口电池成本低。

D．持续使用国产电池，摄像的质量将无法得到保障。

E．国产电池的价格会超过进口电池，厂家将大大赢利。

题型 46 　其他论证的假设

母题技巧

·命题模型·	·模型识别·	·秒杀技巧·
其他论证	有一些假设题没有明显的命题模型。	可使用"取非法"解题。

典型习题

1. 江口市急救中心向市政府申请购置一辆新的救护车，以进一步增强该中心的急救能力。市政府否决了这项申请，理由是：急救中心所需的救护车的数量，必须与中心的规模和综合能力相配套。根据该急救中心现有的医护人员与医疗设施的规模和综合能力，现有的救护车足够了。

以下哪项是市政府关于此项决定的论证所必须假设的？

A．江口市的急救对象的数量不会有大的增长。

B．市政府的财政面临困难，无力购置新的救护车。

C．急救中心现有的救护车中，至少有一辆近期内不会退役。

D．江口市的其他大中医院有足够的能力配合急救中心抢救全市的危重病人。

E．市政府至少在五年内不会拨款以扩大急救中心的规模和综合能力。

2. 肖群一周工作五天，除非这周内有法定休假日。除了周五在志愿者协会，其余四天肖群都在太平洋保险公司上班。上周没有法定休假日。因此，上周的周一、周二、周三和周四肖群一定在太平洋保险公司上班。

以下哪项是上述论证所假设的？

A．一周内不可能出现两天以上的法定休假日。

B. 太平洋保险公司实行每周四天工作日制度。

C. 上周的周六和周日肖群没有上班。

D. 肖群在志愿者协会的工作与保险业有关。

E. 肖群是个称职的雇员。

3. 某家长认为，有想象力才能进行创造性劳动，但想象力和知识是天敌。人在获得知识的过程中，想象力会消失。因为知识符合逻辑，而想象力无章可循。换句话说，知识的本质是科学，想象力的特征是荒诞。人的大脑一山不容二虎：学龄前，想象力独占鳌头，脑子被想象力占据；上学后，大多数人的想象力被知识驱逐出境，他们成为知识的附庸，但丧失了想象力，终身只能重复前人的发现。

以下哪项是该家长论证所依赖的假设？

Ⅰ. 科学是不可能荒诞的，荒诞的就不是科学。

Ⅱ. 想象力和逻辑水火不相容。

Ⅲ. 大脑被知识占据后很难重新恢复想象力。

A. 仅Ⅰ。　　　　　　　　B. 仅Ⅱ。　　　　　　　　C. 仅Ⅰ和Ⅱ。

D. 仅Ⅱ和Ⅲ。　　　　　　E. Ⅰ、Ⅱ和Ⅲ。

4. 莱布尼茨是17世纪伟大的哲学家、数学家，他先于牛顿发表了他的微积分研究成果。但是当时牛顿公布了他的私人笔记，说明他至少在莱布尼茨发表其成果的10年前就已经运用了微积分的原理。牛顿还说，在莱布尼茨发表其成果的不久前，他在给莱布尼茨的信中谈起过自己关于微积分的思想。但是事后的研究说明，牛顿的这封信中，有关微积分的几行字几乎没有涉及这一理论的任何重要之处。因此，可以得出结论，莱布尼茨和牛顿各自独立地发现了微积分。

以下哪项是上述论证必须假设的？

A. 莱布尼茨在数学方面的才能不亚于牛顿。

B. 莱布尼茨是个诚实的人。

C. 没有第三个人不迟于莱布尼茨和牛顿独立地发现了微积分。

D. 莱布尼茨发表微积分研究成果前从没有把其中的关键性内容告诉任何人。

E. 莱布尼茨和牛顿都没有从第三渠道获得关于微积分的关键性细节。

第❹节 四大核心题型秒杀技巧：解释题

必备知识

1. 解释题的含义

题干给出一段关于某些现象的描述，要求找到一个正确的选项，用来解释这些现象发生的原因。简而言之，解释题就是找原因。

2. 解释题的提问方式

解释题的常见提问方式如下：

"以下哪项如果为真，最有助于解释上述现象？"

"以下哪项如果为真，最能解释上述差异？"

题型 47 解释现象

母题技巧

·命题模型·	·模型识别·	·秒杀技巧·
解释差异	(1)题干中一般有转折词，如：但是、可是、然而…… (2)题干中有两个不同的对象，同一事件在这两个对象上发生时，产生了结果差异。	找差异：找到两个对象之间的差异点，这个差异点会导致题干中结果的差异。
解释矛盾	(1)题干中一般有转折词，如：但是、可是、然而…… (2)转折词前后各有一个现象，这两个现象看似矛盾，实则不矛盾。	找矛盾：找到题干的矛盾点在哪里，正确的选项可以化解这个矛盾。
解释现象	题干直接描述一种现象。	找原因：直接找题干现象的原因。

说明：
无论是以上哪种模型，均默认题干中的差异、矛盾、现象已经发生，为已知事实。我们要解释题干差异、矛盾、现象发生的原因，而非支持或削弱题干，因此，支持或削弱题干的选项可直接排除。

典型习题

1. 科学家：就像地球一样，金星内部也有一个炽热的熔岩核，随着金星的自转和公转会释放巨大的热量。地球是通过板块构造运动产生的火山喷发来释放内部热量的，在金星上却没有像板块构造运动那样造成的火山喷发现象，令人困惑。

   如果以下陈述为真，则哪一项对科学家的困惑给出了最佳的解释？

   A. 金星自转缓慢而且其外壳比地球的薄得多，便于内部热量向外释放。

   B. 金星大气中的二氧化碳所造成的温室效应使其地表温度高达 485℃。

   C. 由于受高温高压的作用，金星表面的岩石比地球表面的岩石更坚硬。

   D. 金星内核的熔岩运动曾经有过比地球的熔岩运动更剧烈的温度波动。

   E. 金星与太阳的距离比地球与太阳的距离更近。

2. 美国某大学医学院的研究人员在《小儿科》杂志上发表论文指出，在对 2 702 个家庭的孩子进行跟踪调查后发现，如果孩子在 5 岁前每天看电视超过 2 小时，他们长大后出现行为问题的风险将会增加 1 倍多。所谓行为问题是指性格孤僻、言行粗鲁、侵犯他人、难与他人合作等。

   以下哪项最好地解释了以上论述？

   A. 电视节目会使孩子产生好奇心，容易导致孩子出现暴力倾向。

   B. 电视节目中有不少内容容易使孩子长时间处于紧张、恐惧的状态。

C. 看电视时间过长，会影响孩子与其他人的交往，久而久之，孩子便会缺乏与他人打交道的经验。

D. 儿童模仿能力强，如果只对电视节目感兴趣，长此以往，会阻碍他们分析能力的发展。

E. 每天长时间地看电视，容易使孩子神经系统产生疲劳，影响身心发展。

3. 乘客使用手机及便携式电脑等电子设备会通过电磁波谱频繁传输信号，机场的无线电话和导航网络等也会使用电磁波谱，但电信委员会已根据不同用途把电磁波谱分成几大块。因此，用手机打电话不会对专供飞机通信系统或全球定位系统使用的波段造成干扰。尽管如此，各大航空公司仍然规定，禁止机上乘客使用手机等电子设备。

以下哪项如果为真，能解释上述现象？

Ⅰ. 乘客在空中使用手机等电子设备可能对地面导航网络造成干扰。

Ⅱ. 乘客在起飞和降落时使用手机等电子设备，可能影响机组人员工作。

Ⅲ. 便携式电脑或者游戏设备可能导致自动驾驶仪出现断路或仪器显示发生故障。

A. 仅Ⅰ。　　　　　　　　B. 仅Ⅱ。　　　　　　　　C. 仅Ⅰ和Ⅱ。

D. 仅Ⅱ和Ⅲ。　　　　　　E. Ⅰ、Ⅱ和Ⅲ。

4. 一般商品只有在多次流通过程中才能不断增值，但艺术品作为一种特殊商品却体现出了与一般商品不同的特性。在拍卖市场上，有些古玩、字画的成交价有很大的随机性，往往会直接受到拍卖现场气氛、竞价激烈程度、买家心理变化等偶然因素的影响，成交价有时会高于底价几十倍乃至数百倍，使得艺术品在一次"流通"中实现大幅度增值。

以下哪项最无助于解释上述现象？

A. 艺术品的不可再造性决定了其交换价格有可能超过其自身价值。

B. 不少买家喜好收藏，抬高了艺术品的交易价格。

C. 有些买家就是为了炒作艺术品，以期获得高额利润。

D. 虽然大量赝品充斥市场，但对艺术品的交易价格没有什么影响。

E. 国外资金进入艺术品拍卖市场，对价格攀升起到了拉动作用。

5. 大气和云层既可以折射也可以吸收部分太阳光，约有一半照射到地球的太阳光能被地球表面的土地和水面吸收，这一热能值十分巨大。由此可以得出：地球将会逐渐升温以致融化。然而，幸亏有一个可以抵消此作用的因素，即_____

以下哪项作为上述的后续最为恰当？

A. 地球发散到外空的热能值与其吸收的热能值相近。

B. 通过季风与洋流，地球赤道的热向两极方向扩散。

C. 在日食期间，由于月球的阻挡，照射到地球的太阳光线明显减少。

D. 地球核心因为热能积聚而一直呈熔岩状态。

E. 由于二氧化碳排放增加，地球的温室效应引人关注。

6. 经对交通事故的调查发现，严查酒驾的城市和不严查酒驾的城市，交通事故发生率实际上是差不多的。然而，多数专家认为：严查酒驾确实能降低交通事故的发生。

以下哪项对消除这种不一致最有帮助？

A. 严查酒驾的城市交通事故发生率曾经都很高。

B. 实行严查酒驾的城市并没有消除酒驾。

C. 提高司机的交通安全意识比严格管理更为重要。

D. 除了严查酒驾外，对其他交通违章也应该制止。

E. 小城市和大城市交通事故的发生率是不一样的。

7. 随着数字技术的发展，音频、视频的播放形式出现了革命性转变。人们很快接受了一些新形式，比如 MP3、CD、DVD 等。但是对于电子图书的接受并没有达到专家所预期的程度，现在仍有很大一部分读者喜欢捧着纸质出版物。纸质书籍在出版业中依然占据重要地位。因此有人说，书籍可能是数字技术需要攻破的最后一个堡垒。

以下哪项最不能对上述现象提供解释？

A. 人们固执地迷恋着阅读纸质书籍时的舒适体验，喜欢纸张的质感。

B. 在显示器上阅读，无论是笨重的阴极射线管显示器还是轻薄的液晶显示器，都会让人无端地心浮气躁。

C. 现在仍有一些怀旧爱好者喜欢收藏经典图书。

D. 电子书显示设备技术不够完善，图像显示速度较慢。

E. 电子书和纸质书籍的柔软沉静相比，显得面目可憎。

8. 随着文化知识越来越重要，人们花在读书上的时间越来越多，文人学子近视患者的比例也越来越高。即便在城里工人、乡镇农民中，也能看到不少人戴近视眼镜。然而，在中国古代很少发现患有近视的文人学子，更别说普通老百姓了。

以下除哪项外，均可以解释上述现象？

A. 古时候，只有家庭条件好或者有地位的人才读得起书；即便读书，用在读书上的时间也很少，那种头悬梁、锥刺股的读书人更是凤毛麟角。

B. 古时交通工具不发达，出行主要靠步行、骑马，足量的运动对于预防近视有一定的作用。

C. 古人生活节奏慢，不用担心交通安全，所以即使患了近视，其危害也非常小。

D. 古代自然科学不发达，那时学生读的书很少，主要是四书五经，一本《论语》要读好几年。

E. 古人书写用的是毛笔，眼睛和字的距离比较远，写的字也相对大些。

9. 夜晚点燃艾叶驱蚊曾是龙泉山区引起家庭火灾的重要原因。近年来，尽管使用艾叶驱蚊的人家显著减少，但是，家庭火灾所导致的死亡人数并没有呈现减少的趋势。

以下各项如果为真，都能够解释上述情况，除了：

A. 与其他引起龙泉山区家庭火灾的原因比较，夜晚点燃艾叶引起的火灾所导致的损害相对较小。

B. 夜晚点燃艾叶所导致的火灾一般在家庭成员睡熟后发生。

C. 龙泉人对夜晚点燃艾叶导致火灾的防范意识加强了，但对其他火灾隐患防范意识并没有加强。

D. 随着生活水平的提高，近年来居室内木质家具和家用电器增多，一旦发生火灾，火势比过去更为猛烈。

E. 现在龙泉山区家庭住宅一般都是相邻而建，因此，一户失火随即蔓延，死亡人数因而比过去增多。

10. 某国有一家非常受欢迎的冰淇淋店，最近将一种冰淇淋的单价从过去的 1.80 元提高到 2 元，销售仍然不错。然而，在提价一周之内，几个雇员陆续辞职不干了。

下列哪项最能解释上述现象？

A. 提价后顾客不再像过去那样能将剩下的零钱作为小费。

B. 提高价格使该店不能继续保持其冰淇淋良好的市场占有率。

C. 尽管冰淇淋涨价了，老主顾们依然经常光顾该店。

D. 尽管提了价，该店的冰淇淋仍然比其他商店卖得便宜。

E. 冰淇淋的提价对店员们的工资水平并没有影响。

11. 一则关于许多苹果都含有一种致癌防腐剂的报道，对消费者产生的影响极小，几乎没有消费者打算改变他们购买苹果的习惯。尽管如此，在报道一个月后的三月份，食品杂货店的苹果销售量大大地下降了。

下列哪项如果为真，能最好地解释上述明显的差异？

A. 在三月份里，许多食品杂货商为了显示他们对消费者健康的关心，移走了货架上的苹果。

B. 由于大量的食物安全警告，到了三月份，消费者已对这类警告漠不关心。

C. 除了报纸以外，电视上也出现了这个报道。

D. 尽管这种防腐剂也用在别的水果上，但是，这则报道没有提到。

E. 卫生部门的官员认为，由于苹果上仅含有少量的该种防腐剂，因此，不会对健康有威胁。

12. 用甘蔗提炼乙醇比用玉米提炼乙醇需要更多的能量，但奇怪的是，多数酿酒者却偏爱用甘蔗做原料。

以下哪项最能解释上述矛盾现象？

A. 任何提炼乙醇的原料的价格都随季节波动，而提炼的费用则相对稳定。

B. 用玉米提炼乙醇比用甘蔗节省时间。

C. 玉米质量对乙醇产品的影响较甘蔗小。

D. 用甘蔗制糖或其他食品的生产时间比提炼乙醇的时间长。

E. 燃烧甘蔗废料可提供向乙醇转化所需的能量，而用玉米提炼乙醇则完全需额外提供能量。

13. 洪罗市一项对健身爱好者的调查表明，那些称自己每周固定进行 2～3 次健身锻炼的人近两年来由 28% 增加到 35%，而对该市大多数健身房的调查则显示，近两年来去健身房的人数明显下降。

以下各项如果为真，都有助于解释上述看似矛盾的断定，除了：

A. 进行健身锻炼没什么规律的人在数量上明显减少。

B. 健身房出于非正常的考虑，往往少报顾客的人数。

C. 由于简易健身器的出现，家庭健身活动成为可能并逐渐流行。

D. 为了吸引更多的顾客，该市健身房普遍调低了营业价格。

E. 受调查的健身锻炼爱好者只占全市健身锻炼爱好者的 10%。

14. 一所大学的经济系最近做的一次调查表明，教师的加薪常伴随着全国范围内平均酒类消费量的增加。从 2005 年到 2010 年，教师工资平均上涨 12%，酒类销售量增加 11.5%。从 2011 年到 2015 年，教师工资平均上涨 14%，酒类销售量增加 13.4%。从 2016 年到 2020 年，酒类销售量增加 15%，而教师平均工资也上涨 15.5%。

以下哪项最为恰当地说明了文中引用的调查结果？

A. 当教师有了更多的可支配收入，他们喜欢把多余的钱花费在饮酒上。

B. 教师所得越多，花在买书上的钱就越多。

C. 由于教师增加了，人口也就增加了，酒类消费者也会因此而增加。

D. 在文中所涉及的时期里，乡镇酒厂增加了很多。

E. 从 2005 年至 2020 年，人民生活水平提高了，酒类消费量和教师工资也增加了。

15. 达里湖是由火山喷发而形成的高原堰塞湖，生活在半咸水湖里的华子鱼——瓦氏雅罗鱼，像生活在海中的蛙鱼一样，必须洄游到淡水河的上游产卵繁育。尽管目前注入达里湖的 4 条河流都是内陆河，没有一条河流通向海洋，科学家们仍然确信：达里湖的华子鱼最初是从海洋迁徙而来的。

以下哪一项陈述如果为真，能对科学家的信念提供最佳的解释？

A. 生活在黑龙江等水域的雅罗鱼比达里湖的瓦氏雅罗鱼个头大一倍。

B. 捕捞出的华子鱼放入海水或淡水中只能存活一两天，死后迅速腐坏。

C. 达里湖与海洋的距离并没有过于遥远。

D. 科研人员将达里湖华子鱼的鱼苗放入远隔千里的柴盖淖，养殖成功。

E. 冰川融化形成达里湖，溢出的湖水曾与流入海洋的辽河相连。

16. 最近，有几百只海豹因吃了受到化学物质污染的一种鱼而死亡。这种化学物质即使量很少，也能使哺乳动物中毒。然而人吃了这种鱼却没有中毒。

以下哪项如果正确，则最有助于解释上面陈述中的矛盾？

A. 受到这种化学物质污染的鱼本身并没有受到化学物质的伤害。

B. 有毒的化学物质聚集在那些海豹吃而人不吃的鱼的部位。

C. 在某些既不吃鱼也不吃鱼制品的人体内，也发现了微量的这种化学毒物。

D. 被这种化学物质污染的鱼只占海豹总进食量的很少一部分。

E. 人类和海豹的消化系统有很大差别。

题型 48　解释数量

母题技巧

·命题模型·	·模型识别·	·秒杀技巧·
数量关系模型	题干涉及利润、增长率、比例、平均值等数量关系。	解题步骤： ①找出题干中数量关系的差异。 ②列出适用题干的基本数学公式。 ③找到造成题干中数量关系差异的原因。

典型习题

1. 一项对 N 国男女收入差异的研究结果表明，全职工作的妇女的收入是全职工作的男人的收入的 80％。然而，其他调查结果却一致显示，在 N 国所有受雇妇女的平均年收入只是所有受雇男性的平均年收入的 65％。

    下面哪一项如果也被调查所证实，最有助于解释上面研究结果之间的明显分歧？

    A. 在 N 国，所有女性雇员的平均年收入与所有男性雇员的平均年收入的差距在过去 30 年中一直在逐渐增大。

    B. 在 N 国，全职工作的妇女的平均年收入与完全相同的职业和工作条件下的全职工作的男性的平均年收入是一样的。

    C. 在 N 国，女性工作者占据全职的、管理的、监督的、专业的职位的比例在增加，这些职位赚的钱通常比其他类型的职位赚的钱多。

    D. 在 N 国，妇女干兼职工作的比例比男性高，并且兼职工作者赚的钱通常比全职工作者少。

    E. 在其他妇女在劳动力中的比例与 N 国相似的 10 个国家中，全职工作的妇女的平均年收入与全职工作的男性的平均年收入相比，其比例从较低的 50％ 到较高的 90％ 不等。

2. S 市餐饮经营点的数量自 2016 年的约 20 000 个，逐年下降至 2021 年的约 5 000 个。但是这五年来，该市餐饮业的经营资本在整个服务行业中所占的比例并没有减少。

    以下各项中，哪项最无助于说明上述现象？

    A. S 市 2021 年餐饮业的经营资本总额比 2016 年高。

    B. S 市 2021 年餐饮业经营点的平均资本额比 2016 年有显著增长。

    C. 作为激烈竞争的结果，近五年来，S 市的餐馆有的被迫停业，有的则努力扩大经营规模。

    D. 2016 年以来，S 市服务行业的经营资本总额逐年下降。

    E. 2016 年以来，S 市服务行业的经营资本占全市产业经营总资本的比例逐年下降。

3. 第一个事实：电视广告的效果越来越差。一项跟踪调查显示，在电视广告所推出的各种商品中，观众能够记住其品牌名称的商品的百分比逐年降低。

    第二个事实：在一段连续插播的电视广告中，观众印象较深的是第一个和最后一个，而中间播出的广告留给观众的印象，一般来说要浅得多。

    以下哪项如果为真，最能使得第二个事实成为对第一个事实的一个合理解释？

    A. 在从电视广告里见过的商品中，一般电视观众能记住其品牌名称的大约还不到一半。

    B. 近年来，被允许在电视节目中连续插播广告的平均时间逐渐缩短。

    C. 近年来，人们花在看电视上的平均时间逐渐缩短。

    D. 近年来，一段连续播出的电视广告所占用的平均时间逐渐增加。

    E. 近年来，一段连续播出的电视广告中所出现的广告的平均数量逐渐增加。

4. S市规定，适龄儿童须接种麻疹疫苗，适龄儿童必须接受义务教育，如图 4-1 所示：

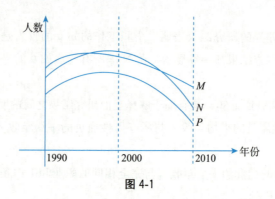

图 4-1

图中为 1990 年到 2010 年间 S 市儿童数量的一些统计，其中 M 表示接受义务教育的儿童总数，N 表示新生儿总数，P 表示接种麻疹疫苗的儿童总数。

下面哪一项最能解释 2000 年到 2010 年间 S 市接受义务教育的儿童总数与接种麻疹疫苗的儿童总数下降程度的不同？

A. 2000 年至 2010 年间，有部分在 S 市接种麻疹疫苗的儿童没有在 S 市入学。

B. 2000 年至 2010 年间，约有 20％ 的父母没有按照 S 市的规定让他们的孩子接种麻疹疫苗。

C. 2000 年至 2010 年间，每年都有不在 S 市出生但已接种了麻疹疫苗的儿童在 S 市入学。

D. 2000 年至 2010 年间，S 市新生儿总数下降，因此入学儿童总数和接种麻疹疫苗的儿童总数也随之下降。

E. 2000 年至 2010 年间，有一些 S 市新生儿没有接种乙肝疫苗。

第 **5** 节 其他题型秒杀技巧

题型 **49** 推论题

母题技巧

·命题模型·	·模型识别·	·秒杀技巧·
推理题 （形式逻辑）	(1)提问方式： 如果上述断定为真，则以下哪项一定为真？ 以下哪项最符合题干的断定？ (2)题干特点： 题干中有"如果，那么""除非，否则""只有，才"等典型关联词。	将题目中的逻辑关系符号化，使用之前所学的形式逻辑知识直接进行推理即可。

·命题模型·	·模型识别·	·秒杀技巧·
论证逻辑型推论题	(1)提问方式： 根据以上信息，最能推出以下哪项？ (2)题干特点： 题干中没有典型的形式逻辑关联词，而是会出现因果关系、论证关系等。	**方法1. 内容相关法。** 正确选项的内容，往往与题干信息直接相关。 **方法2. 信息一致法。** 正确选项的论证对象、论证范围、论证程度，一般需要与题干保持一致。
概括论点题	提问方式： 以下哪项最能概括上述论证所要表达的结论。	**方法1. 分析论证结构法。** 论据一般表现为事实描述，论点一般表现为有所断定。另外，根据"因此""因为""研究人员认为"等标志词快速分析论证结构，往往可以直接找到论点。 **方法2. 概括论据法。** 有的题目，题干中全是论据，那我们就需要概括这些论据，从而判断哪个选项是论点。

典型习题

1. 如果一个学校的大多数学生都具备足够的文学欣赏水平和道德自律意识，那么，像《红粉梦》和《演艺十八钗》这样的出版物就不可能成为在该校学生中销售最多的书。去年在H学院的学生中，《演艺十八钗》的销售量仅次于《红粉梦》。

   如果上述断定为真，则以下哪项一定为真？

   Ⅰ. 去年H学院的大多数学生都购买了《红粉梦》或《演艺十八钗》。

   Ⅱ. H学院的大多数学生既不具备足够的文学欣赏水平，也不具备足够的道德自律意识。

   Ⅲ. H学院至少有些学生不具备足够的文学欣赏水平，或者不具备足够的道德自律意识。

   A. 仅Ⅰ。　　　　　　　　　B. 仅Ⅱ。　　　　　　　　　C. 仅Ⅲ。

   D. 仅Ⅱ和Ⅲ。　　　　　　　E. Ⅰ、Ⅱ和Ⅲ。

2. 据《科学日报》消息，1998年5月，瑞典科学家在有关领域的研究中首次提出，一种对防治老年痴呆症有特殊功效的微量元素，只有在未经加工的加勒比椰果中才能提取。

   如果《科学日报》的上述消息是真实的，那么以下哪项不可能是真实的？

   Ⅰ. 1997年4月，芬兰科学家在相关领域的研究中提出过，对防治老年痴呆症有特殊功效的微量元素，除了未经加工的加勒比椰果，不可能在其他对象中提取。

   Ⅱ. 荷兰科学家在相关领域的研究中证明，在未经加工的加勒比椰果中，并不能提取对防治老年痴呆症有特殊功效的微量元素，这种微量元素可以在某些深海微生物中提取。

   Ⅲ. 著名的苏格兰医生查理博士在相关的研究领域中证明，该微量元素对防治老年痴呆症并没有特殊功效。

A. 仅Ⅰ。　　　　　　　　B. 仅Ⅱ。　　　　　　　　C. 仅Ⅲ。

D. 仅Ⅱ和Ⅲ。　　　　　　E. Ⅰ、Ⅱ和Ⅲ。

3. 随着心脏病成为人类的第一杀手，人体血液中的胆固醇含量越来越引起人们的重视。一个人血液中的胆固醇含量越高，患致命的心脏病的风险也就越大。至少有三个因素会影响人的血液中的胆固醇含量，它们是抽烟、饮酒和运动。

   如果上述断定为真，则以下哪项一定为真？

   Ⅰ. 某些生活方式的改变，会影响一个人患致命的心脏病的风险。

   Ⅱ. 如果一个人血液中的胆固醇含量不高，那么他患致命的心脏病的风险也不大。

   Ⅲ. 血液中的胆固醇含量高是造成当今人类死亡的主要原因。

   A. 仅Ⅰ。　　　　　　　　B. 仅Ⅱ。　　　　　　　　C. 仅Ⅰ和Ⅱ。

   D. 仅Ⅰ和Ⅲ。　　　　　　E. Ⅰ、Ⅱ和Ⅲ。

4. 2008 年度的统计显示，对中国人的健康威胁最大的三种慢性病，按其在总人口中的发病率排列，依次是乙型肝炎、关节炎和高血压。其中，关节炎和高血压的发病率随着年龄的增长而增加，而乙型肝炎在各个年龄段的发病率没有明显的不同。中国人口的平均年龄，在 2008 年至 2020 年之间，将呈明显上升态势而逐步进入老龄化社会。

   依据题干提供的信息，能最为恰当地推出以下哪项结论？

   A. 到 2020 年，发病率最高的将是关节炎。

   B. 到 2020 年，发病率最高的将仍是乙型肝炎。

   C. 在 2008 年至 2020 年之间，乙型肝炎患者的平均年龄将增大。

   D. 到 2020 年，乙型肝炎患者的数量将少于 2008 年。

   E. 到 2020 年，乙型肝炎的老年患者将多于非老年患者。

5. 各品种的葡萄中都存在着一种化学物质，这种物质能有效地减少人血液中的胆固醇。这种物质也存在于各类红酒和葡萄汁中，但白酒中不存在。红酒和葡萄汁都是用完整的葡萄做原料制作的；白酒除了用粮食做原料外，也用水果做原料，但和红酒不同，白酒在用水果做原料时，必须除去其表皮。

   以上信息最能支持以下哪项结论？

   A. 用作制酒的葡萄的表皮都是红色的。

   B. 经常喝白酒会增加血液中的胆固醇。

   C. 食用葡萄本身比饮用由葡萄制作的红酒或葡萄汁更有利于减少血液中的胆固醇。

   D. 能有效地减少血液中胆固醇的化学物质只存在于葡萄之中，不存在于粮食作物之中。

   E. 能有效地减少血液中胆固醇的化学物质只存在于葡萄的表皮之中，而不存在于葡萄的其他部分中。

6. 在试飞新设计的超轻型飞机时，经验丰富的老飞行员似乎比新手碰到了更多的麻烦。有经验的飞行员已经习惯了驾驶重型飞机，当他们驾驶超轻型飞机时，总是会忘记驾驶要则的提示而忽视风速的影响。

   以下哪项作为题干蕴涵的结论最为恰当？

A. 重型飞机比超轻型飞机在风中更易于驾驶。

B. 超轻型飞机的安全性不如重型飞机。

C. 风速对重型飞机的飞行不会产生影响。

D. 飞行员新手在驾驶重型飞机时不会忽视风速的影响。

E. 新飞行员比老飞行员对超轻型飞机更为熟悉。

7. 在美国纽约，有这样一种有趣的现象。每天晚上，总有几个时刻，城市的用水量突然增大。经过观察，这几个时刻都是热门电视节目间隔中插播大段广告的时间。而用水量的激增是人们同时去洗手间的缘故。

以下哪项作为从上述现象中推出的结论最为合理？

A. 电视节目广告要短小、零碎地插在电视节目中才会有效。

B. 电视台对于热门节目中插播的广告费用要提高，否则竞争就会更为激烈。

C. 热门的电视节目后插广告不如在冷门些的电视节目后插广告效果好。

D. 在热门的电视节目中插广告，需要向自来水公司缴纳一定的费用，补偿用水激增对设备的损害。

E. 现代生活中人们普遍不喜欢电视节目中大段广告的插入。

8. 如果一个儿童体重与身高的比值超过本地区80％的儿童的水平，就称其为肥胖儿。根据历年的调查结果，15年来，临江市的肥胖儿的数量一直在稳定增长。

如果以上断定为真，则以下哪项也必为真？

A. 临江市每一个肥胖儿的体重都超过全市儿童的平均体重。

B. 15年来，临江市的儿童体育锻炼越来越不足。

C. 临江市的非肥胖儿的数量15年来不断增长。

D. 15年来，临江市体重不足标准体重的儿童数量不断下降。

E. 临江市每一个肥胖儿的体重与身高的比值都超过全市儿童的平均值。

9. 有一种通过寄生方式来繁衍后代的黄蜂，它能够在适合自己后代寄生的各种昆虫的大小不同的虫卵中，注入恰好数量的自己的卵。如果它在宿主的卵中注入的卵过多，它的幼虫就会在互相竞争中因为得不到足够的空间和营养而死亡；如果它在宿主的卵中注入的卵过少，宿主卵中的多余营养部分就会腐败，这又会导致它的幼虫死亡。

如果上述断定是真的，则以下哪项有关断定也一定是真的？

Ⅰ. 上述黄蜂的寄生繁衍机制中，包括它准确区分宿主虫卵大小的能力。

Ⅱ. 在虫卵较大的昆虫聚集区出现的上述黄蜂比在虫卵较小的昆虫聚集区多。

Ⅲ. 黄蜂注入过多的虫卵比注入过少的虫卵更易引起寄生幼虫的死亡。

A. 仅Ⅰ。　　　　　　　　B. 仅Ⅱ。　　　　　　　　C. 仅Ⅲ。

D. 仅Ⅰ和Ⅱ。　　　　　　E. Ⅰ、Ⅱ和Ⅲ。

10. 清朝雍正年间，市面上流通的铸币，其金属构成是铜六铅四，即六成为铜，四成为铅。不少商人出以利计，纷纷融币取铜，使得市面上的铸币严重匮乏，不少地方出现以物易物的现象。但朝廷征于市民的赋税，须以铸币缴纳，不得代以实物或银子。市民只得以银子向官吏购兑铸币用以纳税，不少官吏因此大发了一笔。这种情况，在雍正之前的明、清两朝历代从未出现过。

从以上陈述，可推出以下哪项结论？

Ⅰ. 上述铸币中所含铜的价值要高于该铸币的面值。

Ⅱ. 上述用银子购兑铸币的交易中，不少并不按朝廷规定的比价成交。

Ⅲ. 雍正以前明、清两朝历代，铸币的铜含量均在六成以下。

A. 仅Ⅰ。   B. 仅Ⅱ。   C. 仅Ⅲ。

D. 仅Ⅰ和Ⅱ。   E. Ⅰ、Ⅱ和Ⅲ。

11. 一份犯罪调研报告揭示，某市近三年来的严重刑事犯罪案件 60％皆为已记录在案的 350 名惯犯所为。报告同时揭示，严重刑事犯罪案件中半数以上的作案者同时是吸毒者。

如果上述断定都是真的，并且同时考虑到事实上一个惯犯可能作案多起，那么下述哪项断定是真的？

A. 350 名惯犯中可能没有吸毒者。

B. 350 名惯犯中一定有吸毒者。

C. 350 名惯犯中大多数是吸毒者。

D. 吸毒者中大多数在 350 名惯犯中。

E. 吸毒是造成严重刑事犯罪的主要原因。

12. 烟斗和雪茄比香烟对健康的危害明显要小。吸香烟的人如果戒烟的话，则可以免除对健康的危害，但是如果改吸烟斗或雪茄的话，对健康的危害和以前差不多。

如果以上断定为真，则以下哪项断定最不可能为真？

A. 香烟对所有吸香烟者健康的危害基本相同。

B. 烟斗和雪茄对所有吸烟斗或雪茄者健康的危害基本相同。

C. 同时吸香烟、烟斗和雪茄者所受到的健康危害，不大于只吸香烟者。

D. 吸烟斗和雪茄的人戒烟后如果改吸香烟，则所受到的健康危害比以前大。

E. 烟斗比雪茄对健康的危害要大。

13. 法官：原告提出的所有证据，不足以说明被告的行为已构成犯罪。

如果法官的上述断定为真，则以下哪项相关断定也一定为真？

Ⅰ. 原告提出的证据中，至少没包括这样一个证据，有了它，足以断定被告有罪。

Ⅱ. 原告提出的证据中，至少没包括这样一个证据，没有它，不足以断定被告有罪。

Ⅲ. 原告提出的证据中，至少有一个与事实不符。

A. 仅Ⅰ。   B. 仅Ⅱ。   C. 仅Ⅲ。

D. 仅Ⅰ和Ⅱ。   E. Ⅰ、Ⅱ和Ⅲ。

14. 人类男女祖先"年龄"的秘密隐藏在 Y 染色体与线粒体中。Y 染色体只从父传子，而线粒体只从母传女。通过这两种遗传物质向前追溯，可以发现所有男人都有共同的男性祖先"Y 染色体亚当"，所有女人都有共同的女性祖先"线粒体夏娃"。研究人员对来自亚非拉等代表 9 个不同人群的 69 名男性进行基因组测序并比较分析，结果发现，这个男性共同祖先"Y 染色体亚当"形成于 15.6 万至 12 万年前。对线粒体采用同样的技术分析，研究人员又推算出这个女性共同祖先"线粒体夏娃"形成于 14.8 万至 9.9 万年前。

以下哪项最适宜作为上述论述的推论？

A. "Y染色体亚当"和"线粒体夏娃"差不多形成于同一时期，"年龄"比较接近，"Y染色体亚当"可能还要早点。

B. 在15万年前，地球上只有一个男人"亚当"。

C. 作为两个个体，"亚当"和"夏娃"应该从未相遇。

D. 男人和女人相伴而生，共同孕育了现代人类。

E. 如果说"亚当"与"夏娃"繁衍出当今的人类，确实有一定的道理。

15. 在接受治疗的腰肌劳损患者中，有人只接受理疗，也有人接受理疗与药物双重治疗。前者可以得到与后者相同的预期治疗效果。对于上述接受药物治疗的腰肌劳损患者来说，此种药物对于获得预期的治疗效果是不可缺少的。

如果上述断定为真，则以下哪项一定为真？

Ⅰ. 对于一部分腰肌劳损患者来说，要配合理疗取得治疗效果，药物治疗是不可缺少的。

Ⅱ. 对于一部分腰肌劳损患者来说，要取得治疗效果，药物治疗不是不可缺少的。

Ⅲ. 对于所有腰肌劳损患者来说，要取得治疗效果，理疗是不可缺少的。

A. 仅Ⅰ。　　　　　　　B. 仅Ⅱ。　　　　　　　C. 仅Ⅲ。

D. 仅Ⅰ和Ⅱ。　　　　　E. Ⅰ、Ⅱ和Ⅲ。

16. 按照联合国开发计划署2007年的统计，挪威是世界上居民生活质量最高的国家，欧美和日本等发达国家也名列前茅。如果统计1990年以来生活质量改善最快的国家，发达国家则落后了。至少在联合国开发计划署统计的116个国家中，17年来，非洲东南部国家莫桑比克的生活质量提高最快，2007年其生活质量指数比1990年提高了50％。很多非洲国家取得了和莫桑比克类似的成就。作为世界上最受瞩目的发展中国家，中国的生活质量指数在过去17年中也提高了27％。

以下哪项可以从联合国开发计划署的统计中得出？

A. 2007年，发展中国家的生活质量指数都低于西方国家。

B. 2007年，莫桑比克的生活质量指数不高于中国。

C. 2006年，日本的生活质量指数不高于中国。

D. 2006年，莫桑比克的生活质量的改善快于非洲其他各国。

E. 2007年，挪威的生活质量指数高于非洲各国。

17. 一般将缅甸所产的经过风化或经河水搬运至河谷、河床中的翡翠大砾石，称为"老坑玉"。老坑玉的特点是"水头好"、质坚、透明度高，其上品透明如玻璃，故称"玻璃种"或"冰种"。同为老坑玉，其质量相对也有高低之分，有的透明度高一些，有的透明度稍差些，所以价值也有差别。在其他条件都相同的情况下，透明度高的老坑玉比透明度较其低的单位价值高，但是开采的实践告诉人们，没有单位价值最高的老坑玉。

以上陈述如果为真，可以得出以下哪项结论？

A. 没有透明度最高的老坑玉。

B. 透明度高的老坑玉未必"水头好"。

C. "新坑玉"中也有质量很好的翡翠。

D. 老坑玉的单位价值还决定于其加工的质量。

E. 随着年代的增加，老坑玉的单位价值会越来越高。

18. 比较文字学学者张教授认为，在不同的民族语言中，字形与字义的关系有不同的表现。他提出，汉字是象形文字，其中大部分是形声字，这些字的字形与字义相互关联；而英语是拼音文字，其字形与字义往往关联不大，需要某种抽象的理解。

    以下哪项如果为真，最不符合张教授的观点？

    A. 汉语中的"日""月"是象形字，从字形可以看出其所指的对象；而英语中的 sun 与 moon 则感觉不到这种形义结合。

    B. 汉语中的"日"与"木"结合，可以组成"東""呆""杳"等不同的字，并可以猜测其语义；而英语中则不存在与此类似的 sun 与 wood 的结合。

    C. 英语中也有与汉语类似的象形文字，如，eye 是人的眼睛的象形，两个 e 代表眼睛，y 代表中间的鼻子；bed 是床的象形，b 和 d 代表床的两端。

    D. 英语中的 sunlight 与汉语中的"阳光"相对应，而英语的 sun 与 light 和汉语中的"阳"与"光"相对应。

    E. 汉语中的"星期三"与英语中的 Wednesday 和德语中的 Mittwoch 意思相同。

19. 一项研究发现：吸食毒品(例如摇头丸)的女孩比没有这种行为的女孩患忧郁症的可能性高出 2 至 3 倍；酗酒的男孩比不喝酒的男孩患忧郁症的可能性高出 5 倍。另外，忧郁会使没有不良行为的孩子减少犯错误的冲动，却会让有过上述不良行为的孩子更加行为出格。

    如果上述判定为真，则以下哪项一定为真？

    A. 行为出格的孩子容易忧郁，进而加重他们的出格行为。

    B. 酗酒的男孩比食用摇头丸的女孩患忧郁症的可能性高。

    C. 忧郁会让人失去生活的乐趣并导致行为出格。

    D. 没有坏习惯的孩子大多是家庭和谐快乐的。

    E. 患有忧郁症的孩子都伴随有不良的出格行为。

20. 某项研究以高中三年级理科生 288 人为对象，分两组进行测试。在数学考试前，一组学生需咀嚼 10 分钟口香糖，而另一组无须咀嚼口香糖。测试结果显示，总体上咀嚼口香糖的考生比没有咀嚼口香糖的考生其焦虑感低 20％，特别是对于低焦虑状态的学生群体，咀嚼组比未咀嚼组的焦虑感低 36％，而对中焦虑状态的考生，咀嚼口香糖比不咀嚼口香糖的焦虑感低 16％。

    从以上实验数据，最能得出以下哪项？

    A. 咀嚼口香糖对于高焦虑状态的考生没有效果。

    B. 对于高焦虑状态的考生群体，咀嚼组比未咀嚼组的焦虑感低 8％。

    C. 咀嚼口香糖能够缓解低、中程度焦虑状态学生的考试焦虑。

    D. 咀嚼口香糖不能缓解考试焦虑。

    E. 未咀嚼口香糖的一组，因为无事可做而焦虑。

21. X 先生一直被誉为 19 世纪西方世界的文学大师，但是，他从前辈文学巨匠得到的益处却被评论家们忽略了。此外，X 先生从未写出真正的不朽巨著，他最广为人知的作品无论在风格上还是在表达上均有较大的缺陷。

从上述陈述中可以得出以下哪项结论？

A. X先生在文坛上成名后，没有承认曾受惠于他的前辈。

B. 当代的评论家们开始重新评论X先生的作品。

C. X先生的作品基本上是仿效前辈，缺乏创新。

D. 作家在文学史上的地位历来是充满争议的。

E. X先生对西方文学发展的贡献被过分夸大了。

题型 50　论证结构分析题

母题技巧

·命题模型·	·模型识别·	·秒杀技巧·
论证结构分析题	提问方式： 如果用"甲→乙"表示甲支持(或证明)乙，则以下哪项对上述论证基本结构的表示最为准确？	解题步骤： ①找论证结构标志词。如"因此""故""所以"后面是论点；"因为""由于"等后面是论据。 ②没有论证结构标志词的，看句子的内容。若内容为"有所断定"，则为论点；若内容为"事实描述"或"理论描述"，则为论据。

典型习题

1. 有一论证(相关语句用序号表示)如下：

①可见，我们中国人是有骨气的。

②古代的中国人，讲骨气。

③文天祥说"人生自古谁无死，留取丹心照汗青"。这就是骨气。

④近当代的中国人，也讲骨气。

⑤李四光为祖国找到油田，打破外国"中国贫油论"；钱三强、钱伟长、钱学森等为祖国科学技术做出了卓越贡献；"两弹一星"上天，扬中国国威，长中国人志气。这都是有骨气。

如果用"甲→乙"表示甲支持(或证明)乙，则以下哪项对上述论证基本结构的表示最为准确？

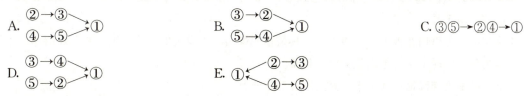

A. ②→③, ④→⑤ →① 　　B. ③→②, ⑤→④ →① 　　C. ③⑤→②④→①

D. ③→④, ⑤→② →① 　　E. ①←②→③, ④→⑤

2. 有一论证(相关语句用序号表示)如下：

①天行有常，不为尧存，不为桀亡。

②应之以治则吉，应之以乱则凶。

③强本而节用，养备而动时，则天不能病；循道而不忒，则天不能祸。

④故水旱不能使之饥，寒暑不能使之疾，祅怪不能使之凶。

⑤本荒而用侈，则天不能使之富；养略而动罕，则天不能使之全；倍道而妄行，则天不能使之吉。

⑥故水旱未至而饥，寒暑未薄而疾，祅怪未至而凶。

如果用"甲→乙"表示甲支持(或证明)乙，则以下哪项对上述论证基本结构的表示最为准确？

A. ①→②←③→④ ⑤→⑥

B. ②→①←④→③ ⑥→⑤

C. ①→②→③→④→⑤→⑥

D. ①→②→④→③→⑥→⑤

E. ①→②→③→④ ⑤ ⑥

题型 51　评论论证与反驳方法

母题技巧

·命题模型·	·模型识别·	·秒杀技巧·
论证方法题	提问方式： 以下哪项最为恰当地概括了题干的论证方法？	论证方法：归纳论证、类比论证、演绎论证；选言证法、反证法。 找因果的方法：求因果五法。
反驳方法题	提问方式： 以下哪项最为恰当地概括了题干的质疑方法？	反驳方法：反驳对方的论据、反驳隐含假设、提出反面论据、指出另有他因、指出因果倒置，等等。

典型习题

1. 张教授：在南美洲发现的史前木质工具存在于 13 000 年以前。有的考古学家认为，这些工具是其祖先从西伯利亚迁徙到阿拉斯加的人群使用的。这一观点难以成立，因为要到达南美洲，这些人群必须在 13 000 年前经历长途跋涉，而在从阿拉斯加到南美洲之间，从未发现 13 000 年前的木质工具。

李研究员：您恐怕忽视了，这些木质工具是在泥煤沼泽中发现的，北美很少有泥煤沼泽。木质工具在普通的泥土中几年内就会腐烂化解。

以下哪项最为准确地概括了李研究员的应对方法？

A. 指出张教授的论据违背事实。

B. 引用与张教授的结论相左的权威性研究成果。

C. 指出张教授曲解了考古学家的观点。

D. 质疑张教授的隐含假设。

E. 指出张教授的论据实际上否定其结论。

2. 张教授：在西方经济萧条时期，由汽车尾气造成的空气污染状况会大大改善，因为开车上班的人大大减少了。

李工程师：情况恐怕不是这样。在萧条时期买新车的人大大减少，而车越老，排放的超标尾气造成的污染越严重。

以下哪项最为准确地概括了李工程师的反驳所运用的方法？

A. 运用了一个反例，质疑张教授的论据。

B. 做出一个断定，只要张教授的结论不成立，则该断定一定成立。

C. 提出一种考虑，虽然不否定张教授的论据，但能削弱这一论据对其结论的支持。

D. 论证一个见解，张教授的论证虽然缺乏说服力，但其结论是成立的。

E. 运用归谬反驳张教授的结论，即如果张教授的结论成立，会得出荒谬的推论。

3. 朱红：红松鼠在糖松的树皮上打洞以吸取树液。既然糖松的树液主要是由水和少量的糖组成的，那么大致可以确定红松鼠是为了寻找水或糖。水在松树生长的地方很容易通过其他方式获得。因此，红松鼠不会是因为找水而费力地打洞，它们可能是在寻找糖。

林娜：一定不是在寻找糖，而是在寻找其他什么东西，因为糖松树液中糖的浓度太低了，红松鼠必须饮用大量的树液才能获得一点点糖。

朱红的论证是通过以下哪种方式展开的？

A. 陈述了一个一般规律，该论证是运用这个规律的一个实例。

B. 对更大范围的一部分可观察行为作出了描述。

C. 根据被清楚理解的现象和未被解释的现象之间的相似性进行类推。

D. 排除对一个被观察现象的一种解释，得出了另一种可能的解释。

E. 运用一个实例来补充推广一个一般性的见解。

4. 法学家：《中华人民共和国刑法修正案（八）（草案）》规定，对 75 周岁以上的老人不适用死刑，这一修改引起不小的争议。有人说，如果这样规定，一些犯罪集团可能会专门雇佣 75 岁以上的老人去犯罪。我认为，这种说法不能成立。按照这种逻辑，不满 18 岁的人不判处死刑，一些犯罪集团也会专门雇佣不满 18 岁的人去犯罪，我们是否应当判处不满 18 岁的人死刑呢？

上面的论证使用了以下哪一种论证技巧？

A. 通过表明一个观点不符合已知的事实，来论证这个观点为假。

B. 通过表明一个观点缺乏事实的支持，来论证这个观点不能成立。

C. 通过假设一个观点为正确会导致明显荒谬的结论，来论证这个观点是错误的。

D. 通过表明一个观点违反公认的一般性准则，来论证这个观点是错误的。

E. 通过表明一个现象的成立，归纳概括一个一般规律。

5. 人们已经认识到，除了人以外，一些高级生物不仅能适应环境，而且能改变环境以利于自己的生存。其实，这种特性很普遍。例如，一些低级浮游生物会产生一种气体，这种气体在大气层中转化为硫酸盐颗粒，这些颗粒使水蒸气浓缩而形成云。事实上，海洋上空的云层的形成很大程度上依赖于这种颗粒。较厚的云层意味着较多的阳光被遮挡，意味着地球吸收较少的热量。因此，这些低级浮游生物使地球变得凉爽，而这有利于它们的生存，当然也有利于人类。

以下哪项最为准确地概括了上述议论所运用的方法？

A. 基于一般性的见解说明一个具体的事例。

B. 运用一个反例来反驳一个一般性的见解。

C. 运用一个具体事例来补充推广一个一般性的见解。

D. 运用一个具体事例来论证一个一般性的见解。

E. 对某种现象进行分析，并对这种现象产生的条件及其意义进行一般性的概括。

题型 52　评论逻辑漏洞

母题技巧

·命题模型·	·模型识别·	·秒杀技巧·
评论逻辑漏洞	提问方式： 以下哪项对于题干的评价最为恰当？ 以下哪项最为准确地指出了题干的逻辑漏洞？	解题步骤： ①分析题干的论证结构。 ②找到其逻辑漏洞。 常见的逻辑漏洞： 不当类比、自相矛盾、模棱两不可、非黑即白、偷换概念、转移论题、以偏概全、循环论证、因果倒置、不当假设、推不出（论据不充分、虚假论据、必要条件与充分条件混用、推理形式不正确等）、诉诸权威、诉诸人身、诉诸众人、诉诸情感、诉诸无知、合成与分解谬误、数量关系错误等。

典型习题

1. 这次新机种试飞只是一次例行试验，既不能算成功，也不能算不成功。

   以下哪项对于题干的评价最为恰当？

   A. 题干的陈述没有漏洞。

   B. 题干的陈述有漏洞，这一漏洞也出现在后面的陈述中：这次关于物价问题的社会调查结果，既不能说完全反映了民意，也不能说一点也没有反映民意。

   C. 题干的陈述有漏洞，这一漏洞也出现在后面的陈述中：这次考前辅导，既不能说完全成功，也不能说彻底失败。

   D. 题干的陈述有漏洞，这一漏洞也出现在后面的陈述中：人有特异功能，既不是被事实证明的科学结论，也不是纯属欺诈的伪科学结论。

   E. 题干的陈述有漏洞，这一漏洞也出现在后面的陈述中：在即将举行的大学生辩论赛中，我不认为我校代表队一定能进入前四名，我也不认为我校代表队可能进不了前四名。

2. 所有的灰狼都是狼，这一断定显然是真的。因此，所有的疑似 SARS 病例都是 SARS 病例，这一断定也是真的。

以下哪项最为恰当地指出了题干论证的漏洞？

A. 题干的论证忽略了：一个命题是真的，不等于具有该命题形式的任一命题都是真的。

B. 题干的论证忽略了：灰狼与狼的关系，不同于疑似 SARS 病例和 SARS 病例的关系。

C. 题干的论证忽略了：在疑似 SARS 病例中，大部分不是 SARS 病例。

D. 题干的论证忽略了：许多狼不是灰色的。

E. 题干的论证忽略了：此种论证方式会得出其他许多明显违反事实的结论。

3. 违法必究，但几乎看不到违反道德的行为受到惩罚，如果这成为一种常规，那么，民众就会失去道德约束。道德失控对社会稳定的威胁并不亚于法律失控。因此，为了维护社会的稳定，任何违反道德的行为都不能不受惩治。

以下哪项对上述论证的评价最为恰当？

A. 上述论证是成立的。

B. 上述论证有漏洞，它忽略了有些违法行为并未受到追究。

C. 上述论证有漏洞，它忽略了由违法必究，推不出缺德必究。

D. 上述论证有漏洞，它夸大了违反道德行为的社会危害性。

E. 上述论证有漏洞，它忽略了由否定"违反道德的行为都不受惩治"，推不出"违反道德的行为都要受惩治"。

4. 研究表明，严重失眠者中 90% 爱喝浓茶。老张爱喝浓茶，因此，他很可能严重失眠。

以下哪项最为恰当地指出了上述论证的漏洞？

A. 它忽视了这种可能性：老张属于喝浓茶中 10% 不严重失眠的那部分人。

B. 它忽视了引起严重失眠的其他原因。

C. 它忽视了喝浓茶还可能引起其他不良后果。

D. 它依赖的论据并不涉及爱喝浓茶的人中严重失眠者的比例。

E. 它低估了严重失眠对健康的危害。

5. 小陈经常因驾驶汽车超速收到交管局寄来的罚单。他调查发现同事中开小排量汽车超速的可能性低得多。为此，他决定将自己驾驶的大排量汽车卖掉，换购一辆小排量汽车，以此降低超速驾驶的可能性。

小陈的论证推理最容易受到以下哪项的批评？

A. 仅仅依据现象间有联系就推断出有因果关系。

B. 依据一个过于狭隘的范例得出一般结论。

C. 将获得结论的充分条件当作必要条件。

D. 将获得结论的必要条件当作充分条件。

E. 进行了一个不太可信的调查研究。

6. 贾女士：在英国，根据长子继承权的法律，男人的第一个妻子生的第一个儿子有首先继承家庭财产的权利。

陈先生：你说的不对。布朗公爵夫人就合法地继承了她父亲的全部财产。

以下哪项对陈先生所作断定的评价最为恰当？

A. 陈先生的断定是对贾女士的反驳，因为他举出了一个反例。

B. 陈先生的断定是对贾女士的反驳，因为他揭示了长子继承权性别歧视的实质。

C. 陈先生的断定不能构成对贾女士的反驳，因为任何法律都不可能得到完全的实施。

D. 陈先生的断定不能构成对贾女士的反驳，因为他对布朗夫人继承父产的合法性并未给予论证。

E. 陈先生的断定不能构成对贾女士的反驳，因为他把贾女士的话误解为只有长子才有权继承财产。

题型 53 判断关键问题

母题技巧

·命题模型·	·模型识别·	·秒杀技巧·
判断关键问题	提问方式： 为了评价上述论证，回答以下哪个问题最重要？	所谓关键问题就是：这个问题的回答，会影响题干论证的成立性。 解题方法：对选项的问题做肯定回答，看削弱还是支持题干；再对选项的问题做否定回答，看削弱还是支持题干。肯定回答和否定回答恰好一个削弱题干一个支持题干的项，就是正确选项。

典型习题

1. 据一项统计显示，在婚后的 13 年中，妇女的体重平均增加了 15 公斤，男子的体重平均增加了 12 公斤。因此，结婚是人变得肥胖的重要原因。

   为了对上述论证作出评价，回答以下哪个问题最为重要？

   A. 为什么这项统计要选择 13 年这个时间段作为依据？为什么不选择其他时间段，例如为什么不是 12 年或 14 年？

   B. 在上述统计中，有没有婚后体重减轻的人？如果有的话，占多大的比例？

   C. 在被统计的对象中，男女各占多少比例？

   D. 这项统计的对象，是平均体重较重的北方人，还是平均体重较轻的南方人？如果二者都有的话，各占多少比例？

   E. 在上述 13 年中，处于相同年龄段的单身男女的体重增减状况是怎样的？

2. 自 2003 年 B 市取消强制婚前检查后，该市的婚前检查率从 10 年前的接近 100％降至 2011 年的 7％，成为全国倒数第一。与此同时，该市的新生儿出生缺陷发生率上升了一倍。由此可见，取消强制婚前检查制度导致了新生儿出生缺陷率的上升。

对以下各项问题的回答都与评价上述论证相关,除了:

A. 近十年来该市的生存环境(空气和水的质量等)是否受到破坏?

B. 近十年来在该市育龄人群中、熬夜、长时间上网等不健康的生活方式是否大量增加?

C. 近十年来该市妇女是否推迟生育,高龄孕妇的比例是否有较大提高?

D. 近十年来该市流动人口的数量是增加还是减少了?

E. 近十年来该市妊娠期妇女进行孕检的比例是增加还是减少了?

3. 针对某种溃疡最常用的一种疗法可在 6 个月内将 44% 的患者的溃疡完全治愈。针对这种溃疡的一种新疗法在 6 个月的试验中使治疗的 80% 的患者的溃疡取得了明显改善,61% 的患者的溃疡得到了痊愈。由于该试验只选取了那些病情比较严重的溃疡患者,因此这种新疗法显然在疗效方面比最常用的疗法更显著。

对下列哪一项的回答能最有效地对上文论述做出评价?

A. 这两种疗法使用的方法有何不同?

B. 这两种疗法的使用成本是否存在很大差别?

C. 在 6 个月中以最常用疗法治疗的该种溃疡的患者中,有多大比例取得了明显改善?

D. 这种溃疡如果不进行治疗的话,病情显著恶化的速度有多快?

E. 在参加 6 个月的新疗法试验的患者中,有多大比例的人对康复的比例不满意?

题型 54 争论焦点题

母题技巧

·命题模型·	·模型识别·	·秒杀技巧·
争论焦点题	(1)题干特点: 题干中会出现两个人的对话。 (2)提问方式: 以下哪项最为准确地概括了两人争论的焦点?	解题原则: (1)双方表态原则。 争论的焦点必须是双方均明确表态的地方。如果一方对一个观点表态,另外一方对此观点没有表态,则不是争论的焦点。 (2)双方差异原则。 争论的焦点必须是二者观点不同的地方,即有差异的地方。 (3)论点优先原则。 论据服务于论点,所以当反方质疑对方论据时,往往是为了说明对方论点不成立,这时争论的焦点一般是双方的论点不同。在双方论点相同时,质疑对方论据,此时争论的焦点才是论据。注意,此题类的答案中一般带有"是否"二字。

典型习题

1. 张教授：在中国，韩语不应当作为外国语，因为，中国的朝鲜族人都把韩语作为日常语言。

   李研究员：你的说法不能成立。因为依照你的说法，在美国，法语和西班牙语也不应当作为外语，因为相当一部分美国人把法语或西班牙语作为日常语言。

   以下哪项最为准确地概括了张教授和李研究员争论的焦点？

   A. 在中国，韩语是否应当作为外语？

   B. 中国的朝鲜族人是否把韩语作为日常语言？

   C. 一个国家的母语是否应当只限于一种？

   D. 一种语言被作为外语的标准是什么？

   E. 在美国，法语和西班牙语是否应当作为外语？

2. 张教授：在南美洲发现的史前木质工具存在于 13 000 年以前。有的考古学家认为，这些工具是其祖先从西伯利亚迁徙到阿拉斯加的人群使用的。这一观点难以成立，因为要到达南美洲，这些人群必须在 13 000 年前经历长途跋涉，而在从阿拉斯加到南美洲之间，从未发现 13 000 年前的木质工具。

   李研究员：您恐怕忽视了，这些木质工具是在泥煤沼泽中发现的，北美很少有泥煤沼泽。木质工具在普通的泥土中几年内就会腐烂化解。

   以下哪项最为准确地概括了张教授与李研究员所讨论的问题？

   A. 上述史前木质工具是否是其祖先从西伯利亚迁徙到阿拉斯加的人群使用的？

   B. 张教授的论据是否能推翻上述考古学家的结论？

   C. 上述人群是否可能在 13 000 年前完成从阿拉斯加到南美洲的长途跋涉？

   D. 上述木质工具是否只有在泥煤沼泽中才不会腐烂化解？

   E. 上述史前木质工具存在于 13 000 年以前的断定是否有足够的根据？

3. 陈先生：未经许可侵入别人的电脑，就好像开偷来的汽车撞伤了人，这些都是犯罪行为。但后者性质更严重，因为它既侵占了有形财产，又造成了人身伤害；而前者只是在虚拟世界中捣乱。

   林女士：我不同意。例如，非法侵入医院的电脑，有可能扰乱医疗数据，甚至危及病人的生命。因此，非法侵入电脑同样会造成人身伤害。

   以下哪项最为准确地概括了两人争论的焦点？

   A. 非法侵入别人电脑和开偷来的汽车是否同样会危及人的生命？

   B. 非法侵入别人电脑和开偷来的汽车伤人是否都构成犯罪？

   C. 非法侵入别人电脑和开偷来的汽车伤人是否是同样性质的犯罪？

   D. 非法侵入别人电脑的犯罪性质是否和开偷来的汽车伤人一样的严重？

   E. 是否只有侵占有形财产才构成犯罪？

题型 55　论证结构相似题

母题技巧

·命题模型·	·模型识别·	·秒杀技巧·
论证结构相似题	提问方式： 以下哪一项与题干中的论证最为相似？ 以下哪项与题干中的逻辑漏洞最为相似？	解题步骤： ①读题干，分析题干的论证结构或逻辑谬误。 ②依次对照选项，找出论证结构与题干相同的选项，或者犯了与题干相同逻辑谬误的选项。

典型习题

1. 海拔越高，空气越稀薄。西宁的海拔高于西安，因此，西宁的空气比西安的空气稀薄。

   以下哪项中的推理与题干的最为类似？

   A. 一个人的年龄越大，他就变得越成熟。老张的年龄比他的儿子大，因此，老张比他的儿子成熟。

   B. 一棵树的年头越长，它的年轮越多。老张院子中槐树的年头比老李家的槐树年头长，因此，老张家的槐树比老李家的槐树年轮多。

   C. 今年马拉松冠军的成绩比前年好。张华是今年的马拉松冠军，因此，他今年的马拉松成绩比他前年的好。

   D. 在竞争激烈的市场上，产品质量越高并且广告投入越多，产品需求就越大。甲公司投入的广告费比乙公司的多，因此，对甲公司产品的需求量比对乙公司产品的需求量大。

   E. 一种语言的词汇量越大，越难学。英语比意大利语难学，因此，英语的词汇量比意大利语大。

2. 甲：什么是生命？

   乙：生命是有机体的新陈代谢。

   甲：什么是有机体？

   乙：有机体是有生命的个体。

   以下哪项与上述的对话最为类似？

   A. 甲：什么是真理？

   　　乙：真理是符合实际的认识。

   　　甲：什么是认识？

   　　乙：认识是人脑对外界的反应。

   B. 甲：什么是逻辑学？

   　　乙：逻辑学是研究思维形式结构规律的科学。

   　　甲：什么是思维形式结构的规律？

   　　乙：思维形式结构的规律是逻辑规律。

   C. 甲：什么是家庭？

乙：家庭是以婚姻、血缘或收养关系为基础的社会群体。

甲：什么是社会群体？

乙：社会群体是在一定社会关系基础上建立起来的社会单位。

D. 甲：什么是命题？

乙：命题是用语句表达的判断。

甲：什么是判断？

乙：判断是对事物有所判定的思维形式。

E. 甲：什么是人？

乙：人是有思想的动物。

甲：什么是动物？

乙：动物是生物的一部分。

3. 某出版社近年来出版物的错字率较前几年有明显的增加，引起了读者的不满和有关部门的批评，这主要是由于该出版社大量引进非专业编辑。当然，近年来出版物的大量增加也是一个重要原因。

上述议论中的漏洞，也类似地出现在以下哪项中？

Ⅰ．美国航空公司近两年来的投诉比率比前几年有明显下降。这主要是由于该航空公司在裁员整顿的基础上有效地提高了服务质量。当然，"9·11"事件后航班乘客数量的锐减也是一个重要原因。

Ⅱ．统计数字表明：近年来我国心血管病的死亡率，即由心血管病导致的死亡在整个死亡人数中的比例，较以前有明显增加，这主要是由于随着经济的发展，我国民众的饮食结构和生活方式发生了容易诱发心血管病的不良变化。当然，由于心血管病主要是老年病，因此，我国人口中的老龄人口比例增大也是一个重要的原因。

Ⅲ．S市今年的高考录取率比去年增加了 15％，这主要是由于各中学狠抓了教育质量。当然，另一个重要原因是，该市今年参加高考的人数比去年增加了 20％。

A. 仅Ⅰ。 B. 仅Ⅱ。 C. 仅Ⅲ。

D. 仅Ⅰ和Ⅲ。 E. Ⅰ、Ⅱ和Ⅲ。

4. 标准抗生素通常只含有一种活性成分，而草本抗菌药物却含有多种。因此，草本药物在对抗新的抗药菌时，比标准抗生素更有可能维持其效用。对菌株来说，它对草本药物产生抗性的难度，就像厨师难以做出一道能同时满足几十位客人口味的菜肴一样，而做出一道满足一位客人口味的菜肴则容易得多。

以下哪项中的推理方式与上述论证中的最相似？

A. 如果你在银行有大量存款，你的购买力就会很强。如果你的购买力很强，你就会幸福。所以，如果你在银行有大量存款，你就会幸福。

B. 足月出生的婴儿在出生后所具有的某种本能反应到 2 个月时就会消失，这个婴儿已经 3 个月了，还有这种本能反应。所以，这个婴儿不是足月出生的。

C. 根据规模大小的不同，超市可能需要 1 至 3 个保安来防止偷窃。如果哪个超市决定用 3 个保安，那么它肯定是个大超市。

D. 电流通过导线如同水流通过管道。由于大口径的管道比小口径的管道输送的流量大，所以，较粗的导线比较细的导线输送的电量大。

E. 如果今天天气晴朗，我就去打球，我今天没有去打球，所以今天下雨了。

第2部分
专项训练

专项训练 1 概念

（共 10 题， 每题 2 分， 限时 20 分钟）你的得分是_____

1. 某宿舍住着若干个研究生。其中，一个是大连人，两个是北方人，一个是云南人，两个人这学期只选修了逻辑哲学，三个人这学期选修了古典音乐欣赏。

   假设以上的介绍涉及这寝室中所有的人，那么，这寝室中最少可能是几个人？最多可能是几个人？

   A. 最少可能是 3 人，最多可能是 8 人。

   B. 最少可能是 5 人，最多可能是 8 人。

   C. 最少可能是 5 人，最多可能是 9 人。

   D. 最少可能是 3 人，最多可能是 9 人。

   E. 无法确定。

2. 一个善的行为，必须既有好的动机，又有好的效果。无论是有意伤害他人，或是无意伤害他人，只要这种伤害的可能性是可以预见的，在这两种情况下，对他人造成伤害的行为都是恶的行为。

   以下哪项叙述符合题干的断定？

   A. P 先生写了一封试图挑拨 E 先生与其女友之间关系的信。P 的行为是恶的，尽管这封信起到了与他的动机截然相反的效果。

   B. 为了在新任领导面前表现自己，争夺一个晋升名额，J 先生利用业余时间解决积压的医疗索赔案件。J 的行为是善的，因为 S 小姐的医疗索赔请求因此得到了及时的补偿。

   C. 在上班途中，M 女士把自己的早餐汉堡包给了街上的一个乞丐。乞丐由于急于吞咽而被意外地噎死了。所以，M 女士无意中实施了一个恶的行为。

   D. 大雪过后，T 先生帮邻居铲除了门前的积雪，但不小心在台阶上留下了冰。他的邻居因此摔了一跤。因此，一个善的行为导致了一个坏的结果。

   E. S 女士义务帮邻居照看 3 岁的小孩。她带小孩在马路上玩，结果被车撞了。尽管 S 女士无意伤害这个小孩，但她的行为还是恶的。

3. 在某次思维训练课上，张老师提出"尚左数"这一概念的定义：在连续排列的一组数字中，如果一个数字左边的数字都比其大（或无数字），且其右边的数字都比其小（或无数字），则称这个数字为"尚左数"。

   根据张老师的定义，在 8、9、7、6、4、5、3、2 这列数字中，以下哪项包含了该列数字中所有的"尚左数"？

   A. 4、5、7 和 9。　　　　　 B. 2、3、6 和 7。　　　　　 C. 3、6、7 和 8。

   D. 5、6、7 和 8。　　　　　 E. 2、3、6 和 8。

4. 在 2021 年的研究生入学考试中，女生的录取率大于男生的录取率。管理类联考同学的录取率达到了 28%，经济类联考同学的录取率只有 26%，这两类考生的录取率低于其他专业考生的录取率。

   如果以上信息为真，则能推出以下哪项？

A. 参加管理类联考的男生的录取率，大于参加经济类联考的女生的录取率。

B. 参加管理类联考的女生的录取率，大于参加经济类联考的男生的录取率。

C. 参加管理类联考的男生的录取率，小于参加经济类联考的女生的录取率。

D. 研究生入学考试的录取率在逐年下降。

E. 无法确定参加管理类联考的女生的录取率与参加经济类联考的男生的录取率的大小关系。

5. 在某科室公开选拔副科长的招录考试中，共有甲、乙、丙、丁、戊、己、庚 7 人报名。已知：

①7 人的最高学历分别是本科和博士，其中博士毕业的有 3 人，女性有 3 人。

②甲、乙、丙的学历层次相同，己、庚的学历层次不同。

③戊、己、庚的性别相同，甲、丁的性别不同。

④最终录用的是一名女博士。

根据以上陈述，可以得出以下哪项？

A. 甲是男博士。　　　　　　　B. 己是女博士。　　　　　　　C. 庚不是男博士。

D. 丙是男博士。　　　　　　　E. 丁是女博士。

6. 某综合性大学只有理科与文科，其中理科学生多于文科学生，女生多于男生。

如果上述断定为真，则以下哪项关于该大学学生的断定也一定为真？

Ⅰ. 文科的女生多于文科的男生。

Ⅱ. 理科的男生多于文科的男生。

Ⅲ. 理科的女生多于文科的男生。

A. 仅Ⅰ和Ⅱ。　　　　　　　B. 仅Ⅲ。　　　　　　　C. 仅Ⅱ和Ⅲ。

D. Ⅰ、Ⅱ和Ⅲ。　　　　　　E. Ⅰ、Ⅱ和Ⅲ都不一定是真的。

7. 百花山公园是市内最大的市民免费公园，园内种植着奇花异卉以及品种繁多的特色树种。其中，有花植物占大多数。由于地处温带，园内的阔叶树种超过了半数；各种珍稀树种也超过了一般树种。一到春夏之交，鲜花满园；秋收季节，果满枝头。

根据以上陈述，可以得出以下哪项？

A. 园内珍稀阔叶树种超过了一般非阔叶树种。

B. 园内阔叶有花植物超过了非阔叶无花植物。

C. 园内珍稀挂果树种超过了不挂果的一般树种。

D. 百花山公园的果实市民可以免费采摘。

E. 园内珍稀有花树种超过了半数。

8. 某国政府决策者面临的一个头痛的问题就是所谓的"别在我家门口"综合征。例如：尽管民意测验一次又一次的显示大多数公众都赞同建新的监狱，但是，当决策者正式宣布计划要在某地建一新监狱时，总会遭到附近居民的抗议，并且抗议者总有办法使计划搁浅。

以下哪项也属于上面所说的"别在我家门口"综合征？

A. 某家长主张，感染了艾滋病毒的孩子不能被允许进入公共学校，当知道一个感染了艾滋病毒的孩子进入了他孩子的学校时，他立即办理了自己孩子的退学手续。

B. 某政客主张所有政府官员必须履行个人财产公开登记，他自己交了一份虚假的财产登记表。

C. 某教授主张宗教团体有义务从事慈善事业，但他自己拒绝捐款资助索马里饥民。

D. 某汽车商主张和外国进行汽车自由贸易，以有利于本国经济，但要求本国政府限制外国制造的汽车进口。

E. 某军事战略家认为核战争会毁灭人类，但主张本国保持足够的核能力以抵御外部可能的核袭击。

9. 某公司的销售部有五名工作人员，其中有两名本科专业是市场营销，两名本科专业是计算机，有一名本科专业是物理学。又知道五人中有两名女士，她们的本科专业背景不同。

根据上文所述，以下哪项论断最可能得出？

A. 该销售部有两名男士是来自不同本科专业的。

B. 该销售部的一名女士一定是计算机本科专业毕业的。

C. 该销售部三名男士来自不同的本科专业，女士也来自不同本科专业。

D. 该销售部至多有一名男士是市场营销专业毕业的。

E. 该销售部本科专业为物理学的一定是男士，不是女士。

10. 在世界总人口中，男、女比例相当，但黄种人大大多于黑种人，在除黄种人和黑种人以外其他肤色的人种中，男性比例大于女性。

如果上述断定为真，则可推出以下哪项也是真的？

Ⅰ. 黄种人女性多于黑种人男性。

Ⅱ. 黄种人男性多于黑种人女性。

Ⅲ. 黄种人女性多于黑种人女性。

A. 仅Ⅰ。　　　　　　　B. 仅Ⅱ。　　　　　　　C. 仅Ⅲ。

D. 仅Ⅰ和Ⅱ。　　　　　E. Ⅰ、Ⅱ和Ⅲ。

专项训练 2 判断

（共 30 题， 每题 2 分， 限时 45 分钟）你的得分是_____

> **说明：** 判断是推理的基础，故判断部分的题目多为基础题。我们要求对基础知识和基础题要掌握得非常熟练，因此本专项训练限时 45 分钟。

1. 唐三藏一行西天取经，遇到火焰山。八戒说："只拣无火处走便罢。"唐三藏道："我只欲往有经处去。"沙僧道："有经处有火。"

   如果沙僧的话为真，则以下哪一项陈述必然为真？

   A. 有些无火处有经。　　　　　B. 有些有经处无火。　　　　　C. 凡有火处皆有经。

   D. 凡无火处皆无经。　　　　　E. 凡无经处皆无火。

2. 如果未来的父母在孩子出生前确实想要这个孩子，那么，孩子出生后肯定不会受虐待。

   以下哪一项如果成立，以上的结论才会为真？

   A. 未来的父母一旦有了自己的孩子，就会改变原本只是想传宗接代的观念。

   B. 爱孩子的人不会虐待下一代。

   C. 不想要孩子的人通常也会抚养孩子。

   D. 不爱自己孩子的人通常会虐待孩子。

   E. 虐待孩子的人都是不想要孩子的。

3. 除非调查，否则就没有发言权。

   以下各项都符合题干的断定，除了：

   A. 如果调查，就一定有发言权。

   B. 只有调查，才有发言权。

   C. 没有调查，就没有发言权。

   D. 如果有发言权，则一定做过调查。

   E. 或者调查，或者没有发言权。

4. 如果"忠孝不能两全"为真，则以下哪项也一定为真？

   A. 忠可得但孝不可得。

   B. 孝可得但忠不可得。

   C. 忠和孝皆不可得。

   D. 如果忠不可得，则孝可得。

   E. 如果忠可得，则孝不可得。

5. 2010 年上海世博会盛况空前，200 多个国家场馆和企业主题馆让人目不暇接，大学生王刚决定在学校放暑假的第二天前往世博会参观。前一天晚上，他特别上网查看了各位网友对相关热门场馆选择的建议，其中最吸引王刚的有三条：

   (1)如果参观沙特馆，就不参观石油馆。

   (2)石油馆和中国国家馆择一参观。

   (3)中国国家馆和石油馆不都参观。

实际上，第二天王刚的世博会行程非常紧凑，他没有接受上述三条建议中的任何一条。

关于王刚所参观的热门场馆，以下哪项描述正确？

A. 参观沙特馆、石油馆，没有参观中国国家馆。

B. 沙特馆、石油馆、中国国家馆都参观了。

C. 沙特馆、石油馆、中国国家馆都没有参观。

D. 没有参观沙特馆，参观石油馆和中国国家馆。

E. 没有参观石油馆，参观沙特馆和中国国家馆。

6. 有些大众对绝大多数新的立法都没有觉察，但不是所有大众对现存立法都必然不了解。

如果以上陈述为真，则以下哪项不一定是真的？

Ⅰ. 有些大众对现存立法可能不了解。

Ⅱ. 有些大众对现存立法可能了解。

Ⅲ. 有些大众对绝大多数新的立法是有觉察的。

A. 仅Ⅰ。　　　　　　　　B. 仅Ⅱ。　　　　　　　　C. 仅Ⅲ。

D. 仅Ⅰ和Ⅲ。　　　　　　E. Ⅰ、Ⅱ和Ⅲ。

7. 某大学正在组建团队参加国际大学生辩论赛。张珊和李思是两个候选辩手。甲说："要么张珊入选，要么李思入选。"乙说："张珊入选，或者李思入选。"组队结果说明，两人的预测只有一个成立。

上述断定能推出以下哪项结论？

A. 张珊和李思都入选。

B. 张珊和李思都未入选。

C. 张珊入选，李思未入选。

D. 张珊未入选，李思入选。

E. 题干的条件不足以推出两人是否入选的确定结论。

8. 总经理：建议小李和小孙都提拔。

董事长：我有不同意见。

以下哪项符合董事长的意思？

A. 小李和小孙都不提拔。

B. 提拔小李，不提拔小孙。

C. 不提拔小李，提拔小孙。

D. 除非不提拔小李，否则不提拔小孙。

E. 要么不提拔小李，要么不提拔小孙。

9. 李老师给数学兴趣小组的同学出了一套数学趣味试题，他说，这些试题不都有解。

如果李老师的这一断定为真，则有关这套试题的以下断定，哪项能确定真假？

Ⅰ. 所有试题都有解。

Ⅱ. 所有试题都没有解。

Ⅲ. 有的试题有解。

Ⅳ. 有的试题没有解。

A. 仅Ⅰ。　　　　　　　　B. 仅Ⅱ和Ⅳ。　　　　　　　　C. 仅Ⅰ和Ⅳ。

D. 仅Ⅱ和Ⅲ。　　　　　　E. Ⅰ、Ⅱ和Ⅲ。

10. 很多快乐的人并不幸福，但是没有一个幸福的人是不快乐的。

以下各项都可以从上述论述中推出，除了：

A. 有些不幸福的人是快乐的。

B. 有些幸福的人不快乐。

C. 有些快乐的人是幸福的。

D. 没有一个不快乐的人是幸福的。

E. 不可能幸福但是不快乐。

11. 某综艺节目中发现有演员作弊。

如果上述断定是真的，则在下述三个断定中不能确定真假的是：

Ⅰ. 这个节目中没有演员不作弊。

Ⅱ. 这个节目中有的演员没作弊。

Ⅲ. 这个节目中所有的演员都没作弊。

A. 仅Ⅰ和Ⅱ。　　　　　　B. Ⅰ、Ⅱ和Ⅲ。　　　　　　　C. 仅Ⅰ和Ⅲ。

D. 仅Ⅱ。　　　　　　　　E. 仅Ⅰ。

12. 有人说："鸟类都是卵生的。"

以下哪项如果为真，最能驳斥以上判断？

A. 也许有的非鸟类是卵生的。

B. 可能有的鸟类不是卵生的。

C. 没有见到过非卵生的鸟类。

D. 非卵生的动物不大可能是鸟类。

E. 鸵鸟是鸟类，但不是卵生的。

13. 一种方法能做出来书上所有的题，这样的万能方法是不可能存在的。

以下哪项最符合题干的断定？

A. 任何方法都必然没有它做不出来的题。

B. 至少有一种方法必然做不出来书上所有的题。

C. 书上至少有一道题任何的方法都必然做不出来。

D. 至少有一种方法可能做不出来书上所有的题。

E. 所有方法都必然不能做出来书上有的题。

14. 近期国际金融危机对毕业生的就业影响非常大，某高校就业中心的陈老师希望广大考生能够调整自己的心态和预期。他在一次就业指导会上提到，有些同学对自己的职业定位还不够准确。

如果陈老师的陈述为真，则以下哪项不一定为真？

Ⅰ. 不是所有人对自己的职业定位都准确。

Ⅱ. 不是所有人对自己的职业定位都不够准确。

Ⅲ. 有些人对自己的职业定位准确。

Ⅳ．所有人对自己的职业定位都不够准确。

A. 仅Ⅱ和Ⅳ。   B. 仅Ⅲ和Ⅳ。   C. 仅Ⅱ和Ⅲ。

D. 仅Ⅰ、Ⅱ和Ⅲ。   E. 仅Ⅱ、Ⅲ和Ⅳ。

15. 培光中学有受到希望工程捐助的学生不努力学习，这使该校所有的教师感到痛心。

已知上述断定为真，那么以下哪些断定不能确定真假？

Ⅰ．不是所有受到希望工程捐助的学生都努力学习，使该校所有的教师感到痛心。

Ⅱ．有些未受到希望工程捐助的学生不努力学习，并不使该校有些教师感到痛心。

Ⅲ．有些受到希望工程捐助的学生不努力学习，并不使该校有些教师感到痛心。

A. Ⅰ、Ⅱ和Ⅲ。   B. 仅Ⅰ和Ⅱ。   C. 仅Ⅰ。

D. 仅Ⅱ。   E. 仅Ⅲ。

16. 如果一个社会是公正的，则必须满足以下两个条件：第一，有健全的法律；第二，贫富差异是允许的，但必须同时确保消灭绝对贫困和每个公民事实上都有公平竞争的机会。

根据题干的条件，最能够得出以下哪项结论？

A. S社会有健全的法律，同时又在消灭了绝对贫困的条件下，允许贫富差异的存在，并且绝大多数公民事实上都有公平竞争的机会。因此，S社会是公正的。

B. S社会有健全的法律，但这是以贫富差异为代价的。因此，S社会是不公正的。

C. S社会允许贫富差异，但所有人都由此获益，并且事实上每个公民都有公平竞争的权利。因此，S社会是公正的。

D. S社会虽然不存在贫富差异，但这是以法律不健全为代价的。因此，S社会是不公正的。

E. S社会法律健全，虽然存在贫富差异，但消灭了绝对贫困。因此，S社会是公正的。

17. 在报考研究生的应届生中，除非学习成绩名列前三位，并且有两位教授推荐，否则不能成为免试推荐生。

以下哪项如果为真，说明上述决定没有得到贯彻？

Ⅰ．余涌学习成绩名列第一，并且有两位教授推荐，但未能成为免试推荐生。

Ⅱ．方宁成为免试推荐生，但只有一位教授推荐。

Ⅲ．王宜成为免试推荐生，但学习成绩不在前三名。

A. 仅Ⅰ。   B. 仅Ⅰ和Ⅱ。   C. 仅Ⅱ和Ⅲ。

D. Ⅰ、Ⅱ和Ⅲ。   E. 以上都不正确。

18. 在中国，只有富士山连锁店才经营日式快餐。

如果上述断定为真，则以下哪项不可能为真？

Ⅰ．苏州的富士山连锁店不经营日式快餐。

Ⅱ．杭州的樱花连锁店经营日式快餐。

Ⅲ．温州的富士山连锁店经营韩式快餐。

A. 仅Ⅰ。   B. 仅Ⅱ。   C. 仅Ⅰ和Ⅱ。

D. 仅Ⅱ和Ⅲ。   E. Ⅰ、Ⅱ和Ⅲ。

19. 某校所有男生不都喜欢打篮球，女生都不喜欢打篮球。

如果已知上述第一个断定为真，第二个断定为假，则以下哪项关于该校的断定不能确定真假？

Ⅰ. 男生都喜欢打篮球，有的女生也喜欢打篮球。

Ⅱ. 有的男生喜欢打篮球，有的女生不喜欢打篮球。

Ⅲ. 有的男生不喜欢打篮球，女生都喜欢打篮球。

A. 仅Ⅰ。　　　　　　　　B. 仅Ⅱ。　　　　　　　　C. 仅Ⅲ。

D. 仅Ⅰ和Ⅱ。　　　　　　E. 仅Ⅱ和Ⅲ。

20. 考试成绩出来后，班主任说："这次考试没有人不及格。"

如果以上不是事实，下面哪项必为事实？

A. 大家都不及格。

B. 有少数人不及格。

C. 有些人及格，有些人不及格。

D. 至少有人是及格的。

E. 至少有人是不及格的。

21. 在今年夏天的足球运动员转会市场上，只有在世界杯期间表现出色并且在俱乐部也有优异表现的人，才能获得众多俱乐部的青睐和追逐。

如果以上陈述为真，则以下哪项不可能为真？

A. 老将克洛泽在世界杯上以16球打破了罗纳尔多15球的世界杯进球记录，但是仍然没有获得众多俱乐部的青睐。

B. J罗获得了世界杯金靴，他同时凭借着俱乐部的优异表现在众多俱乐部追逐的情况下，成功转会皇家马德里。

C. 罗伊斯因伤未能代表德国队参加巴西世界杯，但是他在德甲俱乐部赛场上有着优异表现，在转会市场上得到了皇家马德里、巴塞罗那等顶级豪门的青睐。

D. 多特蒙德头号射手莱万多夫斯基成功转会到拜仁慕尼黑。

E. 克罗斯没有获得金靴，但因为表现突出，同样成功转会皇家马德里。

22. 从世界经济的发展历程来看，如果某国或某地区的经济保持着稳定的增长速度，大多数商品和服务的价格必然随之上涨；只要这种涨幅始终在一个较小的区间内，就不会对经济造成负面影响。

由此可以推出，在一定时期内：

A. 如果大多数商品价格上涨，说明该国经济正在稳定增长。

B. 如果大多数商品价格涨幅过大，则对该国经济必然有负面影响。

C. 如果大多数商品价格不上涨，说明该国经济没有保持稳定增长。

D. 如果经济没有稳定增长，则该国的大多数商品价格也会降低。

E. 如果经济稳定增长，则该国的大多数商品和服务的价格上涨过快。

23. 有关专家指出，月饼高糖、高热量，不仅不利于身体健康，甚至演变成了"健康杀手"。月饼要想成为一种健康食品，关键要从工艺和配料方面进行改良，如果不能从工艺和配料方面进行改良，口味再好，也不能符合现代人对营养方面的需求。

由此不能推出的是：

A. 只有从工艺和配料方面改良了月饼，才能符合现代人对营养方面的需求。

B. 如果月饼符合了现代人对营养方面的需求，说明一定从工艺和配料方面进行了改良。

C. 只要从工艺和配料方面改良了月饼，即使口味不好，也能符合现代人对营养方面的需求。

D. 没有从工艺和配料方面改良月饼，却能符合现代人对营养方面需求的情况是不可能存在的。

E. 除非从工艺和配料方面改良月饼，否则不能符合现代人对营养方面的需求。

24. 所有诚实的人都不可能听信一些非正式渠道的流言。

如果以上命题为假，则以下哪项为真？

A. 所有诚实的人必然不会听信所有非正式渠道的流言。

B. 有的诚实的人必然不会听信一些非正式渠道的流言。

C. 有的诚实的人可能听信一些非正式渠道的流言。

D. 有的诚实的人可能不会听信一些非正式渠道的流言。

E. 所有诚实的人可能不会听信所有非正式渠道的流言。

25. 散文家：智慧与聪明是令人渴望的品质。但是，一个人聪明并不意味着他很有智慧，而一个人有智慧也不意味着他很聪明。在我所遇到的人中，有的人聪明，有的人有智慧。但是，却没有人同时具备这两种品质。

若散文家的陈述为真，关于他所遇到的人的以下哪一项陈述不可能为真？

A. 大部分人既不聪明，也没有智慧。

B. 大部分人既聪明，又有智慧。

C. 所有的人都是或者不聪明，或者无智慧。

D. 有人聪明但无智慧，也有人有智慧却不聪明。

E. 有的人既不聪明也无智慧。

26. 如果郑玲选修法语，那么，吴小东、李明和赵雄也将选修法语。

如果以上断定为真，则以下哪项也一定为真？

A. 如果李明不选修法语，那么吴小东也不选修法语。

B. 如果赵雄不选修法语，那么郑玲也不选修法语。

C. 如果郑玲选修法语，那么李明不选修法语或者赵雄不选修法语。

D. 如果吴小东、李明和赵雄选修法语，那么郑玲也选修法语。

E. 如果郑玲不选修法语，那么吴小东也不选修法语。

27. 为恶意和憎恨所局限的观察者，即使具有敏锐的观察力，也只能见到表面的东西；而只有当敏锐的观察力同善意和热爱相结合，才能探到人和世界的最深处，并且还有希望达到最崇高的目标。

由此可以推出以下哪项？

A. 世界上没有人能够达到最崇高的目标。

B. 没有敏锐的观察力不可能探到人的最深处。

C. 人性恶是人的表面现象。

D. 有善意的观察者见不到表面的东西。

E. 只能看到表面的东西的观察者为恶意和憎恨所局限。

28. 老师："不完成作业就不能出去做游戏。"

学生："老师，我完成作业了，我可以去外边做游戏了！"

老师："不对。我只是说，你们如果不完成作业就不能出去做游戏。"

以下除了哪项，其余各项都能从上面的对话中推出？

A. 老师的意思是完成作业，就一定会准许学生们出去做游戏。

B. 老师的意思是没有完成作业的肯定不能出去做游戏。

C. 学生的意思是只要完成了作业，就可以出去做游戏。

D. 老师的意思是只有完成了作业才可能出去做游戏。

E. 学生如果不可以去外边做游戏，那一定是没完成作业。

29. 签订技术转让合同必须合法，否则，即使是当事人双方自愿签订的合同，非但不能受到法律保护，如果不合法情况确实存在，则还要根据情况依法追究法律责任。

以下哪项与以上论述等价？

A. 如果双方当事人的行为都是自愿的，就会受到法律的保护。

B. 如果双方当事人的行为都是自愿的，就要承担法律责任。

C. 只有双方当事人的行为合法，才能产生预期的法律后果，受到法律的保护。

D. 如果双方当事人的行为合法，就会产生预期的法律后果，受到法律的保护。

E. 如果双方当事人的行为不合法，就要承担法律责任。

30. 在新疆恐龙发掘现场，专家预言：可能发现恐龙头骨。

以下哪个命题和专家意思相同？

A. 不可能不发现恐龙头骨。

B. 不一定发现恐龙头骨。

C. 恐龙头骨被发现的可能性很小。

D. 不一定不发现恐龙头骨。

E. 在其他地方也可能发现恐龙头骨。

专项训练 3 推理（1）

（共 30 题， 每题 2 分， 限时 60 分钟）你的得分是_____

> 说明：由于推理题在联考中占比可达 60％左右，因此，本书针对推理部分推出 2 套专项训练供各位考生练习使用。

1. 有些从政者是忧国忧民的理想主义者，有些从政者是自私自利的机会主义者。任何一个从政者都会对社会价值观产生影响。

   以下哪项可以从上述陈述中推出？

   Ⅰ. 有的对社会价值观产生影响的是自私自利的机会主义者。

   Ⅱ. 有的忧国忧民的理想主义者对社会价值观产生影响。

   Ⅲ. 一个从未从过政的人不会对社会价值观产生任何影响。

   A. 仅Ⅰ。　　　　　　　　　B. 仅Ⅱ。　　　　　　　　　C. 仅Ⅲ。

   D. 仅Ⅰ和Ⅱ。　　　　　　　E. Ⅰ、Ⅱ和Ⅲ。

2. 某大型晚会的导演组在对节目进行终审时，有六个节目尚未确定是否通过，这六个节目分别是歌曲 A、歌曲 B、相声 C、相声 D、舞蹈 E 和魔术 F。综合考虑各种因素，导演组确定了如下方案：

   ①歌曲 A 和歌曲 B 至少要通过一个。

   ②如果相声 C 不能通过或相声 D 不能通过，则歌曲 A 也不能通过。

   ③如果相声 C 不能通过，那么魔术 F 也不能通过。

   ④只有舞蹈 E 通过，歌曲 B 才能通过。

   如果导演组最终确定舞蹈 E 不能通过，则以下哪项必然为真？

   A. 无法确定魔术 F 是否能通过。

   B. 歌曲 A 不能通过。

   C. 无法确定两个相声节目是否能通过。

   D. 歌曲 B 能通过。

   E. 相声 D 不能通过。

3. 第 24 届冬季奥林匹克运动会将在北京举办。为了取得好成绩，中国冰壶队主教练拟定了一份参赛名单，这个名单必须满足以下条件：

   (1)如果有冰玉，那么也要有清爽。

   (2)如果没有萌萌，那么必须有妍妍。

   (3)秋彤和斯佳不能都有。

   (4)如果没有冰玉而有萌萌，则需要有秋彤。

   如果名单中有斯佳，则以下哪项为真？

   A. 名单中有冰玉。

   B. 名单中有妍妍。

   C. 名单中没有萌萌。

D. 名单中没有清爽和妍妍。

E. 名单中如果没有清爽，则一定有妍妍。

4. 有四个外表看起来没有区别的小球，它们的重量可能有所不同。取一个天平，将甲、乙归为一组，丙、丁归为另一组，分别放在天平的两边，天平是基本平衡的。将乙和丁对调一下，甲、丁一边明显要比乙、丙一边重得多。可奇怪的是，我们在天平的一边放上甲、丙，而另一边刚放上乙，还没有来得及放上丁时，天平就压向了乙一边。

请你判断，这四个球由重到轻的顺序是什么？

A. 丁、乙、甲、丙。   B. 丁、乙、丙、甲。

C. 乙、丙、丁、甲。   D. 乙、甲、丁、丙。

E. 乙、丁、甲、丙。

5. 甲、乙、丙三名学生参加一次考试，试题一共10道，每道题都是判断题，每题10分，判断正确得10分，判断错误得零分，满分100分。他们的答题情况如表1所示：

表1

学生＼试题	1	2	3	4	5	6	7	8	9	10
甲	×	√	√	√	×	√	×	×	√	×
乙	×	×	√	√	√	×	√	√	×	×
丙	√	×	√	×	√	√	√	×	√	√

考试成绩公布后，三个人都是70分，由此可以推出，1～10题的正确答案是：

A. ×，×，√，√，√，×，√，×，√，×。

B. ×，×，√，√，√，√，×，×，√，×。

C. ×，×，√，√，√，√，√，×，×，×。

D. ×，×，√，√，√，×，×，×，√，×。

E. ×，×，√，√，√，√，×，×，√，×。

6～7题基于以下题干：

在一次全国网球比赛中，来自湖北、广东、辽宁、北京和上海五省、市的五名运动员一起比赛，他们的名字是张全蛋、牛彩霞、刘少芬、白崇凡、刘健。

(1)张全蛋只和其他两名运动员比赛过。

(2)上海运动员和其他三名运动员比赛过。

(3)牛彩霞没有和广东运动员比赛过，辽宁运动员和刘少芬比赛过。

(4)广东、辽宁和北京的三名运动员都相互比赛过。

(5)白崇凡只与一名运动员比赛过；刘健则相反，除了一名运动员外，与其他运动员都比赛过。

6. 依据以上资料，对于各位运动员来自哪个省、市，以下哪项说法成立？

A. 刘健来自广东。   B. 张全蛋来自湖北。   C. 白崇凡来自上海。

D. 刘少芬来自北京。   E. 牛彩霞来自辽宁。

7. 依据题干的资料，对于各位运动员各与哪几位运动员比赛过，以下哪项说法成立？

    A. 刘健与白崇凡比赛过。   B. 张全蛋与白崇凡比赛过。

    C. 白崇凡与牛彩霞比赛过。   D. 牛彩霞与张全蛋比赛过。

    E. 刘少芬与白崇凡比赛过。

8～9 题基于以下题干：

    国际奥委会要从九名候选人中选出七人组成一个委员会。九名候选人中有四人是 P 国成员，其中二男二女；有三人是 Q 国成员，其中二男一女；剩余两人是 R 国成员，其中一男一女。委员会选举的规则是：

    (1)至少要选出三名女性为委员会委员。

    (2)任何一个国家当选的委员会委员不能多于三人。

8. 如果 P 国的两名男性候选人当选为委员会委员，则下列哪一项必定为真？

    A. 当选委员中男性比女性多。

    B. 当选委员中女性比男性多。

    C. 当选委员中 P 国成员比 Q 国多。

    D. 当选委员中 Q 国成员比 R 国多。

    E. 当选委员中女性比 Q 国成员多。

9. 如果当选委员中 Q 国成员比 P 国多，则下列哪一项可以是真的？

    A. R 国的那名男性候选人没有当选为委员会委员。

    B. R 国的那名女性候选人没有当选为委员会委员。

    C. P 国的那两名男性候选人当选为委员会委员。

    D. 所有女性候选人都当选为委员会委员。

    E. 所有男性候选人都当选为委员会委员。

10. 下列动物如果只能归属为一种门类，并且满足以下条件：

    ①如果动物 B 是鸟，那么动物 A 不是哺乳动物。

    ②或者动物 C 是哺乳动物，或者动物 A 是哺乳动物。

    ③如果动物 B 不是鸟，那么动物 D 不是鱼。

    ④或者动物 D 是鱼，或者动物 E 不是昆虫。

    ⑤如果动物 E 不是昆虫，那么动物 B 不是鸟。

    以下哪项如果为真，可以得出"动物 C 是哺乳动物"的结论？

    A. 动物 B 不是鸟。   B. 动物 A 是哺乳动物。   C. 动物 D 不是鱼。

    D. 动物 E 是昆虫。   E. 动物 B 是昆虫。

11～12 题基于以下题干：

    5 个 MBA 学员 F、G、H、J 和 K 以及 4 个 MPAcc 学员 Q、R、S 和 T 进行联谊活动。这些学员将被分为第 1 组、第 2 组和第 3 组，每组 3 人且满足以下条件：

    (1)每组至少有 1 个 MPAcc 学员。

    (2)F 和 J 在同一组。

    (3)G 和 T 不在同一组。

(4)H 和 R 不在同一组。

(5)H 和 T 都不在第 2 组。

11. 若 F 在第 1 组，则下面哪一项可能正确？

A. G 和 K 在第 3 组。　　　　　B. Q 和 S 在第 2 组。　　　　　C. J 和 S 在第 2 组。

D. K 和 R 在第 1 组。　　　　　E. H 和 R 在第 3 组。

12. 若 G 是第 1 组中唯一的 MBA 学员，则下面哪一项一定正确？

A. F 在第 3 组。　　　　　B. K 在第 3 组。　　　　　C. Q 在第 2 组。

D. K 在第 1 组。　　　　　E. J 在第 3 组。

13～15 题基于以下题干：

5 个学生——H、L、P、R 和 S 中的每一个人恰好将在三月份参观 3 座城市——M、T 和 V 中的一座城市，已知以下条件：

(1)S 和 P 参观的城市互不相同。

(2)H 和 R 参观同一座城市。

(3)L 或者参观 M 或者参观 T。

(4)若 P 参观 V，则 H 和他一起参观 V。

(5)每一个学生参观这 3 座城市中的某一座城市时，其他 4 个学生中至少有 1 个学生与其一同前往。

13. 在三月份参观的城市下面哪一项可能正确？

A. H、L、P 参观 T；R、S 参观 V。

B. H、L、P、R 参观 M；S 参观 V。

C. H、P、R 参观 T；L、S 参观 M。

D. H、R、S 参观 M；L、P 参观 V。

E. H、L、P 参观 M；R、S 参观 V。

14. 若 H 和 S 一起参观了某一座城市，则下面哪一项可能正确？

A. H 和 P 参观了同一城市。　　　　　B. L 和 R 参观了同一城市。　　　　　C. P 参观 V。

D. P 参观 T。　　　　　E. H 和 L 参观了同一城市。

15. 若 S 参观 V，则在三月份参观的城市下面哪一项一定正确？

A. H 参观 M。　　　　　B. L 参观 M。　　　　　C. P 参观 T。

D. L 参观 V。　　　　　E. L 和 P 参观了同一城市。

16. 甲、乙、丙、丁四位考生进入面试，他们的家长对面试结果分别作了以下的猜测：

甲父："乙能通过。"

乙父："丙能通过。"

丙母："甲或者乙能通过。"

丁母："乙或者丙能通过。"

其中只有一人猜对了。

根据以上陈述，可以推知以下哪项断定是假的？

A. 丙母猜对了。　　　　　B. 丁母猜错了。　　　　　C. 甲没有通过。

D. 乙没有通过。　　　　　　　　E. 丙没有通过。

17. 有的外科医生是协和医科大学 8 年制的博士毕业生，所以，有些协和医科大学 8 年制的博士毕业生有着精湛的医术。

以下哪项必须为真，才能够保证上述结论正确？

A. 有的外科医生具有精湛的医术。

B. 并非所有的外科医生都医术精湛。

C. 所有医术精湛的医生都是协和医科大学 8 年制的博士毕业生。

D. 所有的外科医生都具有精湛的医术。

E. 有的外科医生不是协和医科大学的博士。

18～19 题基于以下题干：

赵、钱、孙、李、周、吴、郑、王 8 个人参加了 100 米竞赛。比赛结果是：

(1)钱、孙、李 3 人中钱最快，李最慢。

(2)吴的名次为赵、孙名次的平均数。

(3)吴比周高 4 个名次。

(4)郑是第 4 名。

(5)赵比孙跑得快。

18. 根据以上信息，可以判断吴一定是第几名？

A. 2。　　　　　B. 3。　　　　　C. 5。　　　　　D. 6。　　　　　E. 7。

19. 如果李不是最后一名，那么下面排列正确的一项是：

A. 钱、赵、李、郑、孙、吴、周、王。

B. 钱、赵、吴、郑、李、孙、周、王。

C. 赵、钱、吴、郑、孙、王、周、李。

D. 赵、钱、吴、郑、孙、李、周、王。

E. 赵、李、吴、郑、孙、钱、周、王。

20. 国家统计局预测：如果粮食价格保持稳定，那么蔬菜价格也保持稳定；如果食用油价格不稳，那么蔬菜价格也将出现波动。张市长由此断定：粮食价格将保持稳定，但是肉类食品价格将上涨。

根据上述国家统计局的预测，以下哪项为真，最能对张市长的观点提出质疑？

A. 如果食用油价格稳定，那么肉类食品价格将会上涨。

B. 如果食用油价格稳定，那么肉类食品价格不会上涨。

C. 如果肉类食品价格不上涨，那么食用油价格将会上涨。

D. 如果食用油价格出现波动，那么肉类食品价格不会上涨。

E. 只有食用油价格稳定，肉类食品价格才不会上涨。

21. 在这次 NBA 选秀中，卡特、布莱尔、库里被勇士队、湖人队、老鹰队选中。关于他们分别被哪个球队选中，几位不知道确切选秀结果的球迷做了如下猜测：

球迷甲：卡特被湖人队选中，库里被老鹰队选中。

球迷乙：卡特被老鹰队选中，布莱尔被湖人队选中。

球迷丙：卡特被勇士队选中，库里被湖人队选中。

根据选秀结果，三位球迷各猜对了一半。则以下哪项正确地说明了这次的选秀结果？

A. 卡特被湖人队选中，布莱尔被老鹰队选中，库里被勇士队选中。

B. 卡特被老鹰队选中，布莱尔被湖人队选中，库里被勇士队选中。

C. 卡特被勇士队选中，布莱尔被湖人队选中，库里被老鹰队选中。

D. 卡特被湖人队选中，布莱尔被勇士队选中，库里被老鹰队选中。

E. 卡特被勇士队选中，布莱尔被老鹰队选中，库里被湖人队选中。

22. 一位上司在办公室听到这样的谈话：

甲说："如果给我加薪的话，也会给乙加薪。"

乙说："如果给我加薪的话，也会给丙加薪。"

丙说："如果给我加薪的话，也会给丁加薪。"

加薪结果下来，3个人的说法都是正确的，但甲、乙、丙、丁4个人中只有2个人加了薪。

以下哪项完整且准确的概括了加薪的名单？

A. 甲和丙。   B. 甲和乙。   C. 乙和丁。

D. 乙和丙。   E. 丙和丁。

23～24题基于以下题干：

始建于17世纪的别墅风格都别具特色。张、王、李、赵4个人有4栋别墅 M、N、O、P，分别建造于1610年、1685年、1708年、1770年。且已知下面的线索：

(1)N 属于赵。

(2)张拥有的别墅沿顺时针方向与 M 建筑相邻，而后者至今仍然是一家酒吧。

(3)李的那栋始建于1685年的别墅不是 O。

(4)在最东面的不是建于1708年的 P 建筑（默认 P 建筑是1708年建造的）。

(5)最晚建造的那栋别墅是张的别墅。

23. 别墅 O 建于哪一年？

A. 1685年。   B. 1770年。   C. 1610年。

D. 1708年。   E. 条件不足，无法判断。

24. 下面说法一定正确的是哪一项？

A. 最晚建造的那栋别墅是王的别墅。

B. 1610年的建筑是赵的别墅。

C. 最东面的别墅是张的。

D. 那栋始建于1685年的别墅是 P。

E. M 和 P 相邻。

25. 小张这个夏天如果去新疆，就要游吐鲁番和喀纳斯，否则就不去；只有与小李同游，小张才会游吐鲁番或天池；如果与小李同游，小张一定要与小李做约定；如果小张与小李做约定，则小李这个夏天一定要有时间。遗憾的是，这个夏天小李单位来了一项紧急任务，相关人员一律不得请假，小李也不例外。

根据以上信息，以下哪项一定为真？

A. 小张这个夏天未去新疆。

B. 小张这个夏天去游喀纳斯。

    C. 小张这个夏天去游天池。

    D. 小张这个夏天去游吐鲁番。

    E. 小张这个夏天与小李同游。

26～27 题基于以下题干：

    一个学院的图书馆从前到后共有四排书架，依次编号为 1、2、3、4，每排书架都只放一类图书，分别为历史、化学、生物、地理，以下条件必须满足：

    (1)历史的书架号码小于化学。

    (2)生物的书架号码是 1 或 4。

    (3)3 号书架放的是地理。

26. 如果历史的号码是偶数，则可以得出以下哪项？

    A. 生物的号码大于历史的号码。

    B. 地理的号码小于历史的号码。

    C. 历史的号码大于地理的号码。

    D. 化学的号码是偶数。

    E. 生物的号码是偶数。

27. 以下哪项不可能和生物相邻？

    Ⅰ. 历史。   Ⅱ. 化学。   Ⅲ. 地理。

    A. 仅Ⅰ。   B. 仅Ⅱ。   C. 仅Ⅲ。

    D. 仅Ⅰ和Ⅱ。   E. 仅Ⅱ和Ⅲ。

28. 某商店被窃。经过侦破，查明作案的人就是甲、乙、丙、丁这四个人中的一个人。审讯中，四人口供如下：

    甲："乙就是罪犯。"

    乙："丁才是罪犯。"

    丙："我不是罪犯。"

    丁："我也不是罪犯。"

    现在知道，四人中说真话与说假话的人数不等，那么以下哪一项能判定真假？

    A. 甲或乙是罪犯。   B. 甲或丙是罪犯。   C. 甲或丁是罪犯。

    D. 乙或丁是罪犯。   E. 丙是罪犯。

29. "国庆黄金周"期间，某单位三位同事赵嘉、钱宜、孙斌将分别在北京、西安、南京和拉萨四个地方选择多个去旅游。已知以下信息：

    (1)恰有两人去北京，恰有两人去西安，恰有两人去南京，恰有两人去拉萨。

    (2)每名同学至多只能去三个地方。

    (3)对于赵嘉来说，如果去了北京，那么一定也会去南京。

    (4)对于钱宜和孙斌来说，如果去了拉萨看布达拉宫，则也去了西安观秦皇陵。

    (5)对于赵嘉和孙斌来说，如果去了南京，那么也要去西安。

    根据以上信息，可以判断以下各项中一定为真的是：

    A. 去西安的是赵嘉和钱宜。

    B. 去拉萨的是钱宜和孙斌。

    C. 孙斌选择去了北京、西安和南京。

D. 赵嘉选择去了拉萨、西安和南京。

E. 钱宜选择去了北京、南京和拉萨。

30. 法制的健全或者执政者强有力的社会控制能力，是维持一个国家社会稳定必不可少的条件。Y 国社会稳定但法制尚不健全。因此，Y 国的执政者具有强有力的社会控制能力。

以下哪项的论证方式和题干的最为类似？

A. 一部影视作品，要想有高的收视率或票房价值，作品本身的质量和必要的包装、宣传缺一不可。电影《青楼月》上映以来票房价值不佳但实际上质量堪称上乘。因此，它缺少必要的广告宣传和媒介炒作。

B. 必须有超常业绩或者 30 年以上服务于本公司的工龄的雇员，才有资格获得 X 公司本年度的特殊津贴。黄先生获得了本年度的特殊津贴但在本公司仅供职 5 年，因此他一定有超常业绩。

C. 如果既经营无方又铺张浪费，则一个企业将严重亏损。Z 公司虽经营无方但并没有严重亏损，这说明它至少没有铺张浪费。

D. 一个罪犯要实施犯罪，必须既有作案动机，又有作案时间。在某案中，W 先生有作案动机但无作案时间。因此，W 先生不是该案的作案者。

E. 一个论证不能成立，当且仅当，或者它的论据虚假，或者它的推理错误。J 女士在科学年会上关于她的发现之科学价值的论证尽管逻辑严密，推理无误，但还是被认定不能成立。因此，她的论证中至少有部分论据虚假。

专项训练 4　推理(2)

（共 30 题，　每题 2 分，　限时 60 分钟）你的得分是＿＿＿＿＿＿＿

1. 针对威胁人类健康的甲型 H1N1 流感，研究人员研制出了相应的疫苗。尽管这些疫苗是有效的，但某大学研究人员发现，阿司匹林、羟苯基乙酰胺等抑制某些酶的药物会影响疫苗的效果。这位研究人员指出："如果你服用了阿司匹林或者对乙酰氨基酚，那么你注射疫苗后就必然不会产生良好的抗体反应。"

   如果小张注射疫苗后产生了良好的抗体反应，那么根据上述研究结果可以得出以下哪项结论？

   A. 小张服用了阿司匹林，但没有服用对乙酰氨基酚。

   B. 小张没有服用阿司匹林，但感染了 H1N1 流感病毒。

   C. 小张服用了阿司匹林，但没有感染 H1N1 流感病毒。

   D. 小张没有服用阿司匹林，也没有服用对乙酰氨基酚。

   E. 小张服用了对乙酰氨基酚，但没有服用羟苯基乙酰胺。

2. 国际田径邀请赛在日本东京举行，方明、马亮和丹尼斯三人中至少有一人参加了男子 100 米比赛。而且：

   (1)如果方明参加男子 100 米比赛，那么马亮也一定参加。

   (2)报名参加男子 100 米比赛的人必须提前进行尿检，经邀请赛的专家审查通过后才能正式参赛。

   (3)丹尼斯是在赛前尿检工作结束后才赶来报名的。

   根据以上情况，以下哪项一定为真？

   A. 方明参加了男子 100 米比赛。

   B. 马亮参加了男子 100 米比赛。

   C. 丹尼斯参加了男子 100 米比赛。

   D. 方明和马亮都参加了男子 100 米比赛。

   E. 丹尼斯和方明参加了男子 100 米比赛。

3. 世界乒乓球锦标赛男子团体赛的决赛前，S 国的教练在排兵布阵，他的想法是：如果 4 号队员的竞技状态好，并且伤势已经痊愈，那么让 4 号队员出场；只有 4 号队员不能出场时，才派 6 号队员出场。

   如果决赛时 6 号队员出场，则以下哪项肯定为真？

   A. 4 号队员伤势比较重。

   B. 4 号队员的竞技状态不好。

   C. 6 号队员没有受伤。

   D. 如果 4 号队员伤势痊愈，那么他的竞技状态不好。

   E. 4 号队员出场。

4. 只要待在学术界，小说家就不能变伟大。学院生活的磨炼所积累起来的观察和分析能力，对小说家非常有用。但是，只有沉浸在日常生活中，才能靠直觉把握生活的种种情感，而学院生活显然与之不相容。

   以下哪项陈述是上述论证所依赖的假设？

A. 伟大的小说家都有观察和分析能力。

B. 对日常生活中情感的把握不可能只通过观察和分析来获得。

C. 没有对日常生活中情感的直觉把握，小说家就不能成就其伟大。

D. 伴随着对生活的投入和理智地观察，这会使小说家变得伟大。

E. 小说家不能成就其伟大，一定是因为没有对日常生活中情感的直觉把握。

5. 数学和语文两科考试结束后，三位老师讨论起学生的表现。

甲老师说："小李取得了数学第一名。"

乙老师说："小王取得了语文第一名。"

丙老师说："小李没有取得数学第一名。"

已知三位老师中只有一位老师说了真话，且小李、小王都只取得了一门课的第一名。

根据以上信息，可以推出以下哪项？

A. 小李取得数学第一名。

B. 小李取得语文第一名。

C. 小王取得语文第一名。

D. 小王同时取得语文和数学第一名。

E. 小李同时取得语文和数学第一名。

6～7 题基于以下题干：

某酒店准备制作两道美食参加"厨神大赛"，后厨新购进10种食材：

青菜：芹菜、菠菜、韭菜、白菜、油菜。

肉类：牛肉、羊肉、猪肉。

水果：西瓜、甜瓜。

现需要将上述10种食材分到第一置物架、第二置物架，每个置物架都是制作一种美食的完整配料。一种食材只能被摆放在一个置物架上。已知：

①每个置物架有5种食材，且来自3个不同的种类。

②韭菜和白菜在同一个置物架。

③芹菜和甜瓜在同一个置物架。

④羊肉和西瓜在第二置物架。

⑤如果牛肉在第一置物架，那么菠菜和牛肉在同一个置物架。

6. 如果白菜和牛肉在同一个置物架，则可以得出以下哪项？

A. 油菜在第一置物架。　　　　B. 菠菜在第二置物架。

C. 韭菜在第一置物架。　　　　D. 猪肉在第二置物架。

E. 白菜在第一置物架。

7. 如果菠菜和油菜不在同一个置物架，则以下哪项一定为假？

A. 牛肉在第一置物架。　　　　B. 猪肉在第一置物架。

C. 白菜在第二置物架。　　　　D. 菠菜在第二置物架。

E. 以上都不一定为假。

8～9 题基于以下题干：

为保持宿舍卫生整洁，一宿舍制定了下周一至周五的值日表。该宿舍正好有五位成员：小张、小李、小方、小郭和小田。以下条件必须满足：

(1)每天有且只有一位舍友值日。

(2)每位舍友值日的天数不能超过两天。

(3)没有舍友连续两天值日。

(4)小张的值日早于小田。

(5)如果小方值日，则次日一定是小李值日。

8. 如果小张值日两天，小田在周四值日，则以下哪项可能为真？

 A. 小张周二值日。 B. 小李周二值日。 C. 小方周二值日。

 D. 小李周三值日。 E. 小方周三值日。

9. 如果小李不值日，则以下哪项一定为真？

 A. 小张恰值日一天。 B. 小张恰值日两天。 C. 小郭恰值日一天。

 D. 小郭恰值日两天。 E. 小田恰值日一天。

10～11题基于以下题干：

 有6个不同国籍的人，他们的名字分别为：甲、乙、丙、丁、戊和己；他们的国籍分别是：美国、德国、英国、法国、俄罗斯和意大利（名字顺序与国籍顺序不一定一致）。现已知下列条件：

 (1)甲和美国人是医生。

 (2)戊和俄罗斯人是教师。

 (3)丙和德国人是技师。

 (4)乙和己曾经当过兵，而德国人从没当过兵。

 (5)法国人比甲年龄大，意大利人比丙年龄大。

 (6)乙同美国人下周要到英国去旅行，丙同法国人下周要到瑞士去度假。

10. 由上述条件可以确定德国人是：

 A. 甲。 B. 乙。 C. 丙。 D. 丁。 E. 戊。

11. 由上述条件可以确定美国人是：

 A. 乙。 B. 丙。 C. 丁。 D. 戊。 E. 己。

12. 红红、兰兰和慧慧三姐妹，分别住在丰台区、通州区、朝阳区（名字顺序与区名顺序不一定一致）。红红与住在通州的姐妹年龄不一样大，慧慧比住在朝阳区的姐妹年龄小，而住在通州的姐妹比兰兰年龄大。

 那么按照年龄从大到小，这三姐妹的排序是：

 A. 红红、慧慧、兰兰。 B. 红红、兰兰、慧慧。

 C. 兰兰、慧慧、红红。 D. 慧慧、红红、兰兰。

 E. 兰兰、红红、慧慧。

13～14题基于以下题干：

 在一次魔术表演中，从7位魔术师——G、H、K、L、N、P和Q中，选择6位上场表演，表演时分成两队：1队和2队。每队有前、中、后三个位置，上场的魔术师恰好每人各占一个位置，魔术师的选择和位置安排必须符合下列条件：

 (1)如果安排G或H上场，他们必须在前位。

 (2)如果安排K上场，他必须在中位。

 (3)如果安排L上场，他必须在1队。

 (4)P和K都不能与N在同一个队。

(5)P不能与 Q 在同一个队。

(6)如果 H 在 2 队，则 Q 在 1 队的中位。

13. 以下哪项列出的是 2 队上场表演可接受的安排？
    A. 前：H；中：P；后：K。   B. 前：H；中：L；后：N。
    C. 前：G；中：Q；后：P。   D. 前：G；中：Q；后：N。
    E. 前：H；中：Q；后：N。

14. 如果 H 在 2 队，则下列哪项列出的是 1 队可以接受的上场表演安排？
    A. 前：L；中：Q；后：N。   B. 前：G；中：K；后：N。
    C. 前：L；中：Q；后：G。   D. 前：G；中：K；后：L。
    E. 前：P；中：Q；后：G。

15. 某民间戏剧团有甲、乙、丙、丁、戊、己 6 位演员要参与表演京剧和昆剧两个戏剧节目，每个人都只能是一个戏剧节目的演员，并且需满足：
    (1)甲和乙分别是两个戏剧节目的主演。
    (2)如果丁表演京剧，那么己表演昆剧。
    (3)如果戊表演京剧，那么己和她一起。
    (4)如果乙表演昆剧，那么丙和丁都表演京剧。
    如果甲和丁不表演同一个节目，则可以推出以下哪项？
    A. 乙表演昆剧节目。   B. 丙表演京剧节目。   C. 戊表演昆剧节目。
    D. 戊表演京剧节目。   E. 己表演京剧节目。

16. 李维民局长收到了一封举报信，但举报人并没有留下真实姓名。于是，东山市警方展开了调查，并搜集到了以下信息：
    ①举报信或者是林水伯寄的，或者是陈珂寄的。
    ②举报信如果不是伍仔寄的，就是林宗辉寄的。
    ③举报信可能是林胜文寄的。
    ④举报信不是林宗辉寄的。
    ⑤举报信肯定不是林胜文寄的。
    ⑥举报信不是林水伯寄的，也不是陈珂寄的。
    事后证明，这六句话中只有两句是假的，那么举报人是谁？
    A. 林水伯。   B. 陈珂。   C. 林宗辉。
    D. 林胜文。   E. 伍仔。

17. 青少年的犯罪行为大多是因为法制意识的缺失，但也有的仅是因为个人道德败坏。当然，很多不理智的过激行为往往是二者结合的结果。无论如何，青少年的犯罪行为都给社会和家庭带来了伤害。
    如果上述断定为真，则以下哪一项不可能为真？
    A. 有的行为缺失法制意识，但不是青少年的犯罪行为。
    B. 所有仅是个人道德败坏的行为，都不是青少年的犯罪行为。
    C. 有的法制意识缺失的行为给社会和家庭带来了伤害。
    D. 有的行为虽然具有法制意识，但仍给社会和家庭带来了伤害。
    E. 有些青少年的犯罪行为，既不是因为法制意识的缺失，也不是因为个人道德败坏，而是有其他原因。

18. 某局办公室共有 10 个文件柜按序号一字排开。其中 1 个文件柜只放上级文件，2 个只放本局文件，3 个只放各处室材料，4 个只放基层单位材料。

1	2	3	4	5	6	7	8	9	10

已知下列条件：

①1 号和 10 号文件柜放各处室材料。

②两个放本局文件的文件柜连号。

③放基层单位材料的文件柜与放本局文件的文件柜不连号。

④放各处室材料的文件柜与放上级文件的文件柜不连号。

已知 4 号文件柜放本局文件，5 号文件柜放上级文件，由此可以推出：

A. 6 号文件柜放各处室材料。

B. 7 号文件柜放各处室材料。

C. 2 号文件柜放基层单位材料。

D. 9 号文件柜放基层单位材料。

E. 3 号文件柜放各处室材料。

19～20 题基于以下题干：

骑士队夺冠后举行了盛大的花车游行。花车上有名字是 M、N、O、P 四个人，他们分别扮演一位超级英雄。已知：

①"超人"靠在 N 后面。

②扮演"钢铁侠"的人在 O 的前面某个位置。

③在 2 号位置的人扮演"闪电侠"。

④O 穿成"蝙蝠侠"的样子。

⑤M 在 3 号位置。

19. 下列关于 N 的说法正确的一项是：

A. 在 3 号位置。　　　　　B. 扮演"超人"。　　　　　C. 在 2 号位置。

D. 在 4 号位置。　　　　　E. 扮演"蝙蝠侠"。

20. 四个人可能的情况是：

A. 1 号，O，"钢铁侠"。　　　　　B. 2 号，N，"超人"。

C. 3 号，M，"超人"。　　　　　D. 4 号，O，"钢铁侠"。

E. 3 号，P，"超人"。

21～22 题基于以下题干：

国庆长假，赵大、钱二、张珊、李思、王伍五位同事打算出国游玩，因为时间有限，每个人只能从泰国、新加坡、马来西亚、日本、韩国五个国家中选择了两个国家去游玩，并且每个国家也恰好有两个人选择。同时还需要满足以下条件：

(1)如果赵大去马来西亚，则张珊不去泰国。

(2)如果钱二去泰国或韩国，那么他也得去新加坡。

（3）如果李思去了马来西亚，那么他也得去新加坡和韩国。

（4）如果钱二去了日本，那么李思不去泰国。

已知：赵大没去泰国，钱二没去新加坡，张珊没去马来西亚，李思没去日本，王伍没去韩国。

21. 根据以上信息，可以得出以下哪项？

    A. 王伍选择了泰国、马来西亚。

    B. 钱二选择了马来西亚、韩国。

    C. 张珊选择了泰国、日本。

    D. 李思选择了新加坡、马来西亚。

    E. 赵大选择了新加坡、韩国。

22. 如果张珊去了韩国，则可以得出以下哪一项？

    A. 钱二去了泰国、马来西亚。

    B. 赵大去了新加坡、日本。

    C. 李思去了泰国、韩国。

    D. 张珊去了新加坡、韩国。

    E. 王伍去了马来西亚、日本。

23～24 题基于以下题干：

张珊、李思、王伍、赵柳、白起、朱八 6 位运动员，只有进入选拔赛才能进入决赛。6 位队员之间的进决赛配置有如下规律：

    ①如果李思进入选拔赛，则王伍也进入选拔赛。

    ②只有朱八进入选拔赛，王伍才进入选拔赛。

    ③张珊进入选拔赛。

    ④除非白起进入选拔赛，否则张珊不进入决赛。

    ⑤或者赵柳进入选拔赛，或者白起不进入决赛。

23. 以下哪项可能为真？

    A. 只有张珊、王伍和赵柳进入选拔赛。

    B. 只有张珊、王伍和白起进入选拔赛。

    C. 只有李思和另外 1 位队员进入选拔赛。

    D. 只有李思和另外 2 位队员进入选拔赛。

    E. 只有李思和另外 3 位队员进入选拔赛。

24. 如果赵柳未进入选拔赛，则以下哪项一定为真？

    A. 白起未进入选拔赛。

    B. 白起进入选拔赛，但未进入决赛。

    C. 张珊进入选拔赛，但白起未进入决赛。

    D. 张珊进入决赛，但白起未进入决赛。

    E. 张珊进入决赛。

25~26 题基于以下题干：

某次学术会议，主席台（只有一排）需要安排赵、钱、孙、李、周、吴、郑和王 8 位嘉宾就坐。按照自左至右的顺序，座位安排有下列要求：

(1)赵或者钱安排在最左边。

(2)郑不要安排在最右边。

(3)孙安排在李的左边，他们中间隔一位嘉宾。

(4)周安排在吴的左边，他们中间隔两位嘉宾。

(5)王安排在李和吴的右边。

25. 以下哪项是可能的？

    A. 赵第一，郑第八。   B. 钱第五，王第八。   C. 李第三，吴第七。

    D. 周第二，孙第三。   E. 钱第一，郑第八。

26. 孙的座位不可能是以下哪项？

    A. 第二。   B. 第三。   C. 第四。

    D. 第五。   E. 第六。

27. 下一周将是本年度的市长信访接待周，市委安排赵、钱、孙、李、周、吴、郑 7 名信访办的工作人员陪同市长，每人只安排一次，并且每天仅安排一人陪同市长。已知：

(1)赵星期二陪同市长，否则钱星期一陪同市长。

(2)只有郑或周星期二陪同市长，李星期六才不陪同市长。

(3)若钱不是星期一陪同市长，则孙星期四陪同市长。

(4)如果孙或吴星期四陪同市长，则李星期日陪同市长。

根据上述信息，可以得出以下哪项？

    A. 赵星期二陪同市长。   B. 钱星期一陪同市长。

    C. 孙星期四陪同市长。   D. 李星期日陪同市长。

    E. 周星期六陪同市长。

28. 爬行动物不是两栖动物，两栖动物都是卵生的。所以，凡是卵生的动物都不是爬行动物。

    以下哪项在结构上和题干最为类似？

    A. 商品都是有使用价值的，貂皮大衣是有使用价值的。所以，貂皮大衣是商品。

    B. 考试不及格就会补考，补考的学生不能参加三好学生评选。所以，所有不能参加三好学生评选的都曾经考试不及格。

    C. 所有说粤语的人都不是广东人。因为广东人不是香港人，而香港人都说粤语。

    D. 过度溺爱孩子会导致孩子经常哭闹，经常哭闹的孩子都有肠胃问题。所以，孩子的肠胃问题可能是由家长溺爱孩子造成的。

    E. 香港人不说普通话，台湾人都说普通话。所以，所有台湾人都不是香港人。

29~30 题基于以下题干：

一桌宴席的所有凉菜上齐后，热菜共有 7 个。其中，3 个川菜：K、L、M；3 个粤菜：Q、N、P；一个鲁菜：X。每次只上一个热菜，且上菜的顺序必须符合下列条件：

(1)不能连续上川菜，也不能连续上粤菜。

（2）除非第三个上 Q，否则 P 不能在 Q 之前上。

（3）P 必须在 X 之前上。

（4）M 必须在 K 之前上，K 必须在 N 之前上。

29. 如果第四个上 X，则以下哪一项陈述必然为真？

A. 第三个上 Q。   B. 第一个上 Q。   C. 第三个上 M。

D. 第二个上 M。   E. 第一个上 M。

30. 如果第三个上 M，则以下哪一项陈述可能为真？

A. 第五个上 X。   B. 第一个上 Q。   C. 第四个上 K。

D. 第六个上 L。   E. 第一个上 P。

专项训练 5 削弱题

（共 30 题， 每题 2 分， 限时 60 分钟）你的得分是_____

1. 自从 1978 年的航空公司管制法颁布以来，美国主要的航空公司已经裁减了 3 000 多人。因此，尽管放松管制带来的竞争帮消费者大大降低了票价，但美国的经济也受到了对航空公司放松管制的破坏。

   以下哪项如果为真，将会严重削弱以上论述？

   A. 美国很多人表达了对解除航空公司管制的强烈支持。

   B. 现在乘坐商业航班的人数比 1978 年的人数减少了，结果是运行航班所需的雇员也比 1978 年少了。

   C. 现在的航班定期飞行的路线比 1978 年更加少了，因此航空业比 1978 年以前更加集中了，竞争也更加激烈了。

   D. 几家主要的航空公司现在的利润和雇佣水平都比放松管制法通过以前要高了。

   E. 小型的旅客承运商因为该放松管制法案的实施而繁荣起来，现在他们提供的新工作比 1978 年以来主要航空公司取消的岗位要多。

2. 最近的一项调查显示：某公司的许多工人对他们的工作不满意。调查同时显示：大多数感到不满意的工人认为对自己的工作安排没有自主权。因此，为了提高工人对工作的满意程度，公司的管理层仅仅需要改变工人对他们工作安排自主权程度的观念。

   下列哪一项假如也在调查中被显示，则最能使上文作者的结论产生动摇？

   A. 不满意的工人感到他们的工资太低并且工作条件不令人满意。

   B. 公司中对工作满意的工人的数目比对工作不满意的工人数目多。

   C. 该公司的工人与其他公司的工人相比，对他们的工作更不满意。

   D. 公司管理层的大多数人相信工人对他们的工作已经有太多的控制权力。

   E. 该公司中，对工作满意的人认为他们对自己的工作安排有很多控制的权力。

3. 人们经常能回忆起在感冒前有冷的感觉。这就支持了这样一种假设：感冒是（至少有时候是）由着凉引起的，是寒冷使病毒（如果存在的话）感染人体。

   下面哪项如果正确，将最严重地削弱上述论据的说服力？

   A. 着凉是一种压力，而压力会削弱防止人体染病的人体免疫系统的抵御能力。

   B. 病毒存在于人体内数日后，引起的第一个症状就是冷的感觉。

   C. 先受累然后着凉的人比不受累只受凉的人更容易患重感冒。

   D. 有些患感冒的人并不知道是什么引发了他们感冒。

   E. 病毒并不总是存在于环境中，因此一个人有可能只着凉而不得感冒。

4. 统计表明，美国亚利桑那州死于肺病的人的比例大于其他的州死于肺病的人的比例，因为亚利桑那州的气候更容易引起肺病。

   以下哪项最能反驳上述论证？

   A. 气候只是引起肺病的一个因素。

   B. 亚利桑那州的气候对肺病有利，有肺病的人纷纷来到此州。

C. 美国人通常不会一生住在一个地方。

D. 没有证据证明气候对肺病有影响。

E. 亚利桑那州的气候不是一成不变的。

5. 随着互联网的发展，人们的购物方式有了新的选择。很多年轻人喜欢在网络上选择自己满意的商品，通过快递送上门，购物足不出户，非常便捷。刘教授据此认为，那些实体商场的竞争力会受到互联网的冲击，在不远的将来，会有更多的网络商店取代实体商店。

以下哪项如果为真，最能削弱刘教授的观点？

A. 网络购物虽然有某些便利，但容易导致个人信息被不法分子利用。

B. 有些高档品牌的专卖店，只愿意采取街面实体商店的销售方式。

C. 网络商店与快递公司在货物丢失或损坏的赔偿方面经常互相推诿。

D. 购买黄金珠宝等贵重物品，往往需要现场挑选，且不适宜网络支付。

E. 通常情况下，网络商店只有在其实体商店的支持下才能生存。

6. 经过长时间的统计研究，人们发现了一个极为有趣的现象：大部分的数学家都是长子。可见，长子天生的数学才华相对而言更强些。

以下哪项如果为真，能有效地削弱上述推论？

Ⅰ. 女性才能普遍受到压抑，很难表现出她们的数学才华。

Ⅱ. 长子的人数比起次子的人数要多得多。

Ⅲ. 长子能够接受更多的来自父母的数学能力的遗传。

A. 仅Ⅰ。   B. 仅Ⅱ。   C. 仅Ⅰ和Ⅱ。

D. 仅Ⅱ和Ⅲ。   E. Ⅰ、Ⅱ和Ⅲ。

7. 有人再三声称倾倒核废物不会对附近的居民造成威胁。如果这种说法正确，那么不能把核垃圾场设在人口密集的地区就显得毫无道理。但是要把核废物倒在人口稀少的地区的方针表明，这项政策的负责者们至少在安全方面还是有些担忧的。

以下哪项如果为真，最能严重地削弱上述论证？

A. 如果发生事故，除了在人口稀少的地区外，疏散方案不可能得以顺利实施。

B. 如果发生事故，人口稀少地区的受害人数肯定比人口稠密地区的少。

C. 在人口稀少的地区倾倒核废物所带来的经济和政治问题要比人口稠密地区的少。

D. 化学废物也有危险，所以应把它倾倒在远离人口稠密的地区。

E. 如果人们不能确保核废物是安全无疑的，那么就应当把它们放置在对公众造成最小威胁的地方。

8. 某高校本科生毕业论文中被发现有违反学术规范行为的人次在近10年来明显增多，这说明当代大学生在学术道德方面的素质越来越差。

以下哪项如果为真，将会明显削弱上述结论？

A. 互联网的强大功能为学术不端行为带来了极大的便利。

B. 高校没有对大学生进行学术道德方面的相关教育。

C. 近10年来大学本科毕业生的数量大幅增加。

D. 仍有三十名大学本科生的毕业论文被评为省优秀论文。

E. 有的违反学术规范的行为没有被检查出来。

9. 约翰：我在一生的各个时期中尝试了几种不同的心理治疗，如三种"交谈"疗法（弗洛伊德式、荣格式、认知式）和行为疗法。接受治疗期间是我一生中最不快乐的时光，因此，我得出结论：心理治疗对我不起作用。

下面哪一个陈述如果正确，最能削弱约翰的结论？

A. 行为疗法在设计时所针对的问题与交谈疗法所针对的问题不同。

B. 行为疗法所用的方法与交谈疗法所用的方法不大相同。

C. 尝试几种不同心理治疗法的人要比只用一种心理治疗法的人快乐。

D. 尝试几种不同心理治疗法的人要比只用一种心理治疗法的人更容易找到对他们起作用的一种疗法。

E. 接受最终有效的心理治疗的人在接受治疗时经常不快乐。

10. 在一次考古发掘中，考古人员在一座唐代古墓中发现多片先秦时期的夔文（音 kuí，一种变体的龙文）陶片。对此，专家解释说，由于雨水冲刷等原因，这些先秦时期的陶片后来被冲至唐代的墓穴中。

以下哪项如果为真，最能质疑上述专家的观点？

A. 在这座唐代古墓中还发现多件西汉时期的文物。

B. 这座唐代古墓保存完好，没有漏水、毁塌迹象。

C. 并非只有先秦时期才使用夔文，唐代文人以书写夔文为能事。

D. 唐代的墓葬风俗是将墓主生前喜爱的物品随同墓主一同下葬。

E. 在考古过程中很少发现雨水冲刷导致不同年代的物品存在于同一墓穴。

11. 研究人员对四川地区出土的一批恐龙骨骼化石进行分析后发现，骨骼化石内的砷、钡、铬、铀、稀土等元素含量超高，与现代陆生动物相比，其体内的有毒元素要高出几百甚至上千倍。于是一些古生物学家推测这些恐龙死于慢性中毒。

如果以下各项为真，不能质疑上述推测的是哪一项？

A. 恐龙化石附近土壤中的有毒元素会渗进化石。

B. 恐龙化石内还有很多相应的解毒元素。

C. 这批恐龙化石都是老年恐龙，属于自然死亡。

D. 在恐龙化石附近的植物化石里，有毒元素含量很少。

E. 在这些恐龙化石上，都发现了能致命的伤痕。

12. 新挤出的牛奶中含有溶菌酶等抗菌活性成分。将一杯原料奶置于微波炉加热至 50℃，其溶菌酶活性降低至加热前的 50%。但是，如果用传统热源加热原料奶至 50℃，其内的溶菌酶活性几乎与加热前一样，因此，对酶产生失活作用的不是加热，而是产生热量的微波。

以下哪项如果属实，最能削弱上述论证？

A. 将原料奶加热至 100℃，其中的溶菌酶活性会完全失活。

B. 加热对原料奶酶的破坏可通过添加其他酶予以补偿，而微波对酶的破坏却不能补偿。

C. 用传统热源加热液体奶达到 50℃的时间比微波炉加热至 50℃的时间长。

D. 经微波炉加热的牛奶口感并不比用传统热源加热的牛奶口感差。

E. 微波炉加热液体会使内部的温度高于液体表面达到的温度。

13. 调查表明，一年中的任何月份，18～65岁的女性中都有52％在家庭以外工作。因此，18～65岁的女性中有48％是全年不在外工作的家庭主妇。

以下哪项如果为真，最能严重地削弱上述论证？

A. 现在离家工作的女性比历史上的任何时期都多。

B. 尽管在每个月中参与调查的女性人数都不多，但是这些样本有很好的代表性。

C. 调查表明将承担一份有薪工作为优先考虑的女性比以往任何时候都多。

D. 总体上说，职业女性比家庭主妇有更高的社会地位。

E. 不管男性还是女性，都有许多人经常进出于劳动力市场。

14. 纯种的蒙古奶牛一般每年产奶400升，如果蒙古奶牛与欧洲奶牛杂交，其后代一般每年可产2 700升牛奶。为此，一个国际组织计划通过杂交的方式，帮助蒙古牧民提高其牛奶产量。

以下哪项如果为真，则对该国际组织的计划提出了最严重的质疑？

A. 并不是欧洲所有奶牛品种都可以成功地同蒙古奶牛杂交。

B. 许多年轻的蒙古人认为饲养奶牛是一种很低贱的职业，因为它不如其他许多职业更有利可图。

C. 蒙古地区的放牧条件只适合饲养当地品种的奶牛，不适合杂交奶牛生长。

D. 蒙古牧民出口到欧洲的主要产品是牛皮和牛角，而不是牛奶。

E. 许多欧洲奶牛品种每年产奶超过2 700升。

15. 某国报载："在过去的20年里，州立法机关的黑人成员人数增长超过了100％，而白人成员却略微下降。这充分说明黑人的政治力量将很快与白人基本相等。"

下列哪一事实有力地削弱了上述观点？

A. 州立法机关提供的席位总数在20年里保持不变。

B. 20年前，州立法机关成员中有168个黑人、7 614个白人。

C. 过去20年里，选黑人为州长的州连五个也不到。

D. 过去20年里，中等家庭的收入提高了80％左右。

E. 过去20年里，登记选举的黑人比例提高了，而白人比例却有所下降。

16. 李工程师：在日本，肺癌病人的平均生存年限（即从确诊至死亡的年限）是9年，而在亚洲的其他国家，肺癌病人的平均生存年限只有4年。因此，日本在延长肺癌病人生命方面的医疗水平要高于亚洲的其他国家。

张研究员：你的论证缺乏充分的说服力。因为日本人的自我保健意识总体上高于其他的亚洲人，因此，日本肺癌患者的早期确诊率要高于亚洲其他国家。

以下哪项如果为真，能最有力地指出李工程师论证中的漏洞？

A. 亚洲一些发展中国家的肺癌患者是死于由肺癌引起的并发症。

B. 日本人的平均寿命不仅居亚洲之首，而且居世界之首。

C. 日本的胰腺癌病人的平均生存年限是5年，接近于亚洲的平均水平。

D. 日本医疗技术的发展，很大程度上得益于对中医的研究和引进。

E. 一个数大大高于某些数的平均数，不意味着这个数高于这些数中的每个数。

17. 通过分析物体的原子释放或者吸收的光可以测量物体是在远离地球还是在接近地球，当物体远离地球时，这些光的频率会移向光谱上的红色端(低频)，简称"红移"；反之，则称"蓝移"。原子释放出的这种独特的光也被组成原子的基本粒子尤其是电子的质量所影响。如果某一原子的质量增加，其释放的光子的能量也会变得更高，因此，释放和吸收频率将会蓝移。相反，如果粒子变得越来越轻，频率将会红移。天文观察发现，大多数星系都有红移现象，而且，星系距离地球越远，红移越大，据此，许多科学家认为宇宙一定在不断膨胀。

    以下哪项如果为真，最能反驳上述科学家的观点？

    A. 在遥远的宇宙中，也发现了个别蓝移的天体。

    B. 地球并非处于宇宙的中心区域。

    C. 人们所能观察的星体可能不足真实宇宙的百分之一。

    D. 从宇宙中其他天体的视角看，红移也是占绝对优势的现象。

    E. 根据现代科学观察，宇宙中粒子的质量没有大的变化。

18. 宏达山钢铁公司由 5 个子公司组成。去年，其子公司火龙公司试行与利润挂钩的工资制度，其他子公司则维持原有的工资制度。结果，火龙公司的劳动生产率比其他子公司的平均劳动生产率高出 13％。因此，在宏达山钢铁公司实行与利润挂钩的工资制度有利于提高该公司的劳动生产率。

    以下哪项如果为真，最能削弱上述论证？

    A. 实行了与利润挂钩的工资制度后，火龙公司从其他子公司挖走了不少人才。

    B. 宏达山钢铁公司去年从国外购进的先进技术装备，主要用于火龙公司。

    C. 火龙公司是三年前组建的，而其他子公司都有 10 年以上的历史了。

    D. 红塔钢铁公司去年也实行了与利润挂钩的工资制度，但劳动生产率没有明显提高。

    E. 宏达山钢铁公司的子公司金龙公司去年没有实行与利润挂钩的工资制度，但它的劳动生产率比火龙公司略高。

19. 据某国卫生部门统计，2004 年全国糖尿病患者中，年轻人不到 10％，其中 70％为肥胖者。这说明，肥胖将极大地增加患糖尿病的危险。

    以下哪项如果为真，将严重削弱上述结论？

    A. 医学已经证明，肥胖是心血管疾病的重要诱因。

    B. 2004 年，该国的肥胖者的人数比 1994 年增加了 70％。

    C. 2004 年，肥胖者在该国中老年人中所占的比例超过 60％。

    D. 2004 年，该国年轻人中的肥胖者所占的比例，比 1994 年提高了 30％。

    E. 2004 年，该国糖尿病的发病率比 1994 年降低了 20％。

20. 北大西洋海域的鳕鱼数量锐减，但几乎同时海豹的数量却明显增加。有人说是海豹导致了鳕鱼的减少。但这种说法难以成立，因为海豹很少以鳕鱼为食。

    以下哪项如果为真，最能削弱上述论证？

    A. 海水污染对鳕鱼造成的伤害比对海豹造成的伤害严重。

    B. 尽管鳕鱼数量锐减，海豹数量明显增加，但在北大西洋海域，海豹的数量仍少于鳕鱼。

    C. 在海豹的数量增加以前，北大西洋海域的鳕鱼数量就已经减少了。

D. 海豹生活在鳕鱼无法生存的冰冷海域。

E. 鳕鱼只吃毛鳞鱼，而毛鳞鱼也是海豹的主要食物。

21. 被疟原虫寄生的红细胞在人体内的存在时间不会超过120天。因为疟原虫不可能从一个它所寄生衰亡的红细胞进入一个新生的红细胞，因此，如果一个疟疾患者在进入了一个绝对不会再被疟蚊叮咬的地方120天后仍然周期性高烧不退，那么，这种高烧不会是由疟原虫引起的。

    以下哪项如果为真，最能削弱上述结论？

    A. 由疟原虫引起的高烧和由感冒病毒引起的高烧有时不容易区别。

    B. 携带疟原虫的疟蚊和普通的蚊子很难区别。

    C. 引起周期性高烧的疟原虫有时会进入人的脾脏细胞，这种细胞在人体内的存在时间要长于红细胞。

    D. 除了周期性的高烧只有在疟疾治愈后才会消失外，疟疾的其他某些症状也会随着药物治疗而缓解乃至消失，但在120天内仍会再次出现。

    E. 疟原虫只有在疟蚊体内和人的细胞内才能生存与繁殖。

22. 刘翔在2008年奥运会上脚部受伤，被迫退出比赛。奥运会比赛中运动员受伤并不鲜见，这给人一个印象：奥运比赛由于其极强的竞争性，更容易造成运动员受伤。其实这种印象是不正确的。两周中奥运会上发生的运动员的受伤事故，和同一个时间段发生在世界各地的运动员受伤乃至致残事故比起来，在数量上微乎其微。

    以下哪项如果为真，最能削弱上述论证？

    A. 刘翔在此次奥运会上的受伤，是旧伤复发。

    B. 奥运会中运动员受伤，近几届呈逐渐严重的趋势。

    C. 运动员中只有极小一部分参加奥运会比赛。

    D. 奥运会比赛是向运动员的极限挑战，比平时训练较易导致运动员受伤。

    E. 奥运会的安全措施，包括对运动员的保护措施比平时更为严格。

23. 在某次课程教学改革的研讨会上，负责工程类教学的程老师说，在工程设计中，用于解决数学问题的计算机程序越来越多了，这样就不必要求工程技术类大学生对基础数学有深刻的理解。因此，在未来的教学体系中，基础数学课程可以用其他重要的工程类课程替代。

    以下哪项如果为真，能削弱程老师的上述论证？

    Ⅰ. 工程类基础课程中已经包含了相关的基础数学内容。

    Ⅱ. 在工程设计中，设计计算机程序需要对基础数学有全面的理解。

    Ⅲ. 基础数学课程的一个重要目标是培养学生的思维能力，这种能力对工程设计来说很关键。

    A. 仅Ⅱ。　　　　　　　　　B. 仅Ⅰ和Ⅱ。　　　　　　　　　C. 仅Ⅰ和Ⅲ。

    D. 仅Ⅱ和Ⅲ。　　　　　　　E. Ⅰ、Ⅱ和Ⅲ。

24. 1987年以来，中国人口出生率逐渐走低，以"民工荒"为标志的劳动力短缺现象于2004年首次出现，劳动力的绝对数量在2013年左右达到峰值后将逐渐下降。今后，企业为保证用工必须提高工人的工资水平和福利待遇，从而增加劳动力成本在生产总成本中的比重。

    如果以下陈述为真，则哪一项能够对上述结论构成最有力的质疑？

    A. 中国社会的"老龄化"进程正在加快，相关部门提出延迟退休以解决养老金短缺问题。

B. 提高工人的工资水平和福利待遇对企业利润有一定的损害。

C. 相关部门正在研究是否应该对计划生育政策做出适当调整。

D. 企业为保持利润会想方设法降低生产成本。

E. 国内一些劳动密集型企业开始增加生产线上机器人的数量。

25. 新的法律规定，由政府资助的高校研究成果的专利将归学校所有。京华大学的管理者计划卖掉他们所有的专利给企业，以此来获得资金，改善该校本科生的教育条件。

以下哪项如果为真，将对学校管理者的计划的可行性构成严重质疑？

A. 对学校专利产品感兴趣的盈利企业有可能对高校的研究计划提供赞助。

B. 在新的税法中有规定，对高校研究提供赞助的可以减免一部分税收。

C. 在京华大学从事研究的科学家几乎完全不涉足本科生教育。

D. 由政府资助的设在京华大学的研究机构的研究成果已经被一些企业自行研制出来。

E. 京华大学不能吸引企业对其研究进行投资。

26. 1993 年以来，我国内蒙古地区经常出现沙尘暴，造成重大经济损失。有人认为，沙尘暴是由气候干旱造成草原退化、沙化而引起的，是天灾，因此是不可避免的。

以下各项如果为真，都能够对上述观点提出质疑，除了：

A. 近年来内蒙古牧民大规模猎杀草原狼，使得破坏植被的动物如兔子、老鼠等泛滥。

B. 在内蒙古呼伦贝尔和锡林郭勒退化草原的对面，蒙古国草原的草高达 1 米左右。

C. 在几乎无人居住的中蒙 10 公里宽的边界线上，草依然保持着 20 世纪 50 年代的高度。

D. 过度放牧等人为因素是草原退化、沙化的重要原因。

E. 20 世纪 50 年代，内蒙古锡林郭勒草原的草有马肚子那样高，现在的草连老鼠都盖不住。

27. 由于烧伤致使四个手指黏结在一起时，处置方法是用手术刀将手指黏结部分切开，然后实施皮肤移植，将伤口覆盖住。但是，有一个非常头痛的问题是，手指靠近指根的部分常会随着伤势的愈合又黏结起来，非再一次开刀不可。一位年轻的医生从穿着晚礼服的新娘子手上戴的白手套得到启发，发明了完全套至指根的保护手套。

以下哪项如果为真，最能削弱该保护手套的作用？

A. 该保护手套的透气性能直接关系到伤势的愈合。

B. 由于材料的原因，保护手套的制作费用比较贵，如果不能大量使用，价格很难下降。

C. 烧伤后新生长的皮肤容易与保护手套粘连，在拆除保护手套时容易造成新的伤口。

D. 保护手套需要与伤患的手形吻合，这就影响了保护手套的大批量生产。

E. 保护手套不一定能适用于脚趾烧伤后的复原。

28. 一份研究报告显示，北大干部子女的比例从 20 世纪 80 年代的 20％以上增至 1997 年的近 40％，超过工人、农民和专业技术人员子女，成为最大的学生来源。有媒体据此认为，北大学生中干部子女比例 20 年来不断攀升，远超其他阶层。

以下哪项如果为真，最能质疑上述媒体的观点？

A. 近 20 年统计中的干部许多是企业干部，以前只包括政府机关的干部。

B. 相较于国外，中国教育为工农子女提供了更多受教育及社会流动的机会。

C. 新中国成立后，越来越多的工农子女进入大学。

D. 统计中部分工人子女可能是以前的农民子女。

E. 事实上进入美国精英大学的社会下层子女也越来越少。

29. 利兹鱼生活在距今约 1.65 亿年前的侏罗纪中期，是恐龙时代一种体形巨大的鱼类。利兹鱼在出生后 20 年内可长到 9 米长，平均寿命 40 年左右，最大的体长甚至可达到 16.5 米。这个体形与现代最大的鱼类鲸鲨相当，而鲸鲨的平均寿命约为 70 年，因此利兹鱼的生长速度很可能超过鲸鲨。

以下哪项如果为真，最能反驳上述论证？

A. 利兹鱼和鲸鲨都以海洋中的浮游生物、小型动物为食，生长速度不可能有大的差异。

B. 利兹鱼和鲸鲨尽管寿命相差很大，但是它们均在 20 岁左右达到成年，体形基本定型。

C. 鱼类尽管寿命长短不同，但其生长阶段基本上与其幼年、成年、中老年相应。

D. 侏罗纪时期的鱼类和现代鱼类其生长周期没有明显变化。

E. 远古时期的海洋环境和今天的海洋环境存在很大的差异。

30. 社会成员的幸福感是可以运用现代手段精确量化的。衡量一项社会改革措施是否成功，要看社会成员的幸福感总量是否增加，S 市最新推出的福利改革明显增加了公务员的幸福感总量，因此，这项改革措施是成功的。

以下哪项如果为真，最能削弱上述论证？

A. 上述改革措施并没有增加 S 市所有公务员的幸福感。

B. S 市公务员只占全市社会成员很小的比例。

C. 上述改革措施在增加公务员幸福感总量的同时，减少了 S 市民营企业人员的幸福感总量。

D. 上述改革措施在增加公务员幸福感总量的同时，减少了 S 市全体社会成员的幸福感总量。

E. 上述改革措施已经引起 S 市市民的广泛争议。

专项训练 **6** 支持题

（共 30 题， 每题 2 分， 限时 60 分钟）你的得分是＿＿＿＿＿＿

1. 壳牌石油公司连续三年在全球 500 家最大公司净利润总额排名中位列第一，其主要原因是该公司比其他公司有更多的国际业务。

   下列哪项如果为真，则最能支持上述说法？

   A. 与壳牌公司规模相当但国际业务少的石油公司的净利润总额都比壳牌石油公司低。

   B. 历史上全球 500 家最大公司的净利润总额冠军都是石油公司。

   C. 近三年来全球最大的 500 家公司都在努力走向国际化。

   D. 近三年来石油和成品油的价格都很稳定。

   E. 壳牌石油公司是英国和荷兰两国所共同拥有的。

2. 一项调查显示：79.8％的糖尿病患者对血糖监测的重要性认识不足，即使在进行血糖检测的患者中仍然有 62.2％的人对血糖监测的时间和频率缺乏正确的认知；73.6％的患者不了解血糖控制的目标，这组数据足以表明目前我国血糖检测应用现状不尽如人意。有专家表示，近八成的糖尿病患者不重视血糖监测，这说明大部分患者还不知道应该如何管理糖尿病。

   以下哪项如果为真，则最能支持上述专家的观点？

   A. 如果不测血糖，就不知道自身血糖水平是高还是低，从而使饮食、锻炼、治疗方面的努力变成徒劳。

   B. 血糖监测是糖尿病综合治疗中的重要环节。

   C. 除非重视血糖监测，否则不能对糖尿病进行科学有效的管理。

   D. 除非不重视血糖监测，否则就能对糖尿病进行科学有效的管理。

   E. 血糖监测是控制糖尿病的基础。

3. 体内不产生 P450 物质的人与产生 P450 物质的人比较，前者患帕金森氏综合征(一种影响脑部的疾病)的可能性三倍于后者，因为 P450 物质可保护脑部组织不受有毒化学物质的侵害。因此，有毒化学物质可能导致帕金森氏综合征。

   下列哪项如果为真，将最有力地支持以上论证？

   A. 除了保护脑部组织不受有毒化学物质的侵害外，P450 物质对脑部无其他作用。

   B. 体内不能产生 P450 物质的人，也缺乏产生某些其他物质的能力。

   C. 一些帕金森氏综合征病人有自然产生 P450 物质的能力。

   D. 当用多乙胺(一种脑部自然产生的化学物质)治疗帕金森氏综合征病人时，病人的症状减轻。

   E. 很快就有可能合成 P450 物质，用于治疗体内不能产生这种物质的病人。

4. 保护野生动物种群的法律不应该强制应用于以捕获野生动物为生却不会威胁到野生动物种群延续的捕猎行为。

   如果以下陈述为真，则哪一项最有力地证明了上述原则的正当性？

   A. 对任何以营利为目的而捕获野生动物的行为，都应该强制执行野生动物保护法。

   B. 尽管眼镜蛇受到法律的保护，但由于人的生命安全受到威胁而杀死眼镜蛇的行为不会受到法律的制裁。

   C. 蒙古牧民喜欢饲养牛羊并食用牛羊肉，并未造成牛羊的灭绝。

D. 人类猎杀大象有几千年了，并未使大象种群灭绝，因而强制执行保护野生象的法律是没必要的。

E. 极地最北端的因纽特人以弓头鲸为食物，每年捕获弓头鲸的数量远远低于弓头鲸新成活的数量。

5. 有时候，一个人不能精确地解释一个抽象词语的含义，却能十分恰当地使用这个词语进行语言表达。可见，理解一个词语并非一定依赖于对这个词语的含义作出精确的解释。

以下哪一项陈述能为上面的结论提供最好的支持？

A. 抽象词语的含义是不容易得到精确解释的。

B. 如果一个人能精确地解释一个词语的含义，那他就理解这个词语。

C. 一个人不能精确地解释一个词语的含义，不意味着其他人也不能精确地解释这个词语的含义。

D. 如果一个人能十分恰当地使用一个词语进行语言表达，那他就理解这个词语。

E. 有时候人们也不能精确地表达一个非抽象词语的含义。

6. 某个实验把一批吸烟者作为对象。实验对象分为两组：第一组是实验组，第二组是对照组。实验组的成员被强制戒烟，对照组的成员不戒烟。三个月后，实验组成员的平均体重增加了10％，而对照组成员的平均体重基本不变。实验结果说明，戒烟会导致吸烟者的体重增加。

以下哪项如果为真，最能加强上述实验结论的说服力？

A. 实验组和对照组成员的平均体重基本相同。

B. 实验组和对照组的人数相等。

C. 除戒烟外，对每个实验对象来说，可能影响体重变化的生存条件基本相同。

D. 除戒烟外，对每个实验对象来说，可能影响体重变化的生存条件基本保持不变。

E. 上述实验的设计者是著名的保健专家。

7. 研究发现，昆虫是通过它们身体上的气孔系统来"呼吸"的。气孔连着气管，而且由上往下又附着更多层的越来越小的气孔，由此把氧气送到全身。在目前大气的氧气含量水平下，气孔系统的总长度已经达到极限；若总长度超过这个极限，供氧的能力就会不足。因此，可以判断，氧气含量的多少可以决定昆虫的形体大小。

以下哪项如果为真，最能支持上述论证？

A. 对海洋中的无脊椎动物的研究也发现，在更冷和氧气含量更高的水中，那里的生物的体积也更大。

B. 石炭纪时期地球大气层中氧气的浓度高达35％，比现在的21％要高很多，那时地球上生活着许多巨型昆虫，蜻蜓翼展接近一米。

C. 小蝗虫在低含氧量环境中尤其是氧气浓度低于15％的环境中就无法生存，而成年蝗虫则可以在2％的氧气含量环境下生存下来。

D. 在氧气含量高，气压也高的环境下，接受试验的果蝇生活到第五代，身体尺寸增长了20％。

E. 在同一座山上，生活在山脚下的动物总体上比生活在山顶的同种动物要大。

8. 某城市一个居民小区2014年以前盗窃事件经常发生，2014年在小区居民的要求下，物业管理部门为该小区安装了技术先进的多功能防盗系统，结果该小区盗窃事件的发生率显著下降，这说明多功能防盗系统对于防止盗窃事件的发生起到了重要的作用。

以下哪一项如果为真，最能加强上述结论？

A. 从 2014 年开始，该城市其他小区的盗窃事件有显著增加。

B. 该城市另一个居民小区也安装了这种多功能防盗系统，但效果不佳。

C. 从 2014 年开始，该城市加强了治安管理，盗窃事件有所减少。

D. 采取其他的防盗措施对预防盗窃事件也能起到一定的效果。

E. 该多功能防盗系统设计巧妙，多次获得奖项。

9. 心理学研究表明，大学里的曲棍球和橄榄球运动员比参加游泳等非对抗性运动的运动员能更快地进入敌对和攻击状态。但是，这些研究人员的结论——对抗性运动鼓励和培养运动的参与者变得怀有敌意和具有攻击性——是站不住脚的。橄榄球和曲棍球运动员可能天生就比游泳运动员更怀有敌意和具有攻击性。

下面哪项如果正确，则最能增强研究人员的结论？

A. 一般只有那些性格具有侵略性的人才能成为橄榄球运动员。

B. 棒球和曲棍球运动员，在实验开始的时候知道他们正在被检查攻击性，而游泳运动员并不知情。

C. 同一次心理学研究发现，橄榄球运动员与曲棍球运动员非常重视协作和集体比赛，而游泳运动员最关心的是个人竞争。

D. 这次研究考察设计时没有包括同时参加对抗性和非对抗性运动的大学运动员。

E. 橄榄球运动员与曲棍球运动员在赛季中比非赛季期更怀有敌意和具有攻击性，而游泳运动员的攻击性在赛季中和非赛季期没有变化。

10. 一则公益广告劝告人们，酒后不要开车，直到你感到能安全驾驶的时候才开。然而，在医院进行的一项研究发现，酒后立即被询问的对象往往低估他们恢复驾驶能力所需要的时间。这个结果表明，在驾驶前饮酒的人很难遵循这个广告的劝告。

下列哪项如果为真，最能强有力地支持以上结论？

A. 对于许多人来说，如果他们计划饮酒的话，他们会事先安排不饮酒的人开车送他们回家。

B. 医院中被研究的对象在估计他们恢复驾驶能力所需要的时间时，通常比其他饮酒的人更保守。

C. 一些不得不开车回家的人就不饮酒。

D. 医院研究的对象也被询问，恢复对安全驾驶不起重要作用的能力所需要的时间。

E. 一般的人对公益广告的警觉比医院研究对象的警觉高。

11. 甲："你不能再抽烟了。抽烟确实对你的健康非常不利。"

乙："你错了。我这样抽烟已经 15 年了，但并没有患肺癌，上个月我才做的体检。"

有关上述对话，以下哪项如果为真，最能加强和支持甲的意见？

A. 抽烟增加了家庭的经济负担，容易造成家庭矛盾，甚至导致家庭破裂。

B. 抽烟不仅污染环境，影响卫生，还会造成家人或同事们被动吸烟。

C. 对健康的危害不仅指患肺癌或其他明显疾病，还包括潜在的影响。

D. 如果不断抽烟，那么烟瘾将越来越大，以后就更难戒除了。

E. 与名牌的优质烟相比，冒牌劣质烟对健康的危害更甚。

12. 有的人即便长时间处于高强度的压力下，也不会感到疲劳，而有的人哪怕干一点活也会觉得累。这除了体质或者习惯不同之外，还可能与基因不同有关。英国格拉斯哥大学的研究小组通过对 50 名慢性疲劳综合征患者基因组的观察，发现这些患者的某些基因与同年龄，同性别健康人的基因是有差别的。

以下哪项如果为真，最能支持该研究成果应用于慢性疲劳综合征的诊断和治疗？

A. 基因鉴别已在一些疾病的诊断中得到应用。

B. 科学家们鉴别出了导致慢性疲劳综合征的基因。

C. 目前尚无诊断和治疗慢性疲劳综合征的方法。

D. 在慢性疲劳综合征患者身上有一种独特的基因。

E. 按照现在医疗技术的发展速度，开发出治疗慢性疲劳综合征的药品指日可待。

13. 有些人若有一次厌食，就会对这次膳食中有特殊味道的食物持续产生强烈厌恶，不管这种食物是否会对身体有利。这种现象可以解释为什么小孩更易于对某些食物产生强烈的厌恶。

以下哪项如果为真，最能加强上述解释？

A. 小孩的膳食搭配中含有特殊味道的食物比成年人多。

B. 对未尝过的食物，成年人比小孩更容易产生抗拒心理。

C. 小孩的嗅觉和味觉比成年人敏锐。

D. 和成年人相比，小孩较为缺乏食物与健康的相关知识。

E. 如果讨厌某种食物，小孩厌食的持续时间比成年人更长。

14. 在司法审判中，所谓肯定性误判是指把无罪者判为有罪，否定性误判是指把有罪者判为无罪。肯定性误判就是所谓的错判，否定性误判就是所谓的错放。而司法公正的根本原则是"不放过一个坏人，不冤枉一个好人"。某法学家认为，目前，衡量一个法院在办案中是否对司法公正的原则贯彻得足够好，就看它的肯定性误判率是否足够低。

以下哪项如果为真，能最有力地支持上述法学家的观点？

A. 错放，只是放过了坏人；错判，则是既放过了坏人，又冤枉了好人。

B. 宁可错判，不可错放，是"左"的思想在司法界的反映。

C. 错放造成的损失，大多是可弥补的；错判对被害人造成的伤害，是不可弥补的。

D. 各个法院的办案正确率普遍有明显的提高。

E. 各个法院的否定性误判率基本相同。

15. 许多种属的蜘蛛通过改变它们自身的颜色来和它们所寄住的花的颜色相匹配。这些蜘蛛的捕食对象——昆虫，和人类不同，却拥有如此敏锐的分辨颜色的本领，它们能够很容易地发现经过颜色伪装的蜘蛛。因此，蜘蛛通过改变颜色伪装自己必定是为了躲避它们自己的天敌。

下面哪项如果为真，最能有力地加强上面的推理？

A. 以这些自身会变颜色的蜘蛛为食的是一些蝙蝠，它们通过发出的声波的回音来捕食猎物。

B. 一些以这些自身会变颜色的蜘蛛为食的动物很少去捕获蜘蛛以防止自己摄入的蜘蛛毒液过量而受到损害。

C. 自身会变颜色的蜘蛛比那些缺少此能力的蜘蛛拥有更敏锐的分辨颜色的能力。

D. 自身会变颜色的蜘蛛织的蛛网很容易被它们的天敌发现。

E. 以自身会变颜色的蜘蛛为食的鸟类分辨颜色的能力并不比人类分辨颜色的能力敏锐多少。

16. 调查表明，最近几年来，成年人中患肺结核的病例逐年减少。但是，据此还不能得出肺结核发病率逐年下降的结论。

以下哪项如果为真，最能加强上述结论？

A. 上述调查的重点是在城市，农村中肺结核的发病情况缺乏准确的统计。

B. 肺结核早就不是不治之症。

C. 和心血管病、肿瘤病等比较，近年来对肺结核的防治缺乏足够的重视。

D. 防治肺结核病的医疗条件近年来有较大的改善。

E. 近年来未成年人中的肺结核病例有所上升。

17. 威尔和埃克斯这两家公司，对使用他们字处理软件的顾客，提供 24 小时的热线电话服务。既然顾客仅在使用软件有困难时才打电话，并且威尔收到的热线电话比埃克斯收到的热线电话多四倍，因此，威尔的字处理软件一定比埃克斯的字处理软件难用。

下列哪项如果为真，则最能够有效地支持上述论证？

A. 平均每个埃克斯热线电话比威尔热线电话时间长两倍。

B. 拥有埃克斯字处理软件的顾客数比拥有威尔字处理软件的顾客数多三倍。

C. 埃克斯收到的关于字处理软件的投诉信比威尔多两倍。

D. 这两家公司收到的热线电话数量逐渐上升。

E. 威尔热线电话的号码比埃克斯的号码更公开。

18. 经 A 省的防疫部门检测，在该省境内接受检疫的长尾猴中，有 1‰感染上了狂犬病。但是只有与人及其宠物有接触的长尾猴才接受检疫。防疫部门的专家因此推测，该省长尾猴中感染有狂犬病的比例，将大大小于 1‰。

以下哪项如果为真，将最有力地支持专家的推测？

A. 在 A 省境内，与人及其宠物有接触的长尾猴，只占长尾猴总数的不到 10%。

B. 在 A 省，感染有狂犬病的宠物，约占宠物总数的 0.1‰。

C. 在与 A 省毗邻的 B 省境内，至今没有关于长尾猴感染狂犬病的疫情报告。

D. 与和人接触相比，健康的长尾猴更愿意与人的宠物接触。

E. 与健康的长尾猴相比，感染有狂犬病的长尾猴更愿意与人及其宠物接触。

19. 一个已经公认的结论是，北美洲人的祖先来自亚洲。至于亚洲人是如何到达北美洲的，科学家们一直假设，亚洲人是跨越在 14 000 年以前还连接着北美洲和亚洲，后来沉入海底的陆地进入北美洲的，在艰难的迁徙途中，他们靠捕猎沿途陆地上的动物为食。最近的新发现导致了一个新的假设，亚洲人是划船沿着上述陆地的南部海岸，沿途以鱼和海洋生物为食而进入北美洲的。

以下哪项如果为真，最能使人有理由在两个假设中更相信后者？

A. 当北美洲和亚洲还连在一起的时候，亚洲人主要以捕猎陆地上的动物为生。

B. 上述连接北美洲和亚洲的陆地气候极为寒冷，植物品种和数量都极为稀少，无法维持动物的生存。

C. 存在于 8 000 年以前的亚洲和北美洲文化，显示出极大的类似性。

D. 在欧洲，靠海洋生物为人的食物来源的海洋文化，最早发端于 10 000 年以前。

E. 在亚洲南部，靠海洋生物为人的食物来源的海洋文化，最早发端于 14 000 年以前。

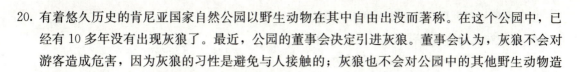

20. 有着悠久历史的肯尼亚国家自然公园以野生动物在其中自由出没而著称。在这个公园中，已经有 10 多年没有出现灰狼了。最近，公园的董事会决定引进灰狼。董事会认为，灰狼不会对游客造成危害，因为灰狼的习性是避免与人接触的；灰狼也不会对公园中的其他野生动物造成危害，因为公园为灰狼准备了足够的家畜如山羊、兔子等作为食物。

以下各项如果为真，都能加强题干中董事会的论证，除了：

A. 作为灰狼食物的山羊、兔子等和野生动物一样在公园中自由出没，这增加了公园的自然气息和游客的乐趣。

B. 灰狼在进入公园前将经过严格的检疫，事实证明，只有患有狂犬病的灰狼才会主动攻击人。

C. 在自然公园中，游客通常坐在汽车中游览，不会遭到野兽的直接攻击。

D. 麋鹿是一种反应极其敏捷的野生动物。灰狼在公园中对麋鹿可能的捕食将减少其中的不良个体，从总体上有利于麋鹿的优化繁衍。

E. 公园有完善的排险设施，能及时地监控并有效地排除人或野生动物遭遇的险情。

21. 关节尿酸炎是一种罕见的严重关节疾病。一种传统的观点认为，这种疾病曾于 2 500 年前在古埃及流行，其根据是在所发现的那个时代的古埃及木乃伊中，有相当高的比例可以发现患有这种疾病的痕迹。但是，最近对于上述木乃伊骨骼的化学分析使科学家们推测，木乃伊所显示的关节损害实际上是对尸体进行防腐处理时所使用的化学物质引起的。

以下哪项如果为真，最能进一步加强对题干中所提及的传统观点的质疑？

A. 在我国西部所发现的木乃伊中，同样可以发现患有关节尿酸炎的痕迹。

B. 关节尿酸炎是一种遗传性疾病，但在古埃及人的后代中这种病的发病率并不比一般的要高。

C. 对尸体进行成功的防腐处理，是古埃及人一项秘而不宣的技术，科学家至今很难确定他们所使用物质的化学性质。

D. 在古代中东文物艺术品的人物造型中，可以发现当时的人患有关节尿酸炎的参考证据。

E. 一些古埃及的木乃伊并没有显示患有关节尿酸炎的痕迹。

22. 大多数工人的专业知识和技能都会逐渐过时，而从掌握到过时所需的时间目前由于新的生产工艺（AMT）的出现而被缩短。考虑到 AMT 的更新速度，一般的工人从技能的掌握到过时的时间逐渐缩短为 4 年。

以下哪项如果可行，将使企业在上述技能的加速折旧中，能最充分地利用工人的技能？

A. 公司把能力强的雇员在他们进入公司的 6 年之后送去培训。

B. 公司每年都对其为期 5 年的 AMT 计划追加投资。

C. 公司定期走访雇员，来确定 AMT 计划对他们的影响。

D. 在 AMT 计划实行之前，公司将开设一个教育机构来向雇员说明 AMT 计划将对他们产生的影响。

E. 公司为其雇员定期开办培训，使他们不断适应工作的需要。

23. 美国联邦所得税是累进税，收入越高，纳税率越高。美国有的州还在自己管辖的范围内，在绝大部分出售商品的价格上附加 7% 左右的销售税。如果销售税也被视为所得税的一种形式的话，那么，这种税收是违背累进原则的：收入越低，纳税率越高。

以下哪项如果为真，最能加强题干的结论？

A. 人们花在购物上的钱基本上是一样的。

B. 近年来，美国的收入差别显著扩大。

C. 低收入者有能力支付销售税，因为他们缴纳的联邦所得税相对较低。

D. 销售税的实施，并没有减少商品的销售总量，但售出商品的比例有所变动。

E. 美国的大多数州并没有征收销售税。

24. 为了奖励那些经常乘坐本公司航班的乘客，大北亚航空公司每年都向这部分乘客赠送礼券，凭一张礼券就可免费兑换大北亚航空公司机票一张。这样的机票自然不办理退票。一家商贸公司计划组织人力，专门收购这样的礼券，再以低于相应的机票标准价出售，从中牟利。

为了避免上述商贸公司在实施其计划后可能给大北亚航空公司带来的经济损失，以下哪项最可能是大北亚航空公司所采取的措施？

A. 提高赠送礼券的标准，从而减少所要赠送的礼券的数量。

B. 缩短由礼券兑换机票的时限。

C. 缩短由礼券所兑换的机票的有效期限。

D. 限制由礼券所兑换的机票的使用者的身份。

E. 限制由礼券所兑换的机票的有效航线。

25. "安慰剂效应"是指让病人在不知情的情况下服用完全没有药效的假药，却能得到与真药相同甚至更好效果的现象。"安慰剂效应"得到了很多临床研究的支持。对这种现象的一种解释是：人对于未来的期待会改变大脑的生理状态，进而引起全身的生理变化。

以下陈述都能支持上述解释，除了：

A. 安慰剂生效是多种因素共同作用的结果。

B. 安慰剂对丧失了预期未来能力的老年痴呆症患者毫无效果。

C. 有些病人不相信治疗会有效果，虽然进行了正常的治疗，但其病情却进一步恶化。

D. 给实验对象注射生理盐水，并让他相信是止痛剂，实验对象的大脑随后分泌出止痛物质内啡肽。

E. 在病人知情的情况下，失去了对安慰剂取得疗效的期待，安慰剂也就失去了作用。

26. 喜欢甜味的习性曾经对人类有益，因为它使人在健康食品和非健康食品之间选择前者。例如，成熟的水果是甜的，不成熟的水果则不甜，喜欢甜味的习性促使人类选择成熟的水果。但是，现在的食糖是经过精制的。因此，喜欢甜味不再是一种对人有益的习性，因为精制食糖不是健康食品。

以下哪项如果为真，最能加强上述论证？

A. 绝大多数人都喜欢甜味。

B. 许多食物虽然生吃有害健康，但经过烹饪则可成为极有营养的健康食品。

C. 有些喜欢甜味的人，在一道甜点心和一盘成熟的水果之间，更可能选择后者。

D. 喜欢甜味的人，在含食糖的食品和有甜味的自然食品（例如成熟的水果）之间，更可能选择前者。

E. 史前人类只有依赖味觉才能区分健康与非健康食品。

27. 在法庭的被告中，被指控偷盗、抢劫的定罪率，要远高于被指控贪污、受贿的定罪率。其重要原因是后者能聘请收费昂贵的私人律师，而前者主要由法庭指定的律师辩护。

    以下哪项如果为真，最能支持题干的叙述？

    A. 被指控偷盗、抢劫的被告，远多于被指控贪污、受贿的被告。

    B. 一个合格的私人律师，与法庭指定的律师一样，既忠实于法律，又努力维护委托人的合法权益。

    C. 被指控偷盗、抢劫的被告中罪犯的比例，不高于被指控贪污、受贿的被告。

    D. 一些被指控偷盗、抢劫的被告，有能力聘请私人律师。

    E. 司法腐败导致对有权势的罪犯的庇护，而贪污、受贿等职务犯罪的构成要件是当事人有职权。

28. 近十年来，力格空调公司通过不断引进先进设备和技术，使得劳动生产率大为提高，即在单位时间里，较少的工人生产了较多的产品。

    以下哪项如果为真，一定能支持上述结论？

    Ⅰ. 和 2011 年相比，2020 年力格空调公司的年利润增加了一倍，工人增加了 10%。

    Ⅱ. 和 2011 年相比，2020 年力格空调公司的年产量增加了一倍，工人增加了 100 人。

    Ⅲ. 和 2011 年相比，2020 年力格空调公司的年产量增加了一倍，工人增加了 10%。

    A. 仅Ⅰ。　　　　　　　　　　B. 仅Ⅱ。　　　　　　　　　　C. 仅Ⅲ。

    D. 仅Ⅰ和Ⅲ。　　　　　　　　E. Ⅰ、Ⅱ和Ⅲ。

29. 一般认为，一个人在他 80 岁和 30 岁时相比，理解和记忆能力都显著减退。最近一项调查显示，80 岁的老人和 30 岁的年轻人在玩麻将时所表现出的理解和记忆能力没有明显差别。因此，认为一个人到了 80 岁理解和记忆能力会显著减退的看法是站不住脚的。

    以下哪项如果为真，最能加强上述论证？

    A. 目前 30 岁的年轻人的理解和记忆能力，高于 50 年前的同龄人。

    B. 上述调查的对象都是退休或在职的大学教师。

    C. 上述调查由权威部门策划和实施。

    D. 记忆能力的减退不必然导致理解能力的减退。

    E. 科学研究证明，人的平均寿命可以达到 120 岁。

30. W-12 是一种严重危害谷物生长的病毒，每年都要造成谷物的大量减产。科学家们发现，把一种从 W-12 中提取的基因植入易受其感染的谷物基因中，可以使该谷物产生对 W-12 的抗体，从而大大减少损失。

    以下哪项如果为真，都能加强上述结论，除了：

    A. 经验证明，在同一块土地上相继种植两种谷物，如果第一种谷物不易感染某种病毒，则第二种谷物通常也如此。

    B. 病毒的感染能力越强，则其繁衍越强；反之，则越弱。

    C. 植物通过基因变异获得的抗体会传给后代。

    D. 植物通过基因变异获得对某种病毒的抗体的同时，会增加对其他某些病毒的抵抗力。

    E. 植物通过基因变异获得对某种病毒的抗体的同时，会改变其某些生长特性。

专项训练 7　假设题

（共 30 题，　每题 2 分，　限时 60 分钟）你的得分是＿＿＿＿＿＿

1. 交通部科研所最近研制了一种自动照相机，凭借其对速度的敏锐反应，当且仅当违规超速的汽车经过镜头时，它会自动按下快门。在某条单向行驶的公路上，在一个小时中，这样的一架照相机共拍摄了 50 辆超速汽车的照片。从这架照相机出发，在这条公路前方的 1 公里处，一批交通警察于隐蔽处进行目测超速汽车能力的测试。在上述同一个小时中，某个警察测定，共有 25 辆汽车超速通过。由于经过自动照相机的汽车一定经过目测处，因此，可以推断，这个警察的目测超速汽车的准确率不高于 50％。

   要使题干的推断成立，以下哪项是必须假设的？

   A. 在该警察测定为超速的汽车中，包括在照相机处不超速而到目测处超速的汽车。

   B. 在该警察测定为超速的汽车中，包括在照相机处超速而到目测处不超速的汽车。

   C. 在上述一个小时中，在照相机前不超速的汽车，到目测处不会超速。

   D. 在上述一个小时中，在照相机前超速的汽车，都一定超速通过目测处。

   E. 在上述一个小时中，通过目测处的非超速汽车一定超过 25 辆。

2. 最近，在一百万年前的河姆渡氏族公社遗址发现了烧焦的羚羊骨残片，这证明人类在很早的时候就掌握了取火煮食肉类的技术。

   上述推论中隐含着下列哪项假设？

   A. 从河姆渡公社以来的所有人都掌握了取火的技术。

   B. 河姆渡人不生食羚羊肉。

   C. 只要发现烧焦的羚羊骨就能证明早期人类曾聚居于此。

   D. 河姆渡人以羚羊肉为主食。

   E. 羚羊骨是被人类取火烧焦的。

3. 培养能适应新时代要求的学生的关键因素不是灌输知识，而是培养能力。因此，提高我国的中小学教育质量的关键措施是尽快地把目前的应试教育改为素质教育。

   以下各项都可能是上述论证所假设的，除了：

   A. 提高我国的中小学教育质量的主要目标是培养能适应新时代要求的学生。

   B. 目前我国的中小学教育中的应试教育不利于培养学生的能力。

   C. 素质教育的着重点不是灌输知识。

   D. 掌握了较多知识的学生不一定有较强的能力。

   E. 有较强能力的学生一定能掌握较多的知识。

4. 地球所在的太阳系的八大行星中，存在生命的就占了八分之一。按照这个比例，考虑到宇宙中存在数量巨大的行星，因此，宇宙中有生命的天体的数量一定是极其巨大的。

   以上论证的漏洞在于，不加证明就预先假设了以下哪项？

   A. 一个天体如果与地球类似，就一定存在生命。

   B. 一个星系，如果与太阳系类似，就一定恰有八个行星。

   C. 太阳系的行星与宇宙中的许多行星类似。

D. 类似于地球上的生命可以在条件迥异的其他行星上生存。

E. 地球是最适合生命存在的行星。

5. 人类学家发现早在旧石器时代，人类就有了死后复生的信念。在发掘出的那个时代的古墓中，死者的身边有衣服、饰物和武器等陪葬物，这是最早的关于人类具有死后复生信念的证据。

以下哪项是上述论证所假定的？

A. 死者身边的陪葬物是死者生前所使用过的。

B. 死后复生是大多数宗教信仰的核心信念。

C. 宗教信仰是大多数古代文明社会的特征。

D. 放置陪葬物是后人表示对死者的怀念与崇敬。

E. 陪葬物是为了死者在复生后使用而准备的。

6. 最近几年，外科医生数量的增长超过了外科手术数量的增长，而许多原来必须施行的外科手术现在又可以代之以内科治疗，这样，最近几年，每个外科医生每年所做的手术的数量平均下降了 1/4。如果这种趋势得不到扭转，那么，外科手术的普遍质量和水平不可避免地会降低。

上述论证基于以下哪项假设？

A. 一个外科医生不可能保持他的手术水平，除非他每年所做手术的数量不低于一个起码的标准。

B. 新上任的外科医生的手术水平普遍低于已在任的外科医生。

C. 最近几年，外科手术的数量逐年减少。

D. 最近几年，外科手术的平均质量和水平下降了。

E. 一些有经验的外科医生最近几年每年所做的外科手术比以前要多。

7. 在某一地区的几个国家中，讲卡若尼安语言的人占总人口的少数。一个国际团体建议以一个独立国家的方式给予讲卡若尼安语言的人居住的地区自主权，在那里讲卡若尼安语言的人可以占总人口的大多数。但是，讲卡若尼安语言的人居住在几个广为分散的地方，这些地方不能以单一连续的边界相连接，同时也就不允许讲卡若尼安语言的人占总人口的多数。因此，那个建议不能得到满足。

以上论述依赖于下面哪项假设？

A. 曾经存在一个讲卡若尼安语言的人占总人口多数的国家。

B. 讲卡若尼安语言的人倾向于认为他们自己构成了一个单独的社区。

C. 那个建议不能以创建一个由不相连接的地区构成的国家的方式得到满足。

D. 新的讲卡若尼安语言国家的公民不包括任何不讲卡若尼安语言的人。

E. 大多数国家都有几种不同的语言。

8. 面试在求职过程中非常重要。经过面试，如果应聘者的个性不符合待聘工作的要求，则不可能被录用。

以上论断是建立在下列哪项假设基础上的？

A. 必须经过面试才能取得工作，这是工商界的规矩。

B. 只要与面试主持人关系好，就能被聘用。

C. 面试主持人能够准确地分辨出哪些个性是工作所需要的。

D. 面试的唯一目的就是测试应聘者的个性。

E. 若一个人的个性符合工作的要求，他就一定会被录用。

9. 实验发现，口服少量某种类型的安定药物，可使人们在测谎器的测验中撒谎而不被发现。测谎器对人们所产生的心理压力能够被这类安定药物有效地抑制，同时没有显著的副作用。因此，这类药物可同样有效地减少日常生活的心理压力而无显著的副作用。

以下哪项最可能是题干的论证所假设的？

A. 任何类型的安定药物都有抑制心理压力的效果。

B. 如果禁止测试者服用任何药物，测谎器就有完全准确的测试结果。

C. 测谎器所产生的心理压力与日常生活中人们面临的心理压力类似。

D. 大多数药物都有副作用。

E. 越来越多的人在日常生活中面临日益加重的心理压力。

10. 张教授：智人是一种早期人种。最近在百万年前的智人遗址发现了烧焦的羚羊骨头碎片的化石。这说明人类在自己进化的早期就已经知道用火来烧肉了。

李研究员：但是，在同样的地方也同时发现了被烧焦的智人骨头碎片的化石。

以下哪项最可能是李研究员的议论所假设的？

A. 包括人在内的所有动物，一般不以自己的同类为食。

B. 即使在发展的早期，人类也不会以自己的同类为食。

C. 上述被发现的智人骨头碎片的化石不少于羚羊骨头碎片的化石。

D. 张教授并没有掌握关于智人研究的所有考古资料。

E. 智人的主要食物是动物而不是植物。

11. 很多自称是职业足球运动员的人，尽管日常生活中的很多时间都在进行足球训练和比赛，但其实他们并不真正属于这个行业，因为足球比赛和训练并不是他们主要的经济来源。

上面这段话在推理过程中做了以下哪项假设？

A. 职业足球运动员的技术水准和收入水平都比业余足球运动员要高得多。

B. 经常进行足球训练和比赛是成为职业球员的必由之路。

C. 一个运动员除非他的大部分收入来自比赛和训练，否则不能称为职业运动员。

D. 运动员希望成为职业运动员的动力来自想获得更高的经济收入。

E. 有一些经常进行足球训练和比赛的人并不真正属于职业运动员行业。

12. 张教授：在我国，因偷盗、抢劫或流氓罪入狱的刑满释放人员的重新犯罪率，要远远高于因索贿、受贿等职务犯罪入狱的刑满释放人员。这说明，在狱中对上述前一类罪犯教育改造的效果，远不如对后一类罪犯。

李研究员：你的论证忽视了这样一个事实：流氓犯罪等除了犯罪的直接主客体之外，几乎不需要什么外部条件。而职务犯罪是以犯罪嫌疑人取得某种官职为条件的，事实上刑满释放人员很难再得到官职，因此，因职务犯罪入狱的刑满释放人员不具备重新犯罪的条件。

以下哪项最可能是李研究员的反驳所假设的？

A. 因职务犯罪入狱的刑满释放人员如果具备条件仍然会重新犯罪。

B. 职务犯罪比流氓犯罪等具有更大的危害。

C. 我国监狱对罪犯的教育改造是普遍有效的。

D. 流氓犯罪等比职务犯罪更容易得手。

E. 惯犯基本上犯的是同一类罪行。

13. 尽管有关法律越来越严厉，但盗猎现象并没有得到有效抑制，反而有愈演愈烈的趋势，特别是对犀牛的捕杀。一只没有角的犀牛对盗猎者来说是没有价值的，野生动物保护委员会为了有效地保护犀牛，计划将所有的犀牛角都切掉，以使它们免遭杀害的厄运。

上述野生动物保护委员会的计划假设了以下哪项？

A. 盗猎者不会杀害对他们没有价值的犀牛。

B. 犀牛是盗猎者为获得其角而猎杀的唯一动物。

C. 无角的犀牛比有角的犀牛对包括盗猎者在内的人威胁都小。

D. 无角的犀牛仍可成功地对人类以外的敌人进行防卫。

E. 对盗猎者进行更严格的惩罚并不会降低盗猎者猎杀犀牛的数量。

14. 在西方几个核大国中，若核试验得到了有效的限制，老百姓就会倾向于省更多的钱，出现所谓的商品负超常消费；若核试验的次数增多，老百姓就会倾向于花更多的钱，出现所谓的商品正超常消费。因此，当核战争成为能普遍觉察到的现实威胁时，老百姓为存钱而限制消费的愿望大大降低，商品正超常消费的可能性大大增加。

上述论证基于以下哪项假设？

A. 当核试验次数增多时，有足够的商品支持正超常消费。

B. 在西方几个核大国中，核试验受到了老百姓普遍地反对。

C. 老百姓只能通过本国的核试验的次数来觉察核战争的现实威胁。

D. 商界对核试验乃至核战争的现实威胁持欢迎态度，因为这将带来经济利益。

E. 在冷战年代，上述核战争的现实威胁出现过数次。

15. 学校董事会决定减少员工中教师的数量。学校董事会计划首先解雇效率较低的教师，而不是简单地按照年龄的长幼决定解雇哪些教师。

校董事会的这个决定假定了以下哪项？

A. 有能比较准确地判定教师效率的方法。

B. 一个人的效率不会与另一个人的相同。

C. 最有教学经验的教师就是最好的教师。

D. 报酬最高的教师通常是最称职的。

E. 每个教师都有某些教学工作是自己的强项。

16. 在 2012 年以前，阿司匹林和退热净独占了利润丰厚的日常使用止痛药市场。但在 2012 年，布洛芬在日常使用的止痛药的份额中占据了 50%。因此，商业专家认为，2012 年相应的阿司匹林和退热净的销售额一共也减少了 50%。

上述结论的提出建立在以下哪项假设的基础之上？

A. 大多数消费者倾向使用布洛芬而不是阿司匹林或退热净。

B. 阿司匹林、退热净和布洛芬都能减轻头痛和肌肉疼痛，但阿司匹林和布洛芬会引起胃肠不适。

C. 布洛芬的加入并没有引起整个日常使用止痛药的市场增加总的销售额。

D. 生产与出售阿司匹林和退热净的公司不生产、出售布洛芬。

E. 2012 年以前，布洛芬是处方药。2012 年之后，布洛芬成了非处方药。

17～18 题基于以下题干：

　张教授：据世界范围的统计显示，20 世纪 50 年代，癌症病人的平均生存年限（即从确诊至死亡的年限）是 2 年，而到 20 世纪末这种生存年限已升至 6 年。这说明，世界范围内诊治癌症的医疗水平总体上有了显著的提高。

　李研究员：您的论证缺乏说服力。因为您至少忽略了这样一个事实：20 世纪末癌症的早期确诊率较 20 世纪 50 年代有了显著的提高。

17. 李研究员的反驳基于以下哪项假设？

　　A. 张教授的论证所依据的统计数据是完全准确的。

　　B. 癌症的早期确诊有利于延长患者的生存年限。

　　C. 20 世纪末人类的平均寿命较 50 年代有了显著的提高。

　　D. 20 世纪 50 年代以来，癌症一直是威胁人类健康和生命的头号杀手。

　　E. 癌症是可以彻底治愈的。

18. 以下哪项如果为真，最能削弱李研究员的反驳？

　　A. 癌症的早期确诊，很大程度上依赖于患者的自我保健意识。

　　B. 对癌症的早期确诊，是提高癌症诊治水平的重要内容和标准。

　　C. 无论是在 20 世纪 50 年代还是在 20 世纪末，诊治癌症的医疗水平在世界的不同国家和地区是不平衡的。

　　D. 20 世纪末癌症的发病率比 20 世纪 50 年代有显著提高。

　　E. 20 世纪末和 20 世纪 50 年代相比，有更多的癌症患者接受化疗。

19. 一位足球教练这样教导他的队员："足球比赛从来都是以结果论英雄。在足球比赛中，你不是赢家就是输家；在球迷的眼里，你要么是勇敢者，要么是懦弱者。由于所有的赢家在球迷眼里都是勇敢者，所以每个输家在球迷眼里都是懦弱者。"

　　为使上述足球教练的论证成立，以下哪项是必须假设的？

　　A. 在球迷们看来，球场上勇敢者必胜。

　　B. 球迷具有区分勇敢和懦弱的准确判断力。

　　C. 球迷眼中的勇敢者，不一定是真正的勇敢者。

　　D. 即使在球场上，输赢也不是区分勇敢者和懦弱者的唯一标准。

　　E. 在足球比赛中，赢家一定是勇敢者。

20. 在汉语和英语中，"塔"的发音是一样的，这是英语借用了汉语；"幽默"的发音也是一样的，这是汉语借用了英语。而在英语和姆巴拉拉语中，"狗"的发音也是一样的，但可以肯定，使用这两种语言的人交往只是将近两个世纪的事，而姆巴拉拉语（包括"狗"的发音）的历史，几乎和英语一样古老。另外，这两种语言，属于完全不同的语系，没有任何亲缘关系。因此，这说明，不同的语言中出现意义和发音相同的词，并不一定是由于语言的相互借用，或是由语言的亲缘关系所致。

为使以上论述成立，以下哪项是必须假设的？

A. 汉语和英语中，意义和发音相同的词都是相互借用的结果。

B. 除了英语和姆巴拉拉语以外，还有多种语言对"狗"有相同的发音。

C. 没有第三种语言从英语或姆巴拉拉语中借用"狗"一词。

D. 如果两种不同语系的语言中有的词发音相同，则使用这两种语言的人一定在某个时期彼此接触过。

E. 使用不同语言的人相互接触，一定会导致语言的相互借用。

21. 天文学家一直假设，宇宙中的一些物质是看不见的。研究显示：许多星云如果都是由能看见的星球构成的话，它们的移动速度要比任何条件下能观测到的快得多。专家们由此推测：这样的星云中包含着看不见的巨大物质，其重力影响着星云的运动。

以下哪项是题干的议论所假设的？

Ⅰ. 题干说的看不见，是指不可能被看见，而不是指离地球太远，不能被人的肉眼或借助天文望远镜看见。

Ⅱ. 上述星云中能被看见的星球总体质量可以得到较为准确的估计。

Ⅲ. 宇宙中看不见的物质，除了不能被看见这点以外，具有看得见的物质的所有属性，例如具有重力。

A. 仅Ⅰ。　　　　　　　　B. 仅Ⅱ。　　　　　　　　C. 仅Ⅲ。

D. 仅Ⅰ和Ⅱ。　　　　　　E. Ⅰ、Ⅱ和Ⅲ。

22. 没有一个植物学家的寿命长到足以研究一棵长白山红松的完整生命过程。但是，通过观察处于不同生长阶段的许多棵树，植物学家就能拼凑出一棵树的生长过程。这一原则完全适用于目前天文学家对星团发展过程的研究。这些由几十万个恒星聚集在一起的星团，大都有 100 亿年以上的历史。

以下哪项最可能是上文所做的假设？

A. 在科学研究中，适用于某个领域的研究方法，原则上都适用于其他领域，即使这些领域的对象完全不同。

B. 天文学的发展已具备对恒星聚集体的不同发展阶段进行研究的条件。

C. 在科学研究中，完整地研究某一个体的发展过程是没有价值的，有时也是不可能的。

D. 目前有尚未被天文学家发现的星团。

E. 对星团的发展过程的研究，是目前天文学研究中的紧迫课题。

23. 急性视网膜坏死综合征是由疱疹病毒引起的眼部炎症综合征。急性视网膜坏死综合征患者的大多数临床表现反复出现，相关的症状体征时有时无，药物治疗效果不佳。这说明，此病是无法治愈的。

上述论证假设反复出现急性视网膜坏死综合征症状体征的患者_____

A. 没有重新感染过疱疹病毒。

B. 没有采取防止疱疹病毒感染的措施。

C. 对疱疹病毒的药物治疗特别抗药。

D. 可能患有其他相关疾病。

E. 先天体质较差。

24. 自从 20 世纪中叶化学工业在世界范围内成为一个产业以来，人们一直担心，它所造成的污染将会严重影响人类的健康。但统计数据表明，这半个世纪以来，化学工业发达的工业化国家的人均寿命增长率，大大高于化学工业不发达的发展中国家。因此，人们关于化学工业危害人类健康的担心是多余的。

   以下哪项是上述论证必须假设的？

   A. 20 世纪中叶，发展中国家的人均寿命，低于发达国家。

   B. 如果出现发达的化学工业，发展中国家的人均寿命增长率会因此更低。

   C. 如果不出现发达的化学工业，发达国家的人均寿命增长率不会因此更高。

   D. 化学工业带来的污染与它带给人类的巨大效益相比是微不足道的。

   E. 发达国家在治理化学工业污染方面投入巨大，效果明显。

25. 有位美国学者做了一个实验，给被试儿童看了三幅图画：鸡、牛、青草，然后让儿童将其分为两类。结果大部分中国儿童把牛和青草归为一类，把鸡归为另一类；大部分美国儿童则把牛和鸡归为一类，把青草归为另一类。这位美国学者由此得出：中国儿童习惯于按照事物之间的关系来分类，美国儿童则习惯于把事物按照各自所属的"实体"范畴进行分类。

   以下哪项是这位学者得出结论所必须假设的？

   A. 马和青草是按照事物之间的关系被归为一类。

   B. 鸭和鸡蛋是按照各自所属的"实体"范畴被归为一类。

   C. 美国儿童只要把牛和鸡归为一类，就是习惯于按照各自所属"实体"范畴进行分类。

   D. 美国儿童只要把牛和鸡归为一类，就不是习惯于按照事物之间的关系来分类。

   E. 中国儿童只要把牛和青草归为一类，就不是习惯于按照各自所属"实体"范畴进行分类。

26. 某公司总裁曾经说过："当前任总裁批评我时，我不喜欢那感觉，因此，我不会批评我的继任者。"

   以下哪项最有可能是该总裁上述言论的假设？

   A. 当遇到该总裁的批评时，他的继任者和他的感觉不完全一致。

   B. 只有该总裁的继任者喜欢被批评的感觉，他才会批评继任者。

   C. 如果该总裁喜欢被批评，那么前任总裁的批评也不例外。

   D. 该总裁不喜欢批评他的继任者，但喜欢批评其他人。

   E. 该总裁不喜欢被前任总裁批评，但喜欢被其他人批评。

27. 国家教育主管部门的有关负责人说："总的来说，现在的大学生的家庭困难情况比以前有了大幅度的改观。这种情况十分明显，因为现在课余时间要求学校安排勤工俭学的人越来越少了。"

   上面的结论是由下列哪个假设得出的？

   A. 现在大学生父母亲的收入随着改革开放的深入发展而增加，使得大学生不再需要勤工俭学来自己养活自己了。

   B. 尽管家境有了改善，也应当参加勤工俭学来锻炼自己的全面能力。

   C. 课余时间要求学校安排勤工俭学是学生家庭困难的一个重要标志。

   D. 大学生把更多的时间用在了学业上，勤工俭学的人就少起来了。

   E. 学校安排的勤工俭学报酬相对越来越低，不能满足学生的要求。

28. 自从有皇帝以来，中国的正史都是皇帝自己家的日记，那是皇帝的标准像，从中不难看出皇帝的真实形态来。但要了解皇帝的真面目，还必须读野史，那是皇帝的生活写照。

以下哪项陈述是上述论证所依赖的假设？

A. 所有正史记述的都是皇帝家私人的事情。

B. 只有读野史，才能知道皇帝那些鲜为人知的隐私。

C. 只有将正史和野史结合起来，才能看出皇帝的真面目。

D. 正史记述的是皇帝治国的大事，野史记述的则是皇帝日常的小事。

E. 野史都是一些坊间传说，有一些杜撰和虚构。

29. 某年，国内某电视台在综合报道了当年的诺贝尔奖各奖项获得者的消息后，做了以下评论：今年又有一位华裔科学家获得了诺贝尔物理学奖，这是中国人的骄傲。但是到目前为止，还没有中国人获得诺贝尔经济学奖和诺贝尔文学奖，看来中国在人文社会科学方面的研究与世界先进水平相比还有比较大的差距。

以上评论中所得出的结论最可能把以下哪项断定作为隐含的前提？

A. 中国在物理学等理科研究方面与世界先进水平的差距正在逐步缩小。

B. 中国的人文社会科学有先进的理论基础和雄厚的历史基础，目前和世界先进水平的差距是不正常的。

C. 诺贝尔奖是衡量一个国家某个学科发展水平的重要标志。

D. 诺贝尔奖的评比在原则上对各人种是公平的，但实际上很难做到。

E. 包括经济学在内的人文社会科学研究与各国的文化传统有非常密切的关系。

30. 一词当然可以多义，但一词的多义应当是相近的。例如，"帅"可以解释为"元帅"，也可以解释为"杰出"，这两个含义是相近的。由此看来，把"酷（cool）"解释为"帅"实在是英语中的一种误用，应当加以纠正，因为"酷"在英语中的初始含义是"凉爽"，和"帅"丝毫不相及。

以下哪项是题干的论证所必须假设的？

A. 一个词的初始含义是该词唯一确切的含义。

B. 除了"cool"以外，在英语中不存在其他的词具有不相关的多种含义。

C. 词的多义将造成思想交流的困难。

D. 英语比汉语更容易产生语词歧义。

E. 语言的发展方向是一词一义，用人工语言取代自然语言。

专项训练8 解释题

（共30题，每题2分，限时60分钟）你的得分是_____

1. 几乎没有动物能受得住撒哈拉沙漠中午的高温，只有一种动物是例外，那就是银蚁。银蚁选择在这个时段离开巢穴，在烈日下寻找的食物，通常是被晒死的动物的尸体。当然，银蚁也必须非常小心，弄得不好，自己也会成为高温下的牺牲品。

   以下哪项最无助于解释银蚁为什么要选择在中午时段觅食？

   A. 银蚁靠辨别自身分泌的信息素返回巢穴，这种信息素即使在烈日下也不会挥发。

   B. 随着下午气温的下降，剩下的动物尸体很快会被其他觅食动物搬走。

   C. 银蚁的天敌食蚁兽在中午的烈日下不会出现。

   D. 中午银蚁巢穴中的气温比地表更高。

   E. 银蚁辨别外界信息的能力在中午最为灵敏。

2. 剪除的干草在土壤中逐渐腐烂，提供养料和产生土壤中的有益细菌，这有利于植物的生长。但是被剪除的如果是新鲜青草的话，则结果会不利于植物的生长。

   以下哪项如果为真，则最能解释上述现象？

   A. 任何植物在土壤中腐烂都会增加土壤中的有益细菌。

   B. 干草腐烂后形成的养料能立即被土壤中的有益细菌吸收。

   C. 新鲜青草被剪除后在土壤中比干草腐烂得更快。

   D. 新鲜青草在土壤中腐烂时会产生高温，一些土壤中的有益细菌在这样的高温下难以生存。

   E. 如果把剪除的干草和新鲜青草混合起来在土壤中腐烂，结果则不利于植物的生长。

3. 经济学家与考古学家就货币的问题展开了争论。

   经济学家：在所有使用货币的文明中，无论货币以何种形式存在，它都是因为其稀缺性而产生其价值的。

   考古学家：在索罗斯岛上，人们用贝壳作货币，可是该岛上贝壳遍布海滩，随手就能拾到。

   下面哪一项能对二位专家的论述之间的矛盾作出解释？

   A. 索罗斯岛上居民节日期间在亲密的朋友之间互换货币，以示庆祝。

   B. 索罗斯岛上的居民认为鲸牙很珍贵，他们把鲸牙串起来当作首饰。

   C. 索罗斯岛上的男女居民使用不同种类的贝壳作货币，交换各自喜爱的商品。

   D. 索罗斯岛上的居民只使用由专门工匠加工的有美丽花纹的贝壳作货币。

   E. 即使在西方人将贵金属货币带到索罗斯岛之后，贝壳仍然是商品交换的媒介物。

4. 近期的干旱和高温，导致海湾盐度增加，引起了许多鱼的死亡。虾虽然可以适应高盐度，但盐度高也给养虾场带来了不幸。

   以下哪项如果为真，能够提供解释以上现象的原因？

   A. 一些鱼会游到低盐度的海域去，来逃脱死亡的厄运。

   B. 持续的干旱会使海湾的水位下降，这已经引起了有关机构的注意。

   C. 幼虾吃的有机物在盐度高的环境下几乎难以存活。

   D. 水温升高会使虾更快速地繁殖。

   E. 鱼多的海湾往往虾也多，虾少的海湾鱼也少。

5. "试点综合征"的问题屡见不鲜。每出台一项改革措施，先进行试点，积累经验后再推广，这种以点带面的工作方法本来是人们经常采用的，但现在许多项目中出现了"一试点就成功，一推广就失败"的怪现象。

以下哪项不是造成上述现象的可能原因？

A. 在选择试点单位时，一般选择工作基础比较好的单位。

B. 为保证试点成功，政府往往给予试点单位许多优惠政策。

C. 在试点过程中，领导往往比较重视，各方面的问题解决得快。

D. 试点虽然成功，但许多企业外部的政策，市场环境并不相同。

E. 全社会往往比较关注试点和试点的推广工作。

6. 目前，全国各地的航空公司开始为旅行者提供微信订票服务。然而，在近期内，通过旅游类 APP 订票的旅行者并不会因此减少。

以下除了哪项，其他各项均有助于解释上述现象？

A. 正值国内外旅游旺季，订票的数量剧增。

B. 尽管已经过技术测试，但微信订票系统要正式运行还需进一步调试。

C. 绝大多数旅行者习惯于在旅游类 APP 预订酒店。

D. 在微信订票系统的试用期内，大多数旅行者为了保险起见愿意选择 APP 订票。

E. 旅游类 APP 订票服务的成本低于微信订票。

7. 一项对汉武大学企业管理系 2021 届毕业生的调查的结果看来有些问题，当被调查毕业生被问及其在校时学习成绩的名次时，统计资料表明：有 60% 的回答者说他们的成绩位居班级的前 20%。

如果我们已经排除了回答者说假话的可能，那么下面哪一项能够对上述现象给出更合适一些的解释？

A. 未回答者中也并不是所有的人的成绩名次都在班级的前 20% 以外。

B. 虽然回答者没有错报成绩，但不排除个别人对学习成绩的排名有不同的理解。

C. 汉武大学的学生学习成绩的名次排列方式与其他大多数学校不同。

D. 成绩较差的毕业生在被访问时一般没有回答这个有关学习成绩名次的问题。

E. 在校学习成绩名次是一个敏感的问题，几乎所有的毕业生都会进行略微的美化。

8. 传统记忆理论认为，记忆就像录像带，每一次回忆都是从大脑中找出相应时间内的某一段录像加以回放。场景构建理论对记忆给出了另一种解释：人脑在编码记忆时只是记录一些碎片，在需要的时候，人脑以合乎逻辑并与主体当前信念状态相吻合的方式，将这些碎片连贯起来并作出补充，以形成回忆。

下面列出的现象都是场景构建理论能解释而传统记忆理论不能解释的，除了：

A. 有些阿尔茨海默病患者会丧失记忆能力。

B. 人对于同一件往事的多次回忆，内容会发生变化。

C. 一项统计显示，目击证人在 20%～25% 的情况下会指认警方明知不正确的人。

D. 英国心理学家金佰利·韦伯通过给实验对象看一些合成的假照片，成功地给他(她)植入了关于童年生活的虚假记忆。

E. 夫妻吵架时，双方对吵架的原因的回忆往往是不同的。

9. 西双版纳植物园种有两种樱草，一种自花授粉，另一种非自花授粉，而要依靠昆虫授粉。近几年来，授粉昆虫的数量显著减少。另外，一株非自花授粉的樱草所结的种子比自花授粉的要少。显然，非自花授粉樱草的繁殖条件比自花授粉的要差。但是游人在植物园多见的是非自花授粉樱草而不是自花授粉樱草。

以下哪项判定最无助于解释上述现象？

A. 和自花授粉樱草相比，非自花授粉樱草的种子发芽率较高。

B. 非自花授粉樱草是本地植物，而自花授粉樱草是刚从国外引进的。

C. 前几年，上述植物园非自花授粉樱草和自花授粉樱草的数量比大约是 5∶1。

D. 当两种樱草杂生时，土壤中的养分更易被非自花授粉樱草吸收，这又往往导致自花授粉樱草的枯萎。

E. 在上述植物园中，为保护授粉昆虫免受游客伤害，非自花授粉樱草多植于园林深处。

10. 为了争夺殖民地，在巴西、菲律宾等地爆发了美国与西班牙的战争。在此期间，美国海军曾经广为散发海报，招募兵员。当时最有名的一个海军广告是这样说的：美国海军的死亡率比纽约市民的死亡率还要低。海军的官员就这个广告解释说："据统计，现在纽约市民的死亡率是每千人有 16 人，而尽管是战时，美国海军士兵的死亡率每千人也不过只有 9 人。"

如果海军官员的资料为真，则以下哪项最能解释上述这种看起来很让人怀疑的结论？

A. 在战争期间，海军士兵的死亡率要低于陆军士兵。

B. 在纽约市民中包括生存能力较差的婴儿和老人。

C. 敌军打击美国海军的手段和途径没有打击普通市民的手段和途径来得多。

D. 美国海军的这种宣传主要是为了鼓动入伍，所以，要考虑其中夸张的成分。

E. 尽管是战时，纽约的犯罪仍然很猖獗，报纸的头条不时地有暴力和色情的报道。

11. 1990 年以来，在中国的外商投资企业累计近 30 万家。2005 年以前，全国有 55％的外资企业年报亏损。2008 年，仅苏州市外资企业全年亏损额就达 93 亿元。令人不解的是，许多外资企业经营状况良好，账面却连年亏损；尽管持续亏损，但这些企业却越战越勇，不断扩大在华投资规模。

如果以下陈述为真，则哪一项能够最好地解释上述看似矛盾的现象？

A. 在亏损的外资企业中，有一小部分属于经常性亏损。

B. 许多亏损的外资企业是国际同行业中的佼佼者。

C. 目前全球业界公认，到中国投资有可能获得更多的利润。

D. 许多"亏损"的外资企业将利润转移至境外，从而逃避中国的企业所得税。

E. 外资企业的亏损原因很复杂。

12. 尽管是在航空业萧条的时期，各家航空公司也没有节省广告宣传的开支。翻开许多城市的晚报，最近一直都在连续刊登如下广告：飞机远比汽车安全！你不要被空难的夸张报道吓破了胆，根据航空业协会的统计，飞机每飞行 1 亿公里死 1 人，而汽车每行驶 5 000 万公里死 1 人。汽车工业协会对这个广告大为恼火，他们通过电视公布了另外一个数字：飞机每 20 万飞行小时死 1 人，而汽车每 200 万行驶小时死 1 人。

如果以上资料均为真，则以下哪项最能解释上述这种看起来矛盾的结论？

A. 安全性只是人们在进行交通工具选择时所考虑问题的一个方面，便利性、舒适感以及某种特殊的体验都会影响消费者的选择。

  B. 尽管飞机的驾驶员所受的专业训练远远超过汽车司机，但是，因为飞行高度的原因，飞机失事的生还率低于车祸。

  C. 飞机的确比汽车安全，但是，空难事故所造成的新闻轰动要远远超过车祸，所以，给人们留下的印象也格外深刻。

  D. 两种速度完全不同的交通工具，用运行的距离做单位来比较安全性是不全面的，用运行的时间来比较也会出现偏差。

  E. 媒体只关心能否提高收视率和发行量，根本不尊重事情的本来面目。

13. 一种香烟尼古丁含量较高，另一种香烟尼古丁含量较低。厂家生产这两种香烟是为了适应吸烟者的不同需求。但是，一项针对每天吸一包烟的吸烟者的研究发现，尽管他们对所吸香烟的尼古丁含量有不同的要求，但在吸烟当晚临睡前单位血液中尼古丁的含量并没有大的区别。

  以下哪项如果为真，则最能解释上述现象？

  A. 在上述被研究对象中，低尼古丁香烟吸烟者的比例低于高尼古丁香烟吸烟者。

  B. 吸烟者吸入的尼古丁大多数都被血液吸收，吸入的尼古丁越多，单位血液中尼古丁的含量越高。

  C. 除了吸烟，人还可能从其他途径吸入尼古丁。

  D. 每天吸一包香烟的吸烟者都已成瘾，选择低尼古丁香烟的吸烟者，其烟瘾并不亚于高尼古丁香烟的吸烟者。

  E. 不管吸哪一种烟，每天吸一包烟的吸烟者血液中尼古丁含量都超出了人的血液能吸收的限度。

14. 在过去的几十年中，位于加拿大南部和美国北部的多草湿地被广泛地排水和开发，而这些地方对鸭子、鹅、天鹅及其他绝大多数水禽的筑巢和孵化是必不可少的。北美这一地区鸭类的数目在此期间显著下降，而天鹅和鹅的数目却未受明显的影响。

  下面哪一项如果正确，则最有助于解释上面提到的差异？

  A. 在被开发的地区对禁止捕猎水鸟的禁令比野生土地更容易被强化。

  B. 大多数鹅类，天鹅筑巢和孵化的地区是在比鸭类更靠北的地方，那里至今还未被开发。

  C. 已经被开发利用的土地很少能够提供适合于水鸟的食物。

  D. 鹅类和天鹅的数目在干旱期减少，因为此时可供孵化的地点越来越少。

  E. 因为鹅类和天鹅比鸭类更大，所以它们在被开发的土地上更难以找到安全的筑巢点。

15. 近几年来，我国许多餐厅使用一次性筷子。这种现象受到越来越多的批评，理由是我国森林资源不足，把大好的木材用来做一次性筷子，实在是莫大的浪费。但奇怪的是，至今一次性筷子的使用还没有被禁止。

  以下除哪项外，都能对上文的疑问从某一方面给以解释？

  A. 有些一次性筷子不是木制的，有些一次性木制筷子并没使用森林中的木材。

  B. 已经证明，一次性筷子的使用能有效地避免一些疾病的交叉感染。

  C. 一次性筷子的使用与餐厅之间相互攀比有关，要禁止必须大家一起禁止才行。

  D. 一次性筷子并不如想象的那样卫生，有些病菌或病毒也会借助一次性筷子传播。

  E. 保护森林不能只保不用，合理地使用，适量地采伐，有利于森林的保护。

16. 有一商家为了推销其家用电脑和网络服务，目前正在大力开展网络消费的广告宣传和推广促销。经过一定的市场分析，他们认为手机用户群是潜在的网络消费的用户群，于是决定在各种手机零售场所宣传，推销他们的产品。结果两个月下来，效果很不理想。

    以下哪项如果为真，最有助于解释出现上述结果的原因？

    A. 刚刚购买手机的消费者需要经过一段时期后才能成为网络消费的潜在用户。

    B. 最近国家在有关规定中对国家机关人员使用手机加以限制，购买手机的人因此有所减少。

    C. 购买电脑或是办理网络服务对中国老百姓来说还是件大事，一般来说，消费者对此的态度比较慎重。

    D. 家用电脑和网络服务在知识分子中已经比较普及，他们所希望的是增强自己计算机的功能。

    E. 目前家用电脑更新换代速度快，广告宣传和推广促销要收到效果，必须特色鲜明，才能打动消费者的心。

17. 北美的雪松有的长在悬崖上，有的长在森林里。长在悬崖上的雪松几乎无从吸取养料，不如林中雪松的十分之一高。但是，林中雪松的年头很少超过 400 年，而很多悬崖上雪松的年头已超过 500 年。

    以下哪项如果为真，则最有助于解释上述两种雪松年头上的差别？

    A. 雪松具有顽强的生命力，否则不能在悬崖上生长。

    B. 因气候干燥，北美经常发生森林火灾，而火灾不会殃及悬崖上的雪松。

    C. 悬崖上雪松的生存条件和大多数不长树木地方的生存条件类似。

    D. 和高大的树木相比，较矮的树木在生长过程中消耗的养分较少。

    E. 在西伯利亚地区，长在悬崖上的雪松一般也比长在森林里的雪松寿命长。

18. 《都市青年报》准备在 5 月 4 日青年节的时候推出一项订报有奖的营销活动。如果你在 5 月 4 日到 6 月 1 日之间订了下半年的《都市青年报》的话，你就可以免费获赠下半年的《都市广播电视导报》。推出这个活动之后，报社每天都在统计新订户的情况，结果令人失望。

    以下哪项如果为真，最能够解释这项促销活动没能成功的原因？

    A. 根据邮局发行部门的统计，《都市广播电视导报》并不是一份十分有吸引力的报纸。

    B. 根据一项调查的结果，《都市青年报》的订户中有些已经同时订了《都市广播电视导报》。

    C. 《都市广播电视导报》的发行渠道很广，据统计，订户比《都市青年报》的还要多 1 倍。

    D. 《都市青年报》没有考虑很多人的订阅习惯。大多数报刊订户在去年年底已经订了今年一年的《都市广播电视导报》。

    E. 《都市青年报》推出的这项活动，伤害了那些《都市青年报》老订户的感情，影响了它的发行工作。

19. 甲市的劳动力人口是乙市的十倍。但奇怪的是，乙市各行业的就业竞争程度反而比甲市更为激烈。

    以下哪项断定如果为真，最有助于解释上述现象？

    A. 甲市的人口是乙市人口的十倍。

    B. 甲市的面积是乙市面积的五倍。

    C. 甲市的劳动力主要在外省市寻求再就业。

    D. 乙市的劳动力主要在本市寻求再就业。

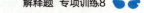

E. 甲市的劳动力主要在乙市寻求再就业。

20. 胡萝卜、西红柿和其他一些蔬菜含有较丰富的 β-胡萝卜素，β-胡萝卜素具有防止细胞癌变的作用。近年来提炼出的 β-胡萝卜素被制成片剂并建议吸烟者服用，以防止吸烟引起的癌症。然而，意大利博洛尼亚大学和美国得克萨斯大学的科学家发现，经常服用 β-胡萝卜素片剂的吸烟者反而比不常服用 β-胡萝卜素片剂的吸烟者更易于患癌症。

    以下哪项如果为真，最能解释上述矛盾？

    A. 有些 β-胡萝卜素片剂含有不洁物质，其中有致癌物质。

    B. 意大利博洛尼亚大学和美国得克萨斯大学地区的居民吸烟者中癌症患者的比例都较其他地区高。

    C. 经常服用 β-胡萝卜素片剂的吸烟者有其他许多易于患癌症的不良习惯。

    D. β-胡萝卜素片剂不稳定，易于分解变性，从而与身体发生不良反应，易于致癌，而自然 β-胡萝卜素性质稳定，不会致癌。

    E. 吸烟者吸入体内烟雾中的尼古丁与 β-胡萝卜素发生作用，生成一种比尼古丁致癌作用更强的有害物质。

21. 在各种动物中，只有人的发育过程包括了一段青春期，即性器官由逐步发育到完全成熟的一段相对较长的时期。至于各个人种的原始人类，当然我们现在只能通过化石才能确认和研究他们的曾经存在，是否也像人类一样有青春期这一点则难以得知，因为＿＿＿＿＿＿＿＿＿

    以下哪项作为上文的后继最为恰当？

    A. 关于原始人类的化石，虽然越来越多地被发现，但对于我们完全地了解自己的祖先总是不够的。

    B. 对动物的性器官由发育到成熟的测定，必须基于对同一个体在不同年龄段的测定。

    C. 对于异种动物，甚至对于同种动物中的不同个体，性器官由发育到成熟所需的时间是不同的。

    D. 已灭绝的原始人的完整骨架化石是极其稀少的。

    E. 无法排除原始人类像其他动物一样，性器官无须逐渐发育而迅速成熟以完成繁衍。

22. 产品价格的上升通常会使其销量减少，除非价格上升的同时伴随着质量的提高。时装却是一个例外。在某时装店，一款女装标价 86 元无人问津，老板灵机一动改为 286 元，衣服却很快售出。

    如果以下陈述为真，哪一项最能解释上述的反常现象？

    A. 在时装市场上，服装产品是充分竞争性产品。

    B. 许多消费者在购买服装时，看重电视广告或名人对服装的评价。

    C. 消费者常常以价格的高低作为判断服装质量的主要标尺。

    D. 有的女士购买时装时往往不买最好，只买最贵。

    E. 该案例仅仅是个例，不一定具有代表性。

23. 据一项在几个大城市所做的统计显示，餐饮业的发展和瘦身健身业的发展呈密切正相关。从 2006 年到 2010 年，餐饮业的网点数量增加了 18%，同期在健身房正式注册参加瘦身健身的人数增加了 17.5%；从 2011 年到 2015 年，餐饮业的网点数量增加了 25%，同期参加瘦身健身的人数增加了 25.6%；从 2016 年到 2020 年，餐饮业的网点数量增加了 20%，同期参加瘦身健身的人数也正好增加了 20%。

如果上述统计真实无误，则以下哪项对上述统计事实的解释最可能成立？

A. 餐饮业的发展扩大了肥胖人群体，从而刺激了瘦身健身业的发展。

B. 瘦身健身运动刺激了参加者的食欲，从而刺激了餐饮业的发展。

C. 在上述几个大城市中，最近 15 年来，主要从事低收入、重体力工作的外来人口的逐年上升，刺激了各消费行业的发展。

D. 在上述几个大城市中，最近 15 年来，城市人口收入的逐年提高，刺激了包括餐饮业和瘦身健身业在内的各消费行业的发展。

E. 高收入阶层中，相当一批人既是餐桌上的常客，又是健身房内的常客。

24. 据报道，某贫困地区的 248 所中学通过直播与某一线城市的重点中学同步上课已经有 16 年之久。16 年来，这 248 所中学里，有的学校出了省状元，有的学校本科升学率涨了十几倍。从数据上看，这种直播教学模式是非常成功的。然而，令人遗憾的是，这一成功模式并未在全国得到广泛推广。

以下哪项如果为真，不能解释这一令人遗憾的现象？

A. 不同中学的学生知识基础不同，这种直播教学缺乏针对性。

B. 这一模式需要诸多部门的通力协作，面临的困难还很多。

C. 大部分贫困地区的中学，难以组建起高水平的师资队伍。

D. 一些贫困地区观念落后保守，不愿意尝试和接纳新事物。

E. 大部分贫困山区经济和设备落后，网络和电脑设备几乎都没有。

25. 在美国，每年接受治疗的精神忧郁症病人的人数超过 200 万人，接近中国的 10 倍，而中国的人口则接近美国的 10 倍。

以下各项如果为真，都有助于解释上述现象，除了：

A. 中美两国医学界对何为精神忧郁症的解释不同。

B. 考虑到实际收入，和中国相比，美国的医疗费用并不过于昂贵。

C. 和中国相比，美国有较好的医疗条件。

D. 和中国人相比，美国人有较高的自我保健意识。

E. 和中国相比，美国的生活环境较不利于人的精神健康。

26. 在 H 国 2000 年的人口普查中，婚姻状况分为四种：未婚、已婚、离婚和丧偶。其中，已婚分为正常婚姻和分居，分居分为合法分居和非法分居，非法分居指分居者与无婚姻关系的异性非法同居。普查显示，分居者中，女性比男性多 100 万。

以下哪项如果为真，有助于解释上述普查结果？

Ⅰ. 分居者中的男性非法同居者多于分居女性。

Ⅱ. 未在上述普查中登记的分居男性多于分居女性。

Ⅲ. 离开 H 国移居他国的分居男性多于分居女性。

A. 仅Ⅰ。　　　　　　　　　B. 仅Ⅱ。　　　　　　　　　C. 仅Ⅲ。

D. 仅Ⅱ和Ⅲ。　　　　　　　E. Ⅰ、Ⅱ和Ⅲ。

27. R 国的工业界存在着一种看起来矛盾的现象：一方面，根据该国的法律，工人终生不得被解雇，工资标准只能升不能降；但另一方面，这并没有阻止工厂引进先进的生产设备，这些设备提高了劳动生产率，使得一部分工人事实上被变相闲置(例如让 3 个人干 2 个人可以胜任的活)。

以下哪项相关断定如果为真，最能合理地解释上述现象？

A. 每个工人在被雇用之前，都经过严格的技术考核和培训。

B. 先进设备提高劳动生产率所创造的利润，高于重新培训工人从事其他工作的费用。

C. 先进设备的引进，提高了产品的最终成本。

D. R 国面临着修改上述法律的压力。

E. R 国的产品具有很强的国际竞争力。

28. 按照餐饮业卫生管理条例，对宴席，特别是规模宴席(例如婚宴)的卫生检查程序要比普通散座餐饮更为严格，S 市的绝大多数餐馆事实上都执行了上述规定。但是，近年来在 S 市对餐饮业的食物中毒投诉大多数是针对宴席的。

以下哪项如果为真，有助于解释上述矛盾？

Ⅰ.S 市餐饮业的主要客户是宴席，特别是规模宴席的客户。

Ⅱ. 人们一般不会把吃一顿饭与之后出现的疾病联系起来，除非一群相关的人都出现了同样的疾病。

Ⅲ.S 市的卫生执法足够严格。

A. 仅Ⅰ。   B. 仅Ⅱ。   C. 仅Ⅲ。

D. 仅Ⅰ和Ⅱ。   E. Ⅰ、Ⅱ和Ⅲ。

29. 政府与民营企业合作完成某个项目的模式(简称 PPP)能够使政府获得资金，也可以让社会资本进入电力、铁路等公用事业领域。这种模式中存在的问题是政府违约或投资人违约而给对方造成经济损失。在以往的 PPP 项目中，政府违约不是小概率事件。尽管地方政府违约的现象屡见不鲜，但投资人还是一如既往积极地投资 PPP 项目。

以下哪一项陈述如果为真，则能够最好地解释上述看似矛盾的现象？

A. 随着经济体制的改革和新城镇化建设的推进，PPP 模式被社会各界寄予厚望。

B. PPP 模式比较复杂，地方政府的谈判能力和 PPP 专业能力都不如投资人。

C. 今年国家发改委发布了 80 个重要的项目，鼓励社会资本以 PPP 等方式参与建设和运营。

D. 如果政府不违约，PPP 项目对于民营企业来说是有利可图的。

E. 投资人设法通过和政府的合作，将其他方面的利益转移到自己的企业。

30. 棕榈树在亚洲是一种外来树种，长期以来，它一直靠手工授粉，因此棕榈果的生产率极低。1994 年，一种能有效地对棕榈花进行授粉的象鼻虫被引进到亚洲，使得当年的棕榈果生产率显著提高，在有的地方甚至提高了 50％以上，但是到了 1998 年，棕榈果的生产率却大幅度降低。

以下哪项如果为真，最有助于解释上述现象？

A. 在 1994—1998 年，随着棕榈果产量的增加，棕榈果的价格在不断下降。

B. 1998 年秋季，亚洲的棕榈树林区开始出现象鼻虫的天敌赤蜂。

C. 在亚洲，象鼻虫的数量在 1998 年比 1994 年增加了一倍。

D. 果实产量连年不断上升会导致孕育果实的雌花无法从树木中汲取必要的营养。

E. 在 1998 年，同样是外来树种的椰果的产量在亚洲也大幅度低于往年的水平。

专项训练 9 其他题型

（共 30 题，每题 2 分，限时 60 分钟）你的得分是＿＿＿＿＿＿

1. 某机关要精简机构，计划减员 25％，撤销三个机构，这三个机构的人数正好占全机关的 25％。计划实施后，上述三个机构被撤销，全机关实际减员 15％。在此过程中，机关内部人员有所调动，但全机关只有减员没有增员。

   如果上述断定为真，则以下哪项也一定为真？

   Ⅰ．上述计划实施后，有的机构调入新成员。

   Ⅱ．上述计划实施后，没有一个机构，调入的新成员的总数，超出机关总人数的 10％。

   Ⅲ．上述计划实施后，被撤销机构中的留任人员，不超过机关原总人数的 10％。

   A. 仅Ⅰ。　　　　　　　　　B. 仅Ⅱ。　　　　　　　　　C. 仅Ⅲ。

   D. 仅Ⅰ和Ⅱ。　　　　　　　E. Ⅰ、Ⅱ和Ⅲ。

2. 在欧洲历史中，封建主义这一概念在出现时首先假设了贵族阶级的存在。但是除非贵族的封号和世袭地位受到法律的确认，否则，严格意义上的贵族阶级就不可能存在。虽然欧洲的封建主义早在 8 世纪就存在，但是，直到 12 世纪，贵族世袭才开始受到法律确认。而到了 12 世纪，不少欧洲国家的封建制度已走向衰弱。

   上述断定能恰当地推出以下哪项结论？

   Ⅰ．在欧洲历史上，封建主义这一概念存在不同的定义。

   Ⅱ．如果一个国家通过法律确认贵族的封号和世袭地位，则这个国家一定存在严格意义上的贵族阶级。

   Ⅲ．封建国家中可能不存在严格意义上的贵族阶级。

   A. 仅Ⅰ。　　　　　　　　　B. 仅Ⅱ。　　　　　　　　　C. 仅Ⅲ。

   D. 仅Ⅰ和Ⅲ。　　　　　　　E. Ⅰ、Ⅱ和Ⅲ。

3. 在黑、蓝、黄、白四种由深至浅排列的涂料中，一种涂料只能被它自身或者比它颜色更深的涂料所覆盖。

   若上述断定为真，则以下哪一项确切地概括了能被蓝色覆盖的颜色？

   Ⅰ．这种颜色不是蓝色。

   Ⅱ．这种颜色不是黑色。

   Ⅲ．这种颜色不如蓝色深。

   A. 仅Ⅰ。　　　　　　　　　B. 仅Ⅱ。　　　　　　　　　C. 仅Ⅲ。

   D. 仅Ⅰ和Ⅱ。　　　　　　　E. Ⅰ、Ⅱ和Ⅲ。

4. 用蒸馏麦芽渣提取的酒精作为汽油的替代品进入市场，使得粮食市场和能源市场发生了前所未有的直接联系。到 1995 年，谷物作为酒精的价值已经超过了作为粮食的价值。西方国家已经或正在考虑用从谷物中提取的酒精来替代一部分进口石油。

   如果上述断定为真，则对于那些已经用从谷物中提取的酒精来替代一部分进口石油的西方国家，以下哪项最可能是 1995 年后进口石油价格下跌的后果？

   A. 一些谷物从能源市场转入粮食市场。

   B. 一些谷物从粮食市场转入能源市场。

C. 谷物的价格面临下跌的压力。

D. 谷物的价格出现上浮。

E. 国产石油的销量大增。

5. 某公司一项对员工工作效率的调查测试显示，办公室中白领人员的平均工作效率和室内气温有直接关系。夏季，当气温高于 30℃时，无法达到完成最低工作指标的平均工作效率，而在此温度线之下，气温越低，平均工作效率越高，只要不低于 22℃；冬季，当气温低于 5℃时，无法达到完成最低工作指标的平均工作效率，而在此温度线之上，气温越高，平均工作效率越高，只要不高于 15℃。另外，调查测试显示，车间中蓝领工人的平均工作效率和车间中的气温没有直接关系，只要气温不低于 5℃、不高于 30℃。

从上述断定，推出以下哪项结论最为恰当？

A. 在车间中安装的空调设备是一种浪费。

B. 在车间中，如果气温低于 5℃，则气温越低，工作效率越低。

C. 在春、秋两季，办公室白领人员的工作效率最高时的室内气温在 15℃～22℃。

D. 在夏季，办公室白领人员在室内气温 32℃时的平均工作效率，低于在气温 31℃时。

E. 在冬季，当室内气温为 15℃时，办公室白领人员的平均工作效率最高。

6. 第二次世界大战末期，生育期的妇女数目创纪录得低，然而几乎 20 年后，她们的孩子的数目创纪录得高。在 1957 年，平均每个家庭有 3.72 个孩子。现在战后婴儿的数目创纪录得低，在 1983 年，平均每个家庭有 1.79 个孩子，比 1957 年少两个并且甚至低于 2.11 个的人口自然淘汰率。

从上面的叙述中可以推导出什么？

A. 在出生率高的时候，一定有相对大量的妇女在她们的生育期。

B. 影响出生率最重要的因素是该国是否参加一场战争。

C. 除非有极其特殊的环境，否则出生率将不低于人口的自然淘汰率的水平。

D. 对于出生率低的时候，一定有相对少的妇女在她们的生育期。

E. 出生率不与生育期妇女的数目成正比。

7. W 病毒是一种严重危害谷物生长的病毒，每年要造成谷物的大量减产。W 病毒分为三种：W_1、W_2 和 W_3。科学家们发现，把一种从 W_1 中提取的基因，植入易受感染的谷物基因中，可以使该谷物产生对 W_1 的抗体，这样处理的谷物会在 W_2 和 W_3 中，同时产生对其中一种病毒的抗体，但严重减弱对另一种病毒的抵抗力。科学家证实，这种方法能大大减少谷物因病毒危害造成的损失。

从上述断定最可能得出以下哪项结论？

A. 在三种 W 病毒中，不存在一种病毒，其对谷物的危害性比其余两种病毒的危害性加在一起还大。

B. 在 W_2 和 W_3 两种病毒中，不存在一种病毒，其对谷物的危害性比其余两种病毒的危害性加在一起还大。

C. W_1 对谷物的危害性比 W_2 和 W_3 的危害性加在一起还大。

D. W_2 和 W_3 对谷物具有相同的危害性。

E. W_2 和 W_3 对谷物具有不同的危害性。

8. 某本科专业按如下原则选拔特别奖学金的候选人：

将本专业的同学按德育情况排列名次，均分为上、中、下三个等级（即三个等级的人数相等，下同），候选人在德育方面的表现必须为上等。

将本专业的同学按学习成绩排列名次，均分为优、良、中、差四个等级，候选人的学习成绩必须为优。

将本专业的同学按身体状况排列名次，均分为好与差两个等级，候选人的身体状况必须为好。

假设该专业共有 36 名本科学生，则除了以下哪项外，其余都可能是这次选拔的结果？

A. 恰好有四个学生被选为候选人。

B. 只有两个学生被选为候选人。

C. 没有学生被选为候选人。

D. 候选人数多于本专业学生的 1/4。

E. 候选人数少于本专业学生的 1/3。

9. 研究人员发现，每天食用五份以上的山药、玉米、胡萝卜、洋葱或其他类似蔬菜可以降低患胰腺癌的风险。他们调查了 2 230 名受访者，其中有 532 名胰腺癌患者，然后对癌症患者食用的农产品加以分类，并询问他们其他的生活习惯，比如总体饮食和吸烟情况，将其与另外 1 701 人的生活习惯作比较。结果发现，每天至少食用五份蔬菜的人患胰腺癌的概率是每天食用两份以下蔬菜的人的一半。

以下哪一项办法最有助于判断上述研究结论的可靠性？

A. 查明在以肉食为主，很少食用以上蔬菜的群体中胰腺癌患者的比例有多大。

B. 研究胰腺癌患者中有哪些临床表现及其治疗方法。

C. 尽可能让胰腺癌患者生活愉快，以延长他们的寿命。

D. 通过实验室研究，查明上述蔬菜中含有哪些成分。

E. 分析胰腺癌患者的年龄结构。

10. 大学图书馆管理员说：直到三年前，校外人员还能免费使用图书馆，后来因经费减少，校外人员每年须付 100 元才能使用我馆。但是，仍然有 150 个校外人员没有付钱，因此，如果我们雇用一名保安去辨别校外人员，并保障所有校外人员均按要求缴费，图书馆的收益将增加。

要判断图书馆管理员的话是否正确，必须首先知道下列哪一个选项？

A. 每年使用图书馆的校内人员数。

B. 今年图书馆的费用预算。

C. 图书馆是否安装了电脑查询系统。

D. 三年前图书馆经费降低了多少。

E. 雇用一名保安一年的开支。

11. 商业伦理调查员：XYZ 钱币交易所一直误导它的客户说，它的一些钱币是很稀有的。实际上那些钱币是比较常见而且很容易得到的。

XYZ 钱币交易所：这太可笑了。XYZ 钱币交易所是世界上最大的几个钱币交易所之一，我们销售的钱币是经过一家国际认证的公司鉴定的，并且有钱币经销的执照。

XYZ 钱币交易所的回答显得很没有说服力，因为它_____

以下哪项作为上文的后继最为恰当？

A. 故意夸大了商业伦理调查员的论述，使其显得不可信。

B. 指责商业伦理调查员有偏见，但不能提供足够的证据来证实他的指责。

C. 没能证实其他钱币交易所不能鉴定他们所卖的钱币。

D. 列出了 XYZ 钱币交易所的优势，但没有对商业伦理调查员的问题作出回答。

E. 没有对"非常稀少"这一意思含混的词作出解释。

12. 和上一个十年相比，近十年吸烟者中肺癌患者的比例下降 10％。据分析，这种结果有两个明显的原因：第一，近十年中高档品牌的香烟都带有过滤嘴，这有效地阻止了香烟中有害物质的吸入；第二，和上一个十年相比，近十年吸烟人数大约下降了 10％。

以下哪项对上述分析的评价最为恰当？

A. 上述分析不存在逻辑漏洞。

B. 上述分析依据的数据有误，因为吸烟者中肺癌患者下降的比例，不可能正好等于吸烟人数下降的比例。

C. 上述分析缺乏说服力，因为显然存在吸带有过滤嘴香烟的肺癌患者。

D. 上述分析存在漏洞，这种漏洞和以下分析中的类似：和去年相比，今年京都大学录取的来自西部的新生的比例上升了 10％。据分析，这有两个原因：第一，西部地区的中等教育水平逐年提高；第二，今年西部地区的考生比去年增加了 10％。

E. 上述分析存在漏洞，这种漏洞和以下分析中的类似：人们对航行的恐惧完全是一种心理障碍。统计说明，空难死亡率不到机动车事故死亡率的 1％。随着机动车数量的大幅度上升，航空旅行相对地将变得更为安全。

13～14 题基于以下题干：

以下是在一场关于"安乐死是否应合法化"的辩论中正反方辩手的发言。

正方：反方辩友反对"安乐死合法化"的根据主要是在什么条件下方可实施安乐死的标准不易掌握，这可能会给医疗事故甚至谋杀造成机会，使一些本来可以挽救的生命失去最后的机会。诚然，这样的风险是存在的，但是我们怎么能设想干任何事都排除所有风险呢？让我提出一个问题，我们为什么不把法定的汽车时速限制为不超过自行车，这样汽车交通死亡事故发生率不是几乎可以下降到 0 吗？

反方：对方辩友把安乐死和交通死亡事故作以上的类比是毫无意义的。因为不可能有人会做这样的交通立法。设想一下，如果汽车行驶得和自行车一样慢，那还要汽车干什么？对方辩友，你愿意我们的社会再回到没有汽车的时代？

13. 以下哪项最为确切地评价了反方的言论？

A. 他的发言实际上支持了正方的论证。

B. 他的发言有力地反驳了正方的论证。

C. 他的发言有力地支持了反安乐死的立场。

D. 他的发言完全离开了正方阐述的论题。

E. 他的发言是对正方的人身攻击而不是对正方论证的评价。

14. 正方的论证预设了以下哪项？

Ⅰ. 实施安乐死带来的好处比可能产生的风险损失总体上说要大得多。

Ⅱ. 尽可能地延长病人的生命并不是医疗事业的绝对宗旨。

Ⅲ. 总有一天医疗方面可以准确无误地把握何时方可实施安乐死的标准。

    A. 仅Ⅰ。   B. 仅Ⅱ。   C. 仅Ⅲ。

    D. 仅Ⅰ和Ⅱ。   E. Ⅰ、Ⅱ和Ⅲ。

15. 萨沙：在法庭上，应该禁止将笔迹分析作为评价一个人性格的证据，笔迹分析家所谓的证据习惯性地夸大他们的分析结果的可靠性。

    格瑞高里：你说得很对，目前使用笔迹分析作为证据确实存在问题。这个问题的存在仅仅是因为没有许可委员会来制定专业标准，以此来阻止不负责任的笔迹分析家作出夸大其实的声明。然而，当这样的委员会被创立以后，那些持许可证的从业者的笔迹分析结果就可以作为合法的法庭工具来评价一个人的性格。

    格瑞高里在应答萨沙的论述时，用了下面哪一项？

    A. 他忽视为支持萨沙的建议而引用的证据。

    B. 他通过限定某一原则使用的范畴来为该原则辩护。

    C. 他从具体的证据中归纳出一个普遍性的原则。

    D. 他在萨沙的论述中发现了一个自相矛盾的陈述。

    E. 他揭示出萨沙的论述自身表明了一个不受欢迎的、并且是他的论述所批评的特征。

16～17 题基于以下题干：

    小李：如果在视觉上不能辨别艺术复制品和真品之间的差异，那么复制品就应该和真品的价值一样。因为如果两件艺术品在视觉上无差异，那么它们就有相同的品质。要是它们有相同的品质，它们的价格就应该相等。

    小王：你对艺术了解得太少啦！即使某人做了一件精致的复制品，并且在视觉上难以把这件复制品与真品区别开来，由于这件复制品和真品产生于不同的年代，不能算有同样的品质。现代人重塑的兵马俑再逼真，也不能与秦陵的兵马俑相提并论。

16. 以下哪项是小李和小王的分歧之所在？

    A. 到底能不能用视觉来区分复制品和真品？

    B. 一件复制品是不是比真品的价值高？

    C. 是不是把一件复制品误认为真品？

    D. 一件复制品是不是和真品有同样的时代背景？

    E. 复制品和真品是否具有相同的品质？

17. 小王用下列哪项方法驳斥小李的论证？

    A. 攻击小李的一个假设，这个假设认为：一件艺术品的价格表明它的价值。

    B. 提出一个观点，这个观点削弱对方的一个断言，它是对方得出结论的基础。

    C. 对小李的一个断言提出质疑，这个断言是：在视觉上难以把一件精致的复制品和真品区别开来。

    D. 给出确认小李不能判断一件艺术品品质的理由，这个理由是小李对艺术品的鉴赏还缺乏经验。

    E. 提出一个标准，依据这个标准，可判定两件艺术品是否可从视觉上加以区别。

18～19 题基于以下题干：

    史密斯：根据《国际珍稀动物保护条例》的规定，杂种动物不属于该条例的保护对象。《国际珍稀动物保护条例》的保护对象中，包括赤狼。而最新的基因研究技术发现，一直被认为是纯种物种的赤狼实际上是山狗与灰狼的杂交种。由于赤狼明显需要被保护，所以条例应当修改，使其也保护杂种动物。

张大中：您的观点不能成立。因为，如果赤狼确实是山狗与灰狼的杂交种的话，那么，即使现有的赤狼灭绝了，仍然可以通过山狗与灰狼的杂交来重新获得它。

18. 以下哪项最为确切地概括了张大中与史密斯争论的焦点？

    A. 赤狼是否为山狗与灰狼的杂交种？

    B.《国际珍稀动物保护条例》的保护对象中，是否应当包括赤狼？

    C.《国际珍稀动物保护条例》的保护对象中，是否应当包括杂种动物？

    D. 山狗与灰狼是否都是纯种物种？

    E. 目前赤狼是否有灭绝的危险？

19. 以下哪项最可能是张大中的反驳所假设的？

    A. 目前用于鉴别某种动物是否为杂种的技术是可靠的。

    B. 所有现存杂种动物都是现存纯种动物杂交的后代。

    C. 山狗与灰狼都是纯种动物。

    D.《国际珍稀动物保护条例》执行效果良好。

    E. 赤狼并不是山狗与灰狼的杂交种。

20. 人们对于搭乘航班的恐惧其实是毫无道理的。据统计，仅 1995 年，全世界死于地面交通事故的人数超出 80 万，而在自 1990 年至 1999 年的 10 年间，全世界平均每年死于空难的还不到 500 人，而在这 10 年间，我国平均每年死于空难的还不到 25 人。

为了评价上述论证的正确性，回答以下哪个问题最为重要？

    A. 在上述 10 年间，我国平均每年有多少人死于地面交通事故？

    B. 在上述 10 年间，我国平均每年有多少人参与地面交通，有多少人搭乘航班？

    C. 在上述 10 年间，全世界平均每年有多少人参与地面交通，有多少人搭乘航班？

    D. 在上述 10 年间，1995 年全世界死于地面交通事故的人数是否是最高的？

    E. 在上述 10 年间，哪一年死于空难的人数最多？人数是多少？

21. 在产品检验中，误检包括两种情况：一是把不合格产品定为合格；二是把合格产品定为不合格。有甲、乙两个产品检验系统，它们依据的是不同的原理，但共同之处在于：第一，它们都能检测出所有送检的不合格产品；第二，都仍有恰好 3% 的误检率；第三，不存在一个产品，会被两个系统都误检。现在把这两个系统合并为一个系统，使得被该系统测定为不合格的产品，包括且只包括两个系统分别工作时都测定的不合格的产品。可以得出结论：这样的产品检验系统的误检率为零。

以下哪项最为恰当地评价了上述推理？

    A. 上述推理是必然性的，即如果前提为真，则结论一定为真。

    B. 上述推理很强，但不是必然性的，即如果前提真，则为结论提供了很强的证据，但附加的信息仍可能削弱该论证。

    C. 上述推理很弱，前提尽管与结论相关，但最多只为结论提供了不充分的根据。

    D. 上述推理的前提中包含矛盾。

E. 该推理不能成立，因为它把某事件发生的必要条件的根据，当作充分条件的根据。

22. 吃胶质奶糖可能导致蛀牙。胶质奶糖粘在牙齿上的时间越长，则引起蛀牙的风险越大。吃巧克力可能导致蛀牙。同样，巧克力粘在牙齿上的时间越长，则引起蛀牙的风险越大。因为巧克力粘在牙齿上的时间比胶质奶糖短，因此，对于引起蛀牙来说，吃胶质奶糖比吃巧克力的风险更大。

以下哪项对上述论证的评价最为恰当？

A. 上述论证成立。

B. 上述论证有漏洞，因为它没有区分胶质奶糖和巧克力的不同类型。

C. 上述论证有漏洞，因为它不当地假设只有吃含糖食品才会导致蛀牙。

D. 上述论证有漏洞，这一漏洞也出现在以下的推理中：海拔高度的增高会导致空气的稀薄。一个城市海拔越高，空气越稀薄。西宁的海拔比西安高，因此，西宁比西安的空气稀薄。

E. 上述论证有漏洞，这一漏洞也出现在以下的推理中：火灾和地震都会造成生命和财产的损失。火灾或地震持续的时间越长，造成的损失越大。因为地震持续的时间比火灾短，因此，火灾造成的损失比地震大。

23～24题基于以下题干：

李工程师：一项权威性的调查数据显示，在医疗技术和设施最先进的美国，婴儿最低死亡率在世界上只占第17位。这使我得出结论，先进的医疗技术和设施，对于人类生命和健康所起的保护作用，对成人要比对婴儿显著得多。

张研究员：我不能同意您的论证。事实上，一个国家所具有的先进的医疗技术和设施，并不是每个人都能均等地享受的。较之医疗技术和设施而言，较高的婴儿死亡率更可能是低收入的结果。

23. 以下哪项最为恰当地概括了张研究员反驳李工程师所使用的方法？

A. 对他的论据的真实性提出质疑。

B. 对他的结论的真实性提出质疑。

C. 对他援引的数据提出另一种解释。

D. 暗指他的数据会导致产生一个相反的结论。

E. 指出他偷换了一个关键性的概念。

24. 张研究员的反驳基于以下哪项假设？

Ⅰ. 在美国，享受先进的医疗技术和设施，需要一定的经济条件。

Ⅱ. 在美国，存在着明显的贫富差别。

Ⅲ. 在美国，先进的医疗技术和设施，主要用于成人的保健和治疗。

A. 仅Ⅰ。　　　　　　　　B. 仅Ⅱ。　　　　　　　　C. 仅Ⅲ。

D. 仅Ⅰ和Ⅱ。　　　　　　E. Ⅰ、Ⅱ和Ⅲ。

25. 在经历了全球范围的股市暴跌的冲击以后，T国政府宣称，它所经历的这场股市暴跌的冲击，是由最近国内一些企业过快地非国有化造成的。

以下哪项如果事实上是可操作的，最有利于评价T国政府的上述宣称？

A. 在宏观和微观两个层面上，对T国一些企业最近的非国有化进程的正面影响和负面影响进行对比。

B. 把 T 国受这场股市暴跌的冲击程度，和那些经济情况和 T 国类似，但最近没有实行企业非国有化的国家所受到的冲击程度进行对比。

C. 把 T 国受这场股市暴跌的冲击程度，和那些经济情况和 T 国有很大差异，但最近同样实行了企业非国有化的国家所受到的冲击程度进行对比。

D. 计算出在这场股市风波中 T 国的个体企业的平均亏损值。

E. 运用经济计量方法预测 T 国的下一次股市风波的时间。

26. 农科院最近研制了一种高效杀虫剂，通过飞机喷撒，能够大面积地杀死农田中的害虫。这种杀虫剂的特殊配方虽然能保护鸟类免受其害，但无法保护有益昆虫。因此，这种杀虫剂在杀死害虫的同时，也杀死了农田中的各种益虫。

以下哪项产品的特点，和题干中的杀虫剂最为类似？

A. 一种新型战斗机，它所装有的特殊电子仪器使得飞行员能对视野之外的目标发起有效攻击。这种电子仪器能区分客机和战斗机，但不能同样准确地区分不同的战斗机。因此，当它在对视野之外的目标发起有效攻击时，有可能误击友机。

B. 一种带有特殊回音强立体声效果的组合音响，它能使其主人在欣赏它的时候倍感兴奋和刺激，但往往同时使左邻右舍不得安宁。

C. 一部经典的中国文学名著，它真实地再现了中国封建社会中晚期的历史，但是，不同立场的读者从中得出了不同的见解和结论。

D. 一种新投入市场的感冒药，它能迅速消除患者的感冒症状，但也会使服药者在一段时间中昏昏欲睡。

E. 一种新推出的电脑杀毒软件，它能随机监视并杀除入侵病毒，并在必要时会自动提醒使用者升级，但是，它同时降低了电脑的运作速度。

27. 警察发现，每一个政治不稳定事件都有某个人作为幕后策划者。所以，所有政治不稳定事件都是由同一个人策划的。

下面哪一个推理中的错误与上述推理的错误完全相同？

A. 所有中国公民都有一个身份证号码，所以，每个中国公民都有唯一的身份证号码。

B. 任一自然数都小于某个自然数，所以，所有自然数都小于同一个自然数。

C. 在余婕的生命历程中，每一时刻后面都跟着另一时刻，所以，她的生命不会终结。

D. 每个亚洲国家的电话号码都有一个区号，所以，亚洲必定有与其电话号码一样多的区号。

E. 每个医生都属于某些科室，所以，所有的医生都属于某些科室。

28. 某对外营业游泳池更衣室的入口处贴着一张启事，称"凡穿拖鞋进入泳池者，罚款五至十元"。某顾客问："根据有关法规，罚款规定的制定和实施，必须由专门机构进行，你们怎么可以随便罚款呢？"工作人员回答："罚款本身不是目的。目的是通过罚款，来教育那些缺乏公德意识的人，保证泳池的卫生。"

上述对话中工作人员所犯的逻辑错误，与以下哪项中出现的最为类似？

A. 管理员："每个进入泳池的同志必须戴上泳帽，没有泳帽的到售票处购买。"某顾客："泳池中的那两位同志怎么没戴泳帽？"管理员："那是本池的工作人员。"

B. 市民："专家同志，你们制定的市民文明公约共 15 条 60 款，内容太多，不易记忆，可否精简，以便直接起到警示的作用。"专家："这次市民文明公约，是在市政府的直接领导下，组织专家组，在广泛听取市民意见的基础上制定的，是领导、专家、群众三者结合的产物。"

C. 甲：什么是战争？

乙：战争是两次和平之间的间歇。

甲：什么是和平？

乙：和平是两次战争之间的间歇。

D. 甲：为了使我国早日步入发达国家之列，应该加速发展私人汽车工业。

乙：为什么？

甲：因为发达国家私人都有汽车。

E. 甲：一样东西，如果你没有失去，就意味着你仍然拥有，是这样吗？

乙：是的。

甲：你并没有失去尾巴，是这样吗？

乙：是的。

甲：因此，你必须承认，你仍然有尾巴。

29～30 题基于以下题干：

在第 16 届喀山世界游泳锦标赛中，宁泽涛以 47 秒 84 的成绩夺得男子 100 米自由泳决赛冠军，获得本人首枚世锦赛金牌。对此，网友评论不一。

张珊：宁泽涛今晚只是运气好而已，他今天游了 47 秒 84，但这只是一个很一般的成绩，他去年曾经游出过 46 秒 9 的成绩。

李思：我不同意。这就像一个人以 718 分拿了高考状元，但你却说他考得不好，因为他在一次模考中曾经考过 725 分。

29. 以下哪项最为确切地概括了李思的反驳所运用的方法？

A. 提出了一个比对方更有力的证据。

B. 运用一个反例，质疑对方的论据。

C. 提出了一个反例来反驳对方的一般性结论。

D. 构造了一个和对方类似的论证，但这个论证的结论显然是不可接受的。

E. 指出对方对所引用数据的解释有误，即使这些数据自身并非不准确。

30. 以下哪项最为恰当地概括了张珊和李思争论的焦点？

A. 高考状元是否真的优秀？

B. 宁泽涛是否是最优秀的运动员？

C. 张珊论据所引用的数据是否准确？

D. 是否应该通过历史成绩来断定运动员的大赛表现？

E. 张珊对宁泽涛的评价是否合理？

第3部分
仿真模考

199 管理类联考逻辑模拟卷 1

（共30题，每小题2分，共60分，限时60分钟）

1. 一切生命有机体都需要新陈代谢，否则生命就会停止。文明也是一样，如果长期自我封闭，必将走向衰落。交流互鉴是文明发展的本质要求。只有同其他文明交流互鉴、取长补短，才能保持旺盛的生命活力。

   由此可以推出：

   A. 一种文明如果没有同其他文明交流互鉴，就不能保持旺盛的生命活力。

   B. 一种文明如果没有长期自我封闭，就不会走向衰落。

   C. 一种文明如果同其他文明交流互鉴、取长补短，就能保持旺盛的生命活力。

   D. 一种文明如果没有保持旺盛的生命活力，它就没有同其他文明取长补短。

   E. 一切生命终将停止。

2. 5 000多年前某地是大汶口文化，但在距今约4 400年的时候，为龙山文化所替代。是什么原因导致这两种文化的更迭？考古人员发现，在距今约4 400年的时候，发生了一次严重的"冷事件"，环境由原来的温暖湿润转变为寒冷干燥，植被大量减少，藻类、水生植物基本绝迹了，大汶口文化向南迁移，而龙山文化由北迁到此地。他们据此认为，距今4 400年左右的极端气候变化，可能是导致这次文化变迁的主要原因。

   以下哪项如果为真，最能支持上述论证？

   A. 大汶口文化有不断向南方迁移的传统。

   B. 龙山文化刚迁来时，人口较多，但之后逐渐减少，在距今约4 000年的时候消失了。

   C. 大汶口文化的族群以藻类和水生植物作为食物的主要来源。

   D. 不同生存方式的族群对气候和环境都有相对稳定的需求。

   E. 龙山文化的族群一直对此地虎视眈眈，所以，大汶口文化一迁移龙山文化的族群就占领了此地。

3. 一般来说，动物的蛋会通过土壤中微生物和堆肥分解有机物时产生的热量来孵化，但这些微生物（包含细菌）也会穿透蛋壳、感染胚胎，自然情况下这一比例高于20%。然而，在澳洲有一种名为丛冢雉的鸟类，其蛋发生感染的概率仅为9%，研究者发现其蛋壳中含有溶酶酵素。研究者据此认为这种物质很可能就是抵御细菌侵扰的关键因素。

   以下哪项如果为真，则不能削弱上述结论？

   A. 丛冢雉的蛋壳中所含的溶酶酵素量，与其他动物相比，含量大抵相当。

   B. 丛冢雉的蛋壳被一层纳米级的碳酸钙层包裹，这使它拥有了更强的防水性和抗细菌入侵能力。

   C. 丛冢雉散发一种特殊气味，会使附着在其蛋壳上的细菌数减少。

   D. 与其他动物的蛋壳相比，丛冢雉的蛋壳要薄三分之一，更易受到微生物的入侵。

   E. 丛冢雉的蛋壳比一般动物的蛋壳要厚，细菌不容易入侵。

4. 一家人准备一起去北欧旅游，各自表达如下愿望。

   父亲："若去挪威，则不去丹麦或冰岛。"

母亲："若不去冰岛，则去挪威和丹麦。"

儿子："若不去挪威，则去瑞典和芬兰。"

最终的方案满足了上述每个人的愿望。

根据以上陈述，可以得出下列哪项？

A. 去瑞典、芬兰和丹麦。　　　　B. 去瑞典、芬兰和冰岛。

C. 去瑞典、丹麦和冰岛。　　　　D. 去芬兰、丹麦和冰岛。

E. 去挪威、丹麦和瑞典。

5. 航空公司承诺：如果航班晚点24小时以上，乘客可以全额退票并得到原票价20％的补偿，或者安排三星级以上的宾馆休息。

以下哪项如果为真，则说明航空公司的承诺没有兑现？

Ⅰ. 李女士搭乘的航班晚点不到24小时，但航空公司应本人的要求，同意办理全额退票，并按原票价的20％给予补偿。

Ⅱ. 张先生搭乘的航班晚点超过24小时，航空公司同意安排三星级以上的宾馆休息，条件是不办理退票。

Ⅲ. 王小姐搭乘的航班晚点超过24小时，航空公司不同意安排三星级以上的宾馆休息，虽然同意办理退票，但不同意再给补偿。

A. 只有Ⅰ和Ⅱ。　　　　B. 只有Ⅱ和Ⅲ。　　　　C. 只有Ⅰ和Ⅲ。

D. 只有Ⅲ。　　　　E. Ⅰ、Ⅱ和Ⅲ。

6. 某国的H州家长存在这样的担心：公共教育正在遭受社会管理过度这种疾病的侵袭，这种疾病剥夺了许多家长对孩子接受教育类型的控制权。父母们曾经拥有的这种权利被转移到专职教育人员那里了，而且这种病症随着学校集权化和官僚化而日趋严重。

下面哪项如果正确，会削弱以上关于家长对孩子教育控制权减弱的这种观点？

A. 由于社会压力，越来越多的学校管理者听从了家长提出的建议。

B. 尽管过去10年学生的数量减少了，但是专职教育人员的数量却增加了。

C. 游说学校更改学校课程设置的家长组织通常是白费力气。

D. 大多数学校理事会的成员是由学校管理者任命的，而不是公众选举的。

E. 在过去20年里，H州范围内统一使用的课程方案增加了。

7. 太阳风中的一部分带电粒子可以到达M星表面，将足够的能量传递给M星表面粒子，使后者脱离M星表面，逃逸到M星大气中。为了判定这些逃逸的粒子，科学家们通过三个实验获得了如下信息：

实验一：或者是X粒子，或者是Y粒子。

实验二：或者不是Y粒子，或者不是Z粒子。

实验三：如果不是Z粒子，就不是Y粒子。

根据上述三个实验，以下哪项一定为真？

A. 这种粒子是X粒子。　　　　B. 这种粒子是Y粒子。

C. 这种粒子是Z粒子。　　　　D. 这种粒子不是X粒子。

E. 这种粒子不是Z粒子。

8. 某班准备开展元旦联欢活动，倡导男生与女生互选组成节目小组，要求每位女生只能选1位男生，而每位男生只能在选他的女生中选择1至2位组队。现有男生甲、乙、丙3人面对张、王、李、赵4位女生，已知：

(1)张、王2人中至少有1人选择甲。

(2)王、李、赵3人中至少有2人选择乙。

(3)张、李2人中至少有1人选择丙。

(4)最终互选顺利完成，无论男生还是女生彼此都选到了心仪的合作伙伴。

根据以上信息，可以得出以下哪项？

A. 男生甲选到了张。

B. 男生乙选到了赵。

C. 男生丙选到了李。

D. 男生甲选到了王。

E. 男生乙选到了王。

9. 在信息纷繁复杂的互联网时代，每个人都时刻面临着被别人的观点欺骗、裹挟、操纵的风险。如果你不想总是受他人摆布，如果你不想混混沌沌地度过一生，如果你想学会独立思考、理性决策，那你就必须用批判性思维来武装你的头脑。

如果以上陈述为真，则以下哪一项陈述不必然为真？

A. 不能用批判性思维武装头脑的人，就不想学会独立思考、理性决策。

B. 你或者用批判性思维来武装你的头脑，或者想混混沌沌地度过一生。

C. 不想学会独立思考、理性决策的人，就不必用批判性思维来武装头脑。

D. 只有用批判性思维武装头脑的人，才不想总受他人摆布。

E. 你或者选择用批判性思维来武装你的头脑，或者想总受他人摆布。

10. 近日，研究人员发现发烧可以促进淋巴细胞向感染部位转移。他们解释说，这是由于发烧会增加热休克蛋白90(Hsp90)在T淋巴细胞中的表达，这种蛋白质与整合素结合，促进T淋巴细胞黏附到血管上，最终加快迁移到感染的位置。

以下除哪项外，均能支持上述结论？

A. 整合素是一种细胞黏附分子，在发烧时可以控制T淋巴细胞的转运。

B. 发烧能够诱导Hsp90与整合素的尾部结合，并可激活整合素。

C. 压力可以诱导Hsp90在T淋巴细胞中的表达。

D. Hsp90与整合素结合后，可激活促进T淋巴细胞迁移的信号通路。

E. Hsp90与整合素的结合可促进整合素蛋白在淋巴细胞表面的寡聚，从而促进T淋巴细胞的迁移。

11. 尼龙制品的生产过程会产生大量有害气体，而棉纤维的处理则不会有这种结果。因此，在一些有广泛用途的产品，例如绳和线的制造中使用棉纤维而不是尼龙，会减少对环境的污染。

以下哪项如果为真，则最能削弱上述论证？

A. 棉制品的生产成本明显高于尼龙制品。

B. 尼龙线的强度明显高于棉线。

C. 绳线制品不用尼龙会导致尼龙更多地用于其他产品。

D. 减少有害气体的释放并不能完全解决环境污染问题。

E. 和化纤产品相比，棉织品越来越受到市场的欢迎。

12. 赵嘉计划在课余时间阅读名著，图书馆有《论语》《史记》《奥德赛》《资本论》四本书可以进行借阅。已知：

(1)如果不阅读《论语》，那么就要阅读《史记》。

(2)如果不阅读《奥德赛》，那么就要阅读《资本论》。

(3)只有阅读《资本论》，才会阅读《论语》。

(4)要么阅读《史记》，要么阅读《奥德赛》。

根据赵嘉的上述考虑，关于她的阅读计划，以下哪项一定为真？

A. 赵嘉一定会阅读《史记》。

B. 赵嘉一定不会阅读《资本论》。

C. 赵嘉一定会阅读《资本论》。

D. 赵嘉一定不会阅读《史记》。

E. 赵嘉一定会阅读《论语》。

13. 最近在挪威一个小岛上发现的史前石壁画使考古学家感到困惑。根据传统理论，此类史前石壁画大都画有作画者当时吃的食物。这个小岛上的作画者吃的应该是鱼或其他海洋生物，但所发现的画中看不到这样的食物。因此，在这点上，传统理论的结论有问题。

以下各项如果为真，则都能削弱题干的论证，除了：

A. 上述作画者捕食岛上的陆地动物。

B. 上述石壁画一部分没有被保存下来。

C. 上述石壁画中有的画有陆地动物。

D. 上述石壁画有的部分模糊不清。

E. 上述石壁画只是这次考古发现的壁画中的一部分。

14. 宝宝、贝贝、聪聪每人有两个外号，每个人的外号都不相同。人们有时以数学博士、短跑健将、跳高冠军、小画家、大作家和歌唱家称呼他们，此外：

①数学博士夸跳高冠军跳得高。

②跳高冠军和大作家常与宝宝一起看电影。

③短跑健将请小画家画贺年卡。

④数学博士和小画家关系很好。

⑤贝贝向大作家借过书。

⑥聪聪下象棋常赢贝贝和小画家。

以下各项除了哪一项外都一定为真？

A. 宝宝的两个外号分别是小画家和歌唱家。

B. 贝贝的外号不是数学博士。

C. 聪聪的两个外号并非是数学博士和小画家。

D. 宝宝的外号不是跳高冠军。

E. 聪聪的外号是短跑健将。

15. 北美青少年的平均身高增长幅度要大于中国同龄人。有研究表明，北美中小学生的每周课外活动时间明显多于中国的中小学生。因此，中国青少年要想长得更高，就必须在读中小学时增加课外活动时间。

以下哪项是上述论证必须假设的？

A. 中小学生只要增加课外活动时间就能长得更高。

B. 中小学生只要有同样的课外活动时间，就能长得一样高。

C. 年轻人长得较高就有较好的健康体质。

D. 课外活动是促使北美青少年长高的一个不可取代的因素。

E. 历史上北美人的平均身高均低于中国人。

16. 只有通过身份认证的人才允许上公司内网，如果没有良好的业绩就不可能通过身份认证，张辉有良好的业绩而王维没有良好的业绩。

如果上述断定为真，则以下哪项一定为真？

A. 允许张辉上公司内网。

B. 不允许王维上公司内网。

C. 张辉通过身份认证。

D. 有良好的业绩就允许上公司内网。

E. 没有通过身份认证，就说明没有良好的业绩。

17. 近日，某研究小组利用蓝色发光二极管（LED）成功研发出节能效果出众的半导体材料，制造出了约 1 毫米见方的一小块半导体，它能够稳定传输家电使用过程中所需的 10 安培电流。如果用在空调等电器上的话，可以节省近 10％的耗电量。研究小组认为，利用这种新型半导体材料生产的家用电器，将比传统家用电器更具有市场竞争力。

以下哪项如果为真，最能支持上述结论？

A. 这种新型半导体材料在未来也可应用于生产电动汽车。

B. 目前市场上销售的声称节能型的家用电器质量参差不齐。

C. 全球著名的几大家电企业已与该研究小组展开该研究成果的商业转化合作。

D. 利用这种新材料生产的家用电器的成本有望在未来达到与传统家用电器相近的程度。

E. 新型半导体材料的研发引起了全世界范围的关注。

18. 在一种网络游戏中，已知以下信息：

①如果一位玩家在 A 地拥有一家旅馆，他就必须同时拥有 A 地和 B 地。

②如果他在 C 花园拥有一家旅馆，他就必须拥有 C 花园以及 A 地和 B 地两者之一。

③如果他拥有 B 地，那么他还拥有 C 花园。

假如该玩家不拥有 B 地，则可以推出下面哪一项结论？

A. 该玩家在 A 地拥有一家旅馆。

B. 该玩家在 C 花园拥有一家旅馆。

C. 该玩家拥有 C 花园和 A 地。

D. 该玩家在 A 地不拥有一家旅馆。

E. 该玩家在 C 花园没有一家旅馆。

19～21 题基于以下题干：

在某选秀节目中，有甲、乙、丙、丁、戊、己和庚七位导师对三位参赛选手王一斤、赵广东、西林进行晋级表决。按照规定，有四位或者四位以上导师投赞成票时，该选手才可以晋级，并且每个导师都不可以弃权，必须对所有选手作出表决。已知：

(1)甲反对这三位选手晋级。

(2)除甲外的其他导师至少赞成一位选手晋级，也至少反对一位选手晋级。

(3)乙反对王一斤晋级。

(4)庚反对赵广东和西林晋级。

(5)丁和丙持同样态度。

(6)己和庚持同样态度。

19. 赞成王一斤晋级的导师是哪一位？

　　A. 乙。　　　　　B. 丙。　　　　　C. 丁。　　　　　D. 戊。　　　　　E. 庚。

20. 下面的断定中，哪一项不可能为真？

　　A. 乙和丙同意同一选手晋级。

　　B. 乙和庚同意同一选手晋级。

　　C. 乙一票赞成，两票反对。

　　D. 丙两票赞成，一票反对。

　　E. 己一票赞成，两票反对。

21. 如果戊的表决跟庚一样，那么以下哪项一定为真？

　　A. 王一斤将晋级。　　　　　B. 王一斤将被淘汰。　　　　　C. 赵广东将晋级。

　　D. 赵广东将被淘汰。　　　　E. 西林将晋级。

22. 在某次模拟考试中，张珊、李思、王伍、赵柳、孙琪的成绩分列第一至第五名。已知下列条件：

　　①张珊的名次既不挨着李思，也不挨着王伍。

　　②赵柳的名次既不挨着孙琪，也不挨着王伍。

　　③孙琪的名次既不挨着李思，也不挨着王伍。

　　④张珊没有染发。

　　⑤染发的是排在第一名和第四名的同学。

　　由此可见，排在第二名的是以下哪位同学？

　　A. 张珊。　　　B. 王伍。　　　C. 赵柳。　　　D. 孙琪。　　　E. 李思。

23. 近年来，有犯罪前科并在三年内"二进宫"的人数逐年上升。有专家认为，其数量递增可能是由于我们的教育、改造体制存在缺陷，所以应当改革。我们需要一种既能帮助刑满释放人员融入社会又能监督他们的措施。

　　对以下哪个问题的回答，与评价该专家的观点不相干？

　　A. 刑满释放人员走出监狱的大门后是否无法就业，除重操旧业外别无选择？

　　B. 父母在监狱服刑的孩子的数量是不是多于父母已刑满释放的孩子的数量？

　　C. 在刑满释放之后，有关部门是否永久剥夺了曾犯重罪的人的投票权？

D. 政府是否在住房、就业等方面采取措施以帮助有犯罪前科的人重返社会？

E. 刑满释放人员走出监狱的大门后是否受到家庭和社会的歧视？

24. 张珊、李思、王伍是三位好闺蜜，她们大学毕业后，分别选择了三种不同的职业：教师、空姐、医生。关于她们三人的职业，她们有以下表述：

①张珊当上了教师，李思当上了医生。

②张珊当上了医生，王伍当上了教师。

③张珊当上了空姐，李思当上了教师。

已知，三种的陈述都只对了一半，那么以下哪项一定为真？

A. 张珊当上了医生。　　　　B. 李思当上了教师。　　　　C. 王伍当上了医生。

D. 张珊当上了空姐。　　　　E. 李思当上了空姐。

25. "老吕弟子班"有1、2、3三个班级。一次模考结束后，根据统计分数得知：

①小雪的成绩比2班所有人的成绩好。

②3班同学的成绩都比小红的成绩差。

③小勇的成绩比3班所有同学的成绩差。

④小雪、小红、小勇不在同一个班级。

如果以上断定为真，可知小雪、小红、小勇的成绩从高到低依次为：

A. 小雪、小红、小勇。　　　　B. 小红、小勇、小雪。

C. 小勇、小雪、小红。　　　　D. 小红、小雪、小勇。

E. 小勇、小红、小雪。

26. 上一个冰川形成并从极地扩散时期的一种珊瑚化石在比它现在生长的地方深得多的海底被发现了。因此，尽管它与现在生长的这种珊瑚看起来没有多大区别，但能在深水中生长说明它们之间在重要的方面有很大的不同。

以上论述依据下面哪个假设？

A. 尚未发现在冰川未从极地扩散之前的时期有这种珊瑚的化石。

B. 冰川扩散时期的地理变动并未使这种珊瑚化石下沉。

C. 今天的这种珊瑚大都生活在与那些在较深处发现的这种珊瑚化石具有相同地理区域的较浅位置。

D. 已发现了冰川从极地扩散的各个时期的这种化石。

E. 现在生长的珊瑚个体比较大。

27. 死于公元1600年的费狒狒将军之墓前矗立着一个描述该将军戎装上马情景的雕塑。一些历史学家认为这个作品出自和费将军同一世纪的某个艺术家之手。然而，许多有关费将军之墓的现存文献资料都没能将涉及这个雕塑的记录追溯到公元1880年之前。因此，这个雕塑作品极有可能出自更晚些时候的艺术家之手。

如果下面的各项内容为真，则哪一项替换了文中涉及雕塑的证据也一样支持原文推理的结论？

A. 费将军的雕塑是由费将军遗孀的家人委托制作的。

B. 现存的文献资料显示，在公元1624年有一位艺术家为墓地附近的教堂有偿制作了数量不明的作品。

C. 描述费将军戎装上马情景的雕塑里，费将军穿的靴子中的一种材料直到公元1875年前都没有被作为制作靴子的材料出现过。

D. 在费将军墓地附近的教堂里的一些贵重的其他艺术品被可靠地测定产于公元1500年所处的那个世纪。

E. 费将军墓地前的雕塑和在他有生之年完成的雕塑相互比照起来非常地相像。

28. 根据最近一次的人口调查分析：所有北美洲人都是美洲人；所有美洲人都是白人；所有亚洲人都不是美洲人；所有印尼人都是亚洲人。

根据以上陈述，可以推知以下哪项不一定是真的？

A. 所有印尼人都不是北美洲人。

B. 所有美洲人都不是印尼人。

C. 有些白人不是印尼人。

D. 有些白人不是亚洲人。

E. 有些印尼人不是白人。

29～30题基于以下题干：

一位医生为病人列出运动项目，从P、Q、R、S、T、U、V、W中选择，病人每天必须做五个不同的练习。除了第一天以外，任意一天的练习中，有且只有三个练习必须与前一天的相同。每天的运动安排必须符合下列条件：

(1)P入选则V不入选。

(2)Q入选则T入选，且T安排在Q之后。

(3)R入选则V入选，且V安排在R之后。

(4)第五个位置一定是S或U。

29. 下列哪一项在任意一天符合条件的安排中一定正确？

A. P不能安排在第三位。　　B. Q不能安排在第三位。

C. T不能安排在第三位。　　D. R不能安排在第四位。

E. U不能安排在第二位。

30. 假如病人选择第一天的练习中有R、W，则下列哪一项可以是其他三个练习？

A. P、T、U。　　B. Q、S、V。　　C. Q、T、V。

D. T、S、V。　　E. V、Q、P。

199 管理类联考逻辑模拟卷 2

（共 30 题，每小题 2 分，共 60 分，限时 60 分钟）

1. 教育制度有两个方面，一是义务教育，一是高等教育。一种合理的教育制度，要求每个人都享有义务教育的权利并且有通过公平竞争获得高等教育的机会。

   以下哪个选项符合题干的意思？

   A. 一种不能使每个人都能上大学的教育制度是不合理的。

   B. 一种能保证每个人都享有义务教育权利的教育制度是合理的。

   C. 一种不能使每个人都享有义务教育权利的教育制度是不合理的。

   D. 合理的教育制度还应该有更多的要求。

   E. 一种能使每个人都有公平机会上大学的教育制度是合理的。

2. 有研究表明，要成为男性至少需要拥有一条 Y 染色体。3 亿年前，男性特有的 Y 染色体在产生之际含有 1 438 个基因，但现在只剩下 45 个。按照这种速度，Y 染色体将在大约 1 000 万年内消失殆尽。因此，随着 Y 染色体的消亡，人类也将走向消亡。

   以下各项如果为真，则最不能质疑上述论证的是：

   A. 恒河猴 Y 染色体基因确实经历过早期高速丧失的过程，但在过去的 2 500 万年内却未丢失任何一个基因。

   B. 男性即使失去 Y 染色体也有可能继续生存下去，因为其他染色体有类似基因可以分担 Y 染色体的功能。

   C. 在人类进化过程中，可以找到单性繁殖或无性繁殖后代的方法，从而避免因基因缺失引发的繁殖风险。

   D. Y 染色体存在独特的回文结构，该结构具有自我修复功能，可以保持丢失基因的信息，实现基因再生。

   E. 人类现在留存的 Y 染色体与消失的染色体有本质性的区别，并不容易消失。

3. 最近，国家新闻出版总署等八大部委联合宣布，"网络游戏防沉迷系统"及配套的《网络游戏防沉迷系统实名认证方案》将于今年正式实施，如果未成年人玩网络游戏超过 5 小时，游戏内经验值和收益将计为 0。这一方案的实施，将有效地防止未成年人沉迷网络游戏。

   以下哪项说法如果正确，则能够最有力地削弱上述结论？

   A. 许多未成年人只是偶尔玩玩网络游戏，"网络游戏防沉迷系统"对他们并无作用。

   B. "网络游戏防沉迷系统"对成年人不起作用，未成年人有可能冒用成年人身份或利用网上一些生成假身份证号码的工具登录网络游戏。

   C. "网络游戏防沉迷系统"的推出，意味着未成年人玩网络游戏得到了主管部门的允许，从而可以从秘密走向公开化。

   D. 除网络游戏外，还有单机游戏、电视机上玩的 PS 游戏等，"网络游戏防沉迷系统"可能会使很多未成年玩家转向这些游戏。

   E. 很多家长认为未成年人持续玩 5 个小时游戏明显时间过长，防沉迷系统应该更加严格。

4. 王珏、柳枚、江倩三人分别是三个孩子的母亲，她们带着自己的孩子一同去郊游。王珏对自己的孩子说："真有趣，你们这三个孩子，也是一个姓王，一个姓柳，一个姓江，但是你们都不和自己的母亲同姓。"另一个姓江的孩子说："一点儿都没错。"

根据上述条件，请判断以下哪项为真？

A. 王珏、柳枚、江倩三人的孩子分别姓王、柳、江。

B. 王珏、柳枚、江倩三人的孩子分别姓江、王、柳。

C. 王珏、柳枚、江倩三人的孩子分别姓柳、王、江。

D. 王珏、柳枚、江倩三人的孩子分别姓柳、江、王。

E. 王珏、柳枚、江倩三人的孩子分别姓王、江、柳。

5. 赵亮：一个人的外向个性，并不是由生物学因素决定的。个性内向的父母所生的孩子，被个性外向的继父母领养，这些孩子的个性和那些由个性内向的父母所生但并不过继的孩子相比，更易于外向。

王宜：你的结论难以成立。你所说的这些在由个性外向的继父母领养的孩子中，有些不管领养时多么小，他们的个性一直都是内向的。

针对王宜的反驳，以下哪项可以成为赵亮的合理辩护？

Ⅰ. 一个人的外向个性，并不是由生物学因素决定的，不能误认为：生物学因素对于一个人外向性格的形成不起任何作用。

Ⅱ. 要证明一个人的外向个性并不是由生物学因素决定的，只需证明，个性内向的父母所生的孩子，有些个性并不内向；无须证明，所有孩子的个性都不内向。

Ⅲ. 由继父母领养的孩子只占很小的比例。

A. 只有Ⅰ。　　　　　　　B. 只有Ⅱ。　　　　　　　C. 只有Ⅲ。

D. 只有Ⅰ和Ⅱ。　　　　　E. Ⅰ、Ⅱ和Ⅲ。

6～7题基于以下题干：

在一项庆祝活动中，一名学生依次为1、2、3号旗座安插彩旗，每个旗座只安插一杆彩旗，这名学生有三杆红旗、三杆绿旗和三杆黄旗。安插彩旗必须符合下列条件：

①如果1号安插红旗，则2号安插黄旗。

②如果2号安插绿旗，则1号安插绿旗。

③如果3号安插红旗或者黄旗，则2号安插红旗。

6. 如果不选用绿旗，则恰好能有几种可行的安插方案？

A. 一。　　　　　　　　　B. 二。　　　　　　　　　C. 三。

D. 五。　　　　　　　　　E. 六。

7. 如果安插的旗子的颜色各不相同，则以下哪项陈述可能为真？

A. 1号安插绿旗并且2号安插黄旗。

B. 1号安插绿旗并且2号安插红旗。

C. 1号安插红旗并且3号安插黄旗。

D. 1号安插黄旗并且3号安插红旗。

E. 1号安插绿旗并且3号安插红旗。

8. 张珊：应当创造条件让孩子们多参加体育比赛，培养他们超越对手的竞争精神和尽全力获胜的荣誉感，这对他们今后的成长有重要的意义。

李思：我不同意你的看法。体育比赛不像数学竞赛，数学竞赛的参加者成绩可以都是优，但每次体育比赛中的优胜者只是少数人，多数是失败者，只是胜利者的陪衬。因此，让孩子们参加体育比赛，对其中的大多数人来说，结果是挫伤自信，这对他们今后的成长不利。

以下各项如果为真，能质疑李思的反驳，除了：

A. 体育比赛中的失败者或失败方，其成绩和表现可以是很优秀的。

B. 和任何竞争一样，要在体育比赛中获胜，不可能不经历多次的失败。

C. 每次体育比赛中的优胜者只是少数人，不等于体育比赛的参赛者只有少数人可能成为优胜者。

D. 大多数家长都支持自己的孩子有机会多参加体育比赛。

E. 体育比赛中的失败者不一定会因此自卑，反而越挫越勇。

9. 学校的篮球队、排球队、乒乓球队在暑假期间训练学生的数量分别为 75、75、100 人次，而参加训练的学生共 150 人。

之所以出现这种现象，下列的情况都是可能的，除了：

A. 有的学生参加了两项训练。

B. 有的学生参加了三项训练。

C. 参加两项训练的学生不多于 100 人。

D. 参加两项训练的学生多于 100 人。

E. 参加三项训练的学生为 50 人。

10. 20 世纪初，德国科学家魏格纳提出"大陆漂移说"，由于他的学说假设了未经验明的足以使大陆漂移的动力，所以遭到强烈反对。我们现在接受魏格纳的理论，并不是因为我们确认了足以使大陆漂移的动力，而是因为新的仪器最终使我们能够通过观察去确认大陆的移动。

以上事例最好地说明了以下哪一项有关科学的陈述？

A. 科学的目标是用一个简单的理论去精确地解释自然界的多样性。

B. 在对自然界进行数学描述的过程中，科学在识别潜在动力方面已经变得非常精确。

C. 借助于统计方法和概率论，科学从对单一现象的描述转向对事物整体的研究。

D. 当一理论假定的事件被确认时，即使没有对该事件形成的原因作出解释，也可以接受该理论。

E. 理论被证明为真理的最有效途径就是反复经过实践的证明。

11. 现在很多青年人参与跑步运动，夜间跑步正在成为一种时尚。但是，一项统计研究表明，一些人体器质性毛病都和跑步有关，例如，脊椎盘错位，足、踝扭伤，膝、腰关节磨损，等等。此项研究进一步表明，在刚开始跑步锻炼的人中，很少有这些毛病，而经常跑步的人中，多多少少都有这样的毛病。这说明人体扛不住经常性跑步产生的压力。

以下哪项是上述论证所假设的？

A. 经常跑步锻炼的人并不知道这项运动有害于身体。

B. 不经常跑步的人体也会出现器质性毛病。

C. 应当宣传跑步对人体有害，使更多的人不采用或放弃此种健身方式。

D. 和许多动物种类相比，人体器官对外部压力的抵抗能力较弱。

E. 跑步和人体的某些器质性毛病有因果关系。

12. 资本的特性是追求利润。2004 年上半年我国物价上涨的幅度超过了银行存款的利率。1—7 月份，居民收入持续增加，但居民储蓄存款增幅持续下滑，7 月外流存款高达 1 000 亿元左右，同时定期存款在全部存款中的比重不断下降。

以下哪项如果为真，则最能够解释这高达 1 000 亿元储蓄资金中大部分资金的流向？

A. 由于预期物价持续上涨，许多居民的资金只能存活期，以便随时购买自己所需的商品。

B. 由于预期银行利率将上调，许多居民的资金只能存活期，准备利率上调后改为定期。

C. 由于国家控制贷款规模，广大民营企业资金吃紧，民间借贷活跃，借贷利息已远远高于银行存款利率。

D. 由于银行存款利率太低，许多居民考虑是否买股票或是基金。

E. 一些保守的居民，仍然希望把钱存在银行里以回避风险。

13. 甲、乙、丙、丁每人只会编程、插花、绘画、书法四种技能中的两种，其中有一种技能只有一个人会。并且：

(1)乙不会插花。

(2)甲和丙会的技能不重复，乙和甲、丙各有一门相同的技能。

(3)甲会书法，丁不会书法，甲和丁有相同的技能。

(4)乙和丁中只有一人会插花。

(5)没有人同时会绘画和书法。

如果上述信息为真，则以下哪项不正确？

A. 甲会书法，也会编程。　　　　　B. 乙会绘画，也会编程。

C. 丙会绘画，也会插花。　　　　　D. 丁会绘画，也会编程。

E. 甲不会绘画。

14～16 题基于以下题干：

在美发沙龙内有一排座位，座位的编号从左到右依次为 1 号、2 号、3 号、4 号。4 位女士 H、N、J、K 坐在上面，她们现在的头发颜色为棕色、金黄色、灰色、红色，想染的颜色为赤褐色、黑色、白色、红色。

已知以下条件：

(1)J 左边的女士的头发是棕色的。

(2)一位女士想把头发染成白色，另一位女士现在的头发是金黄色，N 坐在她们两人之间。

(3)坐在 1 号位置上的女士的头发是红色的。

(4)K 坐在想把头发染成黑色的女士旁边，而 H 坐在偶数位置上。

(5)灰色头发的女士想把她的头发染成赤褐色，她不在 3 号位置上。

14. 1 号位置上的女士是谁？

A. H。　　　　　　　　　B. N。　　　　　　　　　C. J。

D. K。　　　　　　　　　E. 无法判断。

15. 女士 N 现在的头发是什么颜色？

    A. 棕色。   B. 金黄色。   C. 灰色。

    D. 红色。   E. 无法判断。

16. 下面关于四位女士的说法不正确的一项是：

    A. 四位女士按顺序依次为：K、N、J、H。

    B. N，H 两位女士想染的头发颜色分别为黑色和赤褐色。

    C. 四位女士想染的头发颜色按顺序依次为：白色、黑色、红色、赤褐色。

    D. 四位女士现在的头发颜色按顺序依次为：红色、金黄色、棕色、灰色。

    E. K、N 两位女士现在的头发颜色分别为红色和棕色。

17. 有一位研究者称，在数学方面女性和男性一样有才能。但是她们的才能之所以未被充分发挥出来，是因为社会期望她们在其他更多的方面表现出自己的能力。

    以下哪项是该研究者的一个假设？

    A. 数学能力比其他方面的能力更重要。

    B. 数学能力不及其他方面的能力重要。

    C. 妇女在总体上比男性更有才能。

    D. 妇女在总体上不比男性更有才能。

    E. 妇女倾向于趋同社会对她们的期望。

18. 有些抑制中枢神经的药品是东莨菪碱，所有的东莨菪碱都有散瞳作用，并且所有有散瞳作用的东莨菪碱都是有害的。

    如果以上陈述为真，则以下各项基于上述的陈述都必然为真，除了：

    A. 在抑制中枢神经的药品中，有一些是有害的。

    B. 任何无害的药品都不可能是东莨菪碱。

    C. 一些有散瞳作用的药品是抑制中枢神经的药品。

    D. 有散瞳作用的药品一定是有害的。

    E. 没有散瞳作用的药品一定不是东莨菪碱。

19. 有专家认为，一个人心理健康是他行为得体的前提，行为得体又是与人和谐相处的基础。能与人和谐相处，就证明这个人的心理质量足够好。

    以下哪项最不符合专家的观点？

    A. 一个心理不健康的人不能与人和谐相处。

    B. 一个行为不得体的人不能与人和谐相处。

    C. 一个心理健康的人能与人和谐相处。

    D. 能与人和谐相处的人，他的行为就是得体的。

    E. 心理质量不足够好的人不能与人和谐相处。

20. 某知名画家受人之托准备创作一副新的作品，需要从红色颜料、橙色颜料、黄色颜料、绿色颜料、青色颜料这 5 种颜料中选择 3 种，并且再从炭笔、平头画笔、金漆笔、彩色羊毛笔这 4 种画笔中选择 2 种，来完成该作品。他的选择必须符合下列条件：

    ①如果选红色颜料，就不能选橙色颜料，也不能选金漆笔。

②不能选橙色颜料，除非选绿色颜料。

③如果不选黄色颜料，那么不选炭笔。

④如果选绿色颜料，就一定选平头画笔。

现已知该画家选择了橙色颜料，那么以下哪项选择组合符合题干？

A. 选择了炭笔。

B. 选择了平头画笔。

C. 选黄色颜料，但未选金漆笔。

D. 选绿色颜料，但未选平头画笔。

E. 选绿色颜料，但未选金漆笔。

21. 工业废气排放是温室气体增加的重要原因，但还有大量温室气体来自水下。湖泊、池塘和河流等水体的底部沉积物会产生甲烷，甲烷主要以气泡的形式冒出水面，进入大气。研究发现，富含营养的水体沉积物会释放更多甲烷。因此有专家建议，为降低水体温室气体排放，应限制化肥的滥用。

要使上述论证成立，必须补充以下哪一项前提？

A. 水体沉积物排出的甲烷量比工业废气还多。

B. 甲烷是温室气体的最主要成分。

C. 化肥极易通过水体给环境造成污染。

D. 滥用化肥很容易给水体沉积物带来过多营养。

E. 化肥在农作物抗旱、抗寒和增产方面有非常重要的作用。

22. 人的日常思维和行动，哪怕是极其微小的，都包含着有意识的主动行为，包含着某种创造性，而计算机的一切行为都是由预先编制的程序控制的，因此，计算机不可能拥有人所具有的主动性和创造性。

补充下面哪一项，能够最强有力地支持题干中的推理？

A. 计算机能够像人一样具有学习功能。

B. 计算机程序不能模拟人的主动性和创造性。

C. 在未来社会，人控制计算机还是计算机控制人，是很难说的一件事。

D. 人能够编出模拟人的主动性和创造性的计算机程序。

E. 计算机的计算能力比一些人强。

23. 去年，美国竞选州和联邦政府官员的女性和男性一样可能获得成功，但是这些官员的候选人中仅有约15％是女性。因此，竞选这些职位获得成功的妇女人数如此少的原因并不是妇女难以竞选成功，而是因为想竞选的妇女太少了。

以下哪项如果正确，则最能削弱以上结论？

A. 去年正在任职的妇女再次竞选成功的比例与正在任职的男士再次竞选成功的比例相比要低。

B. 几乎没有竞选州和联邦政府官员的妇女与其他妇女竞争。

C. 大多数没有很强欲望想成为政治家的妇女从来不会去竞选州和联邦政府官员。

D. 担任地方官员的妇女的比例比担任州和联邦政府官员中的妇女的比例要低。

E. 与男士相比，有更多的想竞选州和联邦政府官员职位的妇女因为不能得到竞选所需的足够资金而没能参选。

24. 如果新产品打开了销路，则本企业今年就能实现转亏为盈。只有引进新的生产线或者对现有设备实行有效的改造，新产品才能打开销路。本企业今年没能实现转亏为盈。

如果上述断定是真的，则以下哪项也一定是真的？

Ⅰ. 新产品没能打开销路。

Ⅱ. 没引进新的生产线。

Ⅲ. 对现有设备没实行有效的改造。

A. 仅Ⅰ。　　　　　　　　B. 仅Ⅱ。　　　　　　　　C. 仅Ⅲ。

D. Ⅰ、Ⅱ和Ⅲ。　　　　　　E. Ⅰ、Ⅱ和Ⅲ都不一定是真的。

25. 李丽和王佳是好朋友，同在一家公司上班，常常在一起喝下午茶。她们发现常去喝下午茶的人或者喜欢红茶，或者喜欢花茶，或者喜欢绿茶。李丽喜欢绿茶，王佳不喜欢花茶。

根据以上陈述，以下哪项必定为真？

Ⅰ. 王佳如果喜欢红茶，就不喜欢绿茶。

Ⅱ. 王佳如果不喜欢绿茶，就一定喜欢红茶。

Ⅲ. 常去喝下午茶的人如果不喜欢红茶，就一定喜欢绿茶或花茶。

Ⅳ. 常去喝下午茶的人如果不喜欢绿茶，就一定喜欢红茶和花茶。

A. 仅Ⅱ和Ⅳ。　　　　　　B. 仅Ⅱ、Ⅲ和Ⅳ。　　　　　C. 仅Ⅲ。

D. 仅Ⅰ。　　　　　　　　E. 仅Ⅱ和Ⅲ。

26. 通常人们不认为美国是一个有很多长尾鹦鹉爱好者的国家，然而，在对一批挑选出来进行比较的国家所做的一项调查中，美国以每100人中有11人养长尾鹦鹉而排名第二。由此可得出结论：美国人比大多数其他国家的人更喜欢养长尾鹦鹉。

知道以下哪项最有助于判断上述结论的可靠性？

A. 美国拥有的长尾鹦鹉的数量。

B. 美国养长尾鹦鹉的人的数量。

C. 在调查中排名第一的国家每100人中养长尾鹦鹉的人的数量。

D. 美国养长尾鹦鹉的人数和美国养其他鸟类作为宠物的人数的比较。

E. 该调查中未包括的国家每100人中养长尾鹦鹉的人的数量。

27. 牛牛、超超、蓝蓝、baby、赫赫5人在一个游戏环节中需要共赴汉街。已知：

①牛牛到汉街后，已有2人先到。

②蓝蓝比超超先到、比baby后到。

③赫赫最后到达。

根据上述信息，5人到达汉街由后到先的顺序是：

A. 赫赫、超超、牛牛、蓝蓝、baby。

B. 赫赫、蓝蓝、牛牛、超超、baby。

C. 赫赫、超超、牛牛、baby、蓝蓝。

D. 赫赫、牛牛、超超、蓝蓝、baby。

E. 赫赫、超超、蓝蓝、牛牛、baby。

28～30题基于以下题干：

六座城市的位置如图1所示：

城市1	城市2
城市3	城市4
城市5	城市6

图1

在城市1、城市2、城市3、城市4、城市5和城市6这六座城市所覆盖的区域中，有4所医院、2座监狱和2所大学。这8个单位的位置须满足以下条件：

(1)没有一个单位跨不同的城市。

(2)没有一座城市有2座监狱，也没有一座城市有2所大学。

(3)没有一座城市中既有监狱又有大学。

(4)每座监狱位于至少有1所医院的城市。

(5)有大学的2座城市没有共同的边界。

(6)城市3有1所大学，城市6有1座监狱。

28. 以下哪项可能为真？

　　A. 城市5有1所大学。　　　　B. 城市6有1所大学。

　　C. 城市2有1座监狱。　　　　D. 城市3有2所医院。

　　E. 城市6没有医院。

29. 如果每座城市都至少拥有上述8个单位中的一个单位，则以下哪项一定为真？

　　A. 城市1有1座监狱。　　　　B. 城市2有1所医院。

　　C. 城市3有1所医院。　　　　D. 城市4有1所医院。

　　E. 城市5有1座监狱。

30. 以下哪座城市中的医院一定少于3所？

　　A. 城市1。　　B. 城市2。　　C. 城市4。　　D. 城市5。　　E. 城市6。

199 管理类联考逻辑模拟卷 3

（共 30 题，每小题 2 分，共 60 分，限时 60 分钟）

1. 某学校规定：除非学生成绩优秀并且品德良好，否则不能获得奖学金。

以下各项都符合该学校的规定，除了：

A. 如果一名学生成绩优秀且品德良好，就一定能获得奖学金。

B. 要想获得奖学金，成绩优秀和品德良好缺一不可。

C. 如果一名学生成绩不好，那么他不可能获得奖学金。

D. 如果一名学生经常损害他人利益，品行不端，那么他不可能获得奖学金。

E. 只有成绩优秀和品德良好，才有可能获得奖学金。

2. 随着气温上升，热带雨林遭受闪电雷击并引发大火的概率也会上升。然而，目前的监测表明，美洲热带雨林虽然更频繁地受到闪电雷击，却没有引发更多的森林大火。研究者认为，这可能与近年来雨林中藤蔓植物大量增加有关。

以下哪项如果为真，最能支持上述结论？

A. 闪电雷击常常引起温带森林大火，但热带雨林因为湿度较大，并不会产生较大火灾。

B. 1968 年热带雨林中藤蔓植物的覆盖率是 32%，当前其覆盖率已经高达 60%，有的地区甚至超过 75%。

C. 藤蔓茎干相对树枝电阻更小，能像建筑上的避雷针那样传导闪电，让大部分电流从自己的茎干传导。

D. 雷击这样大规模、速度极快的放电，先摧毁了外部的藤蔓植物，中间的树木得到了保护。

E. 藤蔓植物具有发达的根系，可以起到保持水土的作用。

3. 现在的美国人比 1965 年的美国人的运动量减少了 32%，预计到 2030 年将减少 46%；在中国，与 1991 年相比，人们的运动量减少了 45%，预计到 2030 年将减少 51%。缺少运动已经成为一个全球性的问题。

以下哪项陈述如果为真，则最能支持上述观点？

A. 在运动量方面，中国和美国分别是亚洲和美洲最有代表性的国家。

B. 人们保持健康的方式日益多样化，已不仅局限于运动。

C. 中国人与美国人相比，运动量更少一些。

D. 其他国家人们的运动量情况和中国、美国大致相同。

E. 中国和美国都是运动量缺乏这一问题较为严重的国家。

4. 在某个车间的领导班子中，车间主任、车间副主任和采购经理分别是张珊、李思和王武中的某一位。已知：

(1)车间副主任是个独生子，钱挣得最少。

(2)王武与李思的姐姐结了婚，钱挣得比车间主任多。

从以上陈述中可以推出下面哪一个选项？

A. 王武是采购经理，李思是车间主任。

B. 张珊是车间副主任，王武是车间主任。

C. 张珊是车间主任，李思是采购经理。

D. 李思是车间主任，张珊是采购经理。

E. 李思是车间主任，王武是车间副主任。

5. 刑警队需要充实缉毒组的力量，关于队中有哪些人来参加该组，已商定有以下意见：

(1)如果甲参加，则乙也参加。

(2)如果丙不参加，则丁参加。

(3)如果甲不参加而丙参加，则队长戊参加。

(4)队长戊和副队长己不能都参加。

(5)上级决定副队长己参加。

根据以上意见可以推知，下列推理完全正确的是：

A. 甲、丁、己参加。　　　　B. 丙、丁、己参加。　　　　C. 甲、丙、己参加。

D. 甲、乙、丁、己参加。　　E. 甲、丁、戊参加。

6. 某三甲医院的医生中，专科医院毕业的医生人数大于非专科医院毕业的医生人数，女医生的人数大于男医生的人数。

如果以上论述是真的，那么以下哪项关于该医院医生的断定也一定是真的？

(1)非专科医院毕业的女医生人数大于专科医院毕业的男医生人数。

(2)专科医院毕业的男医生人数大于非专科医院毕业的男医生人数。

(3)专科医院毕业的女医生人数大于非专科医院毕业的男医生人数。

A. (1)和(2)。　　　　　　B. 只有(2)。　　　　　　C. 只有(3)。

D. (2)和(3)。　　　　　　E. (1)、(2)和(3)。

7. 青海湖的湟鱼是味道鲜美的鱼，近年来由于自然环境的恶化和人类的过度捕捞，数量大为减少，成了珍稀动物。凡是珍稀动物都是需要保护的动物。

如果以上陈述为真，则以下陈述都必然为真，除了：

A. 有些珍稀动物是味道鲜美的鱼。

B. 有些需要保护的动物不是青海湖的湟鱼。

C. 有些味道鲜美的鱼是需要保护的动物。

D. 所有不需要保护的动物都不是青海湖的湟鱼。

E. 有的需要保护的动物是味道鲜美的鱼。

8. 李医生有三位助手甲、乙和丙。这三位助手在李医生的指导下，各自进行了三种药物的毒性实验。

甲说："第一种药有毒，第三种药无毒。"

乙说："我认为第二种无毒，第三种也无毒。"

丙说："我认为第一种药有毒，第二种和第三种药中有一种无毒。"

经过李医生判断，甲、乙、丙三人每人仅猜对了一半。

根据以上信息，可以判断以下哪一项为真？

A. 仅第二种药有毒。　　　　B. 仅第三种药有毒。

C. 一共有两种药有毒。　　　D. 三种药全有毒。

E. 三种药全无毒。

9. 某城市的房地产开发商只能通过向银行直接贷款或者通过预售商品房来筹集更多的开发资金。因此，如果政府不允许银行增加对房地产业的直接贷款，该市的房地产开发商将无法筹集到更多的开发资金。

以下哪个选项如果为真，则最能支持上述论证？

A. 有的房地产开发商预售商品房后携款潜逃，使得工程竣工遥遥无期。

B. 开发商无法从第三方平台取得贷款。

C. 建筑施工企业不愿意垫资施工。

D. 部分开发商销售期房后延期交房，使得很多购房者对开发商心存疑虑。

E. 中央银行取消了商品房预售制度。

10. 甲、乙和丙三个同学一起去旅游。为了照相方便，每个人拿的是一个同学的相机，背的是另一个同学的包。

如果背着丙的包的人拿的是乙的相机，那么以下哪项一定是真的？

A. 乙拿的是丙的相机。　　　　B. 丙拿的是乙的相机。

C. 丙背的是甲的包。　　　　　D. 乙背的是丙的包。

E. 乙拿的是甲的相机。

11. 在公安部与广东省公安厅联合进行的破冰行动中，出现一些不法村民妨碍公安干警执行公务的现象。已知，有些妨碍执行公务的行为是犯罪行为，因此，所有妨碍执行公务的行为都能免受处罚。

以下哪一项如果为真，则最能反驳上述结论？

A. 犯罪行为不都是妨碍执行公务的行为。

B. 有些免受处罚的行为不是妨碍执行公务的行为。

C. 有些妨碍执行公务的行为能免受处罚。

D. 犯罪行为都不能免受处罚。

E. 犯罪行为都能免受处罚。

12. 一次同乡会，李明、王刚、张波都在不同的岗位上工作，他们三个人的职业分别是警察、医生和律师。另外，他们分别来自东湖、西岛、南山三个村子，已知：

①医生称赞南山村同乡身体健康。

②西岛村的请警察合了一张影。

③医生和西岛村的都喜欢打篮球。

④王刚跟东湖村的互留了联系方式。

⑤西岛村的和王刚、张波都没有联系过。

如果以上陈述为真，那么以下哪项也一定为真？

A. 李明是警察，西岛村人。

B. 王刚是医生，南山村人。

C. 张波是警察，东湖村人。

D. 李明是律师，西岛村人。

E. 王刚是医生，西岛村人。

13. 海洋考古学家最近在一个古地中海港口的水下发现了几百件陶器，大概是4 000年前留下的。尽管船只木制框架的残迹早已腐烂了，但在最初的调查中发现的这些陶器的数量和多样性使考古学家假设：他们发现了一艘4 000年前的沉船残骸。

以下哪项如果为真，则对考古学家的假设给予了最强有力的支持？

A. 海洋考古学家已在另一个古地中海港口发现了一艘3 000年前的船只残骸。

B. 木头浸在水中腐烂的速度受木头质地的影响很大。

C. 在发现这些陶器的同一港口发现了两艘被探明的沉船残骸，它们分别具有3 500年和3 000年的历史。

D. 在该港口发现的陶器与在其他几个古地中海发现的陶器很相似。

E. 在陶器之间的海床上发现了铜制的船零件，大约有4 000年的历史。

14. 20世纪50年代以来，人类丢弃了多达10亿吨塑料，这种垃圾可能存在数百年甚至数千年。近日，一个科研小组在亚马孙雨林中发现了一种名为内生菌的真菌，它能降解普通的聚氨酯塑料。科研人员认为利用这种真菌的特性，将有望帮助人类消除塑料垃圾所带来的威胁。

科研人员的判断还需基于以下哪一项前提？

A. 塑料垃圾是人类活动产生的最主要的废弃物种类。

B. 内生菌在任何条件下都可以很好地降解塑料制品。

C. 目前绝大多数塑料垃圾都属于普通的聚氨酯塑料。

D. 这种真菌在地球上其他地区也能正常地存活生长。

E. 内生菌在降解塑料时会造成地下水的富营养化。

15. 最近对北海班轮乘客的一项调查表明，在旅行前服用晕船药的旅客比没有服用晕船药的旅客有更多的人表现出了晕船的症状。显然，与药品公司的临床实验结果报告相反，不服用晕船药会更好。

以下哪项如果为真，则最强有力地削弱了上文的结论？

A. 在风浪极大的情况下，大多数乘客都会表现出晕船的症状。

B. 没有服用晕船药的乘客和服用了晕船药的乘客以相同的比例加入了调查。

C. 那些服用晕船药的乘客如果不服药，他们晕船的症状会更加严重。

D. 花钱买晕船药的乘客比没有花钱买晕船药的乘客更不愿意承认自己有晕船的症状。

E. 该班轮上有不少乘客由于在旅行前服用了晕船药，在整个旅行中都没有表现出任何晕船的症状。

16. 华为公司用人十分严格，所有人任职两年以上，才有继续升职的机会。大明、小磊和小妍三个朋友互相关心升职的情况：

大明：明年小妍不可能不升职，今年小磊不必然不升职。

小磊：今年我可能会升职，大明不必然不升职。

小妍：我同意你们的观点。

以下哪项与上述三位朋友的断定最为接近？

A. 大明今年可能升职，小磊今年可能升职，小妍明年必然升职。

B. 大明今年不可能升职，小磊今年可能升职，小妍明年必然不升职。

C. 大明今年可能升职，小磊今年不可能升职，小妍明年必然不升职。

D. 大明今年可能升职，小磊今年不可能升职，小妍明年必然不升职。

E. 大明今年不可能升职，小磊今年可能升职，小妍明年必然升职。

17. 某市要建花园或修池塘。已知：修了池塘就要架桥，架了桥就不能建花园，建花园必须植树，植树必须架桥。

若以上信息为真，则以下哪项不可能为真？

A. 最后有池塘。

B. 最后一定有桥。

C. 最后可能有花园但没有池塘。

D. 最后可能要植树。

E. 池塘和花园不能同时存在。

18. 某宿舍住着四个留学生，分别来自美国、加拿大、韩国和日本。他们分别在中文、国际金融和法律三个系就学，其中：

①日本留学生单独在国际金融系。

②韩国留学生不在中文系。

③美国留学生和另外某个留学生同在某个系。

④加拿大留学生不和美国留学生同在一个系。

根据以上条件，可以推出美国留学生所在的系为：

A. 中文系。   B. 国际金融系。   C. 法律系。

D. 国际金融系或法律系。   E. 无法确定。

19. 台风是大自然最具破坏性的灾害之一。有研究表明：通过向空中喷洒海水水滴，增加台风形成区域上空云层对日光的反射，那么台风将不能聚集足够的能量，这一做法将有效阻止台风的前进，从而避免更大程度的破坏。

上述结论的成立需要补充以下哪项作为前提？

A. 喷洒到空中的水滴能够在云层之上重新聚集。

B. 人工制造的云层将会对邻近区域的降雨产生影响。

C. 台风经过时，常伴随着大风和暴雨等强对流天气。

D. 台风前进的动力来源于海水表面日光照射所产生的热量。

E. 除台风外，酸雨也是大自然最具破坏性的灾害之一。

20. 狗比人类能听到频率更高的声音，猫比正常人在微弱光线中视力更好，鸭嘴兽能感受到人类通常感觉不到的微弱电信号。

上述陈述均不能支持下述判断，除了：

A. 大多数动物的感觉能力强于人类所显示的感觉能力。

B. 任何能在弱光中看见东西的人都不如猫在弱光中的视力。

C. 研究者不应为发现鸭嘴兽的所有感觉能力均比人类所显示的能力强而感到吃惊。

D. 在进化中，人类的眼睛和耳朵发生改变使人的感觉能力不那么敏锐了。

E. 有些动物有着区别于人的感觉能力。

21. 调查显示，中国消费者对奢侈品品牌的忠诚度远远低于西方消费者，对许多中国消费者而言，高价格仍然很重要，物有所值仍然比品牌重要，而且在现阶段甚至比质量还重要。

如果以上信息为真，则最能推出以下哪项？

A. 中国消费者购买奢侈品时往往不会考虑价格因素。

B. 中国消费者喜欢购买价格高且物有所值的奢侈品。

C. 比起知名度来，奢侈品的价格更吸引中国消费者。

D. 中国消费者不甚关注知名奢侈品的价格及其质量。

E. 与部分欧洲国家消费者相比，中国消费者对奢侈品品牌的忠诚度要高。

22. 人类与疟疾已经进行了几个世纪的斗争，但一直是"治标不治本"——无法阻断疟疾传染源。日前研究者培育出一种经过基因改造的蚊子，它具备了不再感染疟疾的能力，并且能妨碍野生蚊子繁衍，从而有效切断人与蚊子的疟疾传播途径，假以时日，就能根绝疟疾这个顽症。

以下哪项如果为真，则最能支持上述结论？

A. 转基因蚊子的体质比野生蚊子差，一旦被放到野外很容易死亡。

B. 转基因蚊子只在疟疾存在时才有生存优势，当生存环境中没有疟疾时，它们和野生蚊子的存活率是相同的。

C. 转基因蚊子的生殖能力在繁衍了九代后显著增加，可能带来野生蚊子种群的灭亡。

D. 转基因蚊子与野生蚊子交配产下的后代并不都具有抗疟疾基因，但在基因层面上都会产生突变，形成新型蚊子。

E. 目前，只有少数科学家能掌握转基因蚊子的批量培育技术。

23. 研究人员在观察开普勒太空望远镜发现的数千颗太阳系外行星后，发现银河系内拥有大量的行星，几乎每一颗恒星周围都存在行星。许多恒星系内存在 2～6 颗行星，其中约 1/3 的行星处于宜居带上，行星表面的温度适合液态水存在，这可能意味着银河系内几乎处处有宜居的星球。

以下哪项如果为真，则最能支持上述结论？

A. 只要存在水资源，就有生命存在的可能性，但不一定能完成进化。

B. 许多宜居带行星与恒星之间的距离小于地球和太阳的间距，恒星释放的耀斑可能扼杀生命。

C. "恒星系统内存在 2～6 颗行星"这一结论是根据 200 多年前的"提丢斯－波得定则"推算而出，非实测结果。

D. 银河系内 2 000 亿～4 000 亿颗恒星中 80% 是红矮星，超过一半的红矮星周围环绕的行星与地球类似，并存在水和大气层。

E. 人类需要多少年可以找到另一个宜居的星球尚未定论。

24. 最近实施的一项历史上最严格的禁止吸烟的法律，虽然尚未禁止人们在其家中吸烟，却禁止人们在一切公共场所和工作地点吸烟。如果这项法律得到严格执行，就能彻底保护上班人员免受二手烟的伤害。

以下哪项陈述如果为真，则能最强有力地削弱上述论证？

A. 上下班的人员吸入汽车尾气的危害要比吸二手烟的危害大得多。

B. 诸如家教、护工、小时工等人员都在雇主的家里上班。

C. 任何一项立法及其实施都不能完全实现立法者的意图。

D. 这项控制吸烟的法律过高地估计了吸二手烟的危害。

E. 有些人仍然不自觉地在办公场所的厕所中偷偷吸烟。

25. 某办公室有王莉、李明和丁勇 3 名工作人员，本周有分别涉及网络、财务、管理、人事和教育的 5 项工作需要他们完成。关于任务安排，需要满足下列条件：

①每人均完成一至两项工作，一项工作只能由一人完成。

②人事和管理工作都不是由王莉完成的。

③如果人事工作由丁勇完成，那么财务工作由李明完成。

④完成教育工作的人至少还需完成一项其他工作。

到了周末，3 人顺利地完成了上述 5 项工作。

如果李明只完成 5 项工作中的一项，那么以下哪项准确地列举了这项工作的可能性？

A. 人事、财务。   B. 人事、管理、财务。   C. 人事、网络。

D. 财务。   E. 教育、财务。

26. 博雅公司的总裁发现，除非从内部对公司进行改革，否则公司将面临困境。而要对公司进行改革，就必须裁减公司富余的员工。而要裁减员工，国家必须有相应的失业保险制度。然而博雅公司所在的国家，失业保险制度并不健全。

从上面的论述，可以确定以下哪项一定为真？

Ⅰ. 博雅公司裁减了员工。

Ⅱ. 博雅公司没有进行改革。

Ⅲ. 博雅公司将面临困境。

A. 仅Ⅰ。   B. 仅Ⅱ和Ⅲ。   C. 仅Ⅰ和Ⅱ。

D. Ⅰ、Ⅱ和Ⅲ。   E. Ⅰ、Ⅱ和Ⅲ都不一定为真。

27. 威胁美国大陆的飓风是由非洲西海岸高气压的触发形成的。每当在撒哈拉沙漠以南的地区有大量的降雨之后，美国大陆就会受到特别频繁的飓风袭击。所以，大量的降雨一定是提升气流压力而造成飓风的原因。

以下哪项论证中所包含的缺陷与上述论证中的最为相似？

A. 张珊、李思都是老烟民，但都很长寿。

B. 东欧的事件会影响中美洲的政治局势，所以东欧的自由化会导致中美洲的自由化。

C. 汽车在长的街道上比在短的街道上开得更快，所以，长街道上的行人比短街道上的行人更危险。

D. 桑菊的花瓣在正午时会合拢，所以，桑菊的花瓣在夜间一定会张开。

E. 许多后来成为企业家的人，他们在上大学时经常参加竞争性的体育运动。所以，这些企业家之所以能成功，一定是因为经常参加竞争性的体育运动。

28～30 题基于以下题干：

现在有三个高三学生张、王、李，两个初一学生赵、郑和四个小学二年级学生小明、小强、小红、小刚。九个人分成三组，打王者荣耀 3V3 游戏，分组情况满足以下条件：

(1)年级相同的中学生不能在同一组。

(2)小明不能在张那一组。

(3)小强的组里至少有王或赵中的一个。

28. 如果张是某组唯一的中学生，那么他所在组的其他两个成员必须是：

    A. 小明和小强。   B. 小明和小红。   C. 小强和小红。

    D. 小强和小刚。   E. 小红和小刚。

29. 如果张和赵是第一组的两个成员，那么谁将分别在第二组和第三组？

    A. 王、李、小明；郑、小红、小刚。

    B. 王、小明、小刚；李、郑、小强。

    C. 王、小强、小红；李、小明、小刚。

    D. 李、郑、小明；王、小红、小刚。

    E. 小明、小强、小红；王、郑、小刚。

30. 下列哪一项断定一定是对的？

    A. 有一个高中生跟两个小学生同一组。

    B. 有一个初中生跟小明同一组。

    C. 张和一个初中生同一组。

    D. 李那一组只有一个小学生。

    E. 有一个组没有小学生。

199 管理类联考逻辑模拟卷 4

（共 30 题， 每小题 2 分， 共 60 分， 限时 60 分钟）

1. 如果高层管理人员本人不参与薪酬政策的制定，公司最后确定的薪酬政策就不会成功。另外，如果有更多的管理人员参与薪酬政策的制定，告诉公司他们认为重要的薪酬政策，公司最后确定的薪酬政策将更加有效。

   以上陈述如果为真，则以下哪项陈述不可能为假？

   A. 除非有更多的管理人员参与薪酬政策的制定，否则，公司最后确定的薪酬政策不会成功。

   B. 或者高层管理人员本人参与薪酬政策的制定，或者公司最后确定的薪酬政策不会成功。

   C. 如果高层管理人员本人参与薪酬政策的制定，公司最后确定的薪酬政策就会成功。

   D. 如果有更多的管理人员参与薪酬政策的制定，公司最后确定的薪酬政策将更加有效。

   E. 高层管理人员本人参与薪酬政策的制定，并且公司最后确定的薪酬政策不会成功。

2. 小张、小王、小李、小赵 4 人考前突击论说文，每人从《老吕写作要点精编》《老吕写作 33 篇真题精讲》《老吕写作 33 篇考前必背》这三本书中挑选一本，再从这本书中选择出 1～3 个话题进行背诵。已知：

   (1)小张和小赵挑选的书不同，选择背诵的话题数也不同。

   (2)有 1 人选择了 1 个话题进行背诵，有 2 人选择了 2 个话题进行背诵。

   (3)小李选择了《老吕写作 33 篇考前必背》中的 3 个话题进行背诵。

   (4)每本书都有人挑选，小王和小赵挑选了《老吕写作要点精编》。

   由此可以推出：

   A. 小张和小李挑选了同一本书。

   B. 小王选择了 2 个话题进行背诵。

   C. 有人与小李选择了相同的书或话题数。

   D. 小赵选择了《老吕写作要点精编》的 2 个话题进行背诵。

   E. 小张选择了 2 个话题进行背诵。

3. 在一项实验中，让 80 名焦虑程度不同的女性完成同样的字母识别任务，同时在她们头上放置电极，观察大脑活动。结果表明，焦虑程度高的女性在完成任务时脑电活动更复杂，更容易出错。实验者由此得出结论：女性的焦虑程度影响完成任务的质量。

   以下哪项如果为真，最能反驳上述结论？

   A. 焦虑程度高的女性与其他女性相比在实验前对任务不熟悉。

   B. 女性焦虑时，大脑会受到各种思绪的干扰而无法专注。

   C. 女性焦虑容易引起强迫症、广泛性焦虑等心理问题。

   D. 有研究显示，焦虑和大脑反应错误率是正相关的。

   E. 现代社会，男性焦虑比女性焦虑更为普遍。

4. 传统的观点一直认为，荷尔蒙睾丸激素的高含量分泌是造成男性患心脏病的重要原因，这个观点是站不住脚的。因为测试显示，男性心脏病患者体内的荷尔蒙睾丸激素的含量，通常都要低于无心脏病的男性。

上述论证假设了以下哪项断定？

A. 患心脏病后不会降低男性患者体内的荷尔蒙睾丸激素的含量。

B. 一些心脏健康的男性体内的荷尔蒙睾丸激素的含量较低。

C. 传统的观点往往是不正确的。

D. 心脏病和荷尔蒙睾丸激素含量的降低是某个共同原因作用的结果。

E. 荷尔蒙睾丸激素在体内的高含量不会引起除心脏病以外的任何疾病。

5. 如果一个人热爱工作，那么他或者有一技之长，或者有使命感。如果一个人愿意不计较工作时间，那么他热爱工作。如果一个人得到永无止境的快乐，那么他热爱工作。

根据以上断定，可以推断以下哪项可能为假？

Ⅰ. 如果一个人得到永无止境的快乐，那么他有使命感。

Ⅱ. 愿意不计较工作时间的人都是热爱工作的人。

Ⅲ. 热爱工作的人都是不计较工作时间的人。

A. 仅Ⅱ。　　　　　　　B. 仅Ⅲ。　　　　　　　C. 仅Ⅰ、Ⅱ。

D. 仅Ⅰ、Ⅲ。　　　　　E. Ⅰ、Ⅱ和Ⅲ。

6. "俏色"指的是一种利用玉的天然色泽进行雕刻的工艺。这种工艺原来被认为最早始于明代中期，然而，在商代晚期的妇好墓中出土了一件俏色玉龟，工匠用玉的深色部分做了龟的背壳，用白玉部分做了龟的头尾和四肢。这件文物表明，俏色工艺最早始于商代晚期。

以下哪一项陈述是上述论证的结论所依赖的假设？

A. 俏色是比镂空这种透雕工艺更古老的雕刻工艺。

B. 妇好墓中的俏色玉龟不是更古老的朝代留传下来的。

C. 因势象形是俏色和根雕这两种工艺的共同特征。

D. 周武王打败商纣王时，从殷都带回了许多商代玉器。

E. 妇好墓中的青铜器色泽良好，保存完整。

7. 没有一个宗教命题能够通过观察或实验而被验证为真。所以，无法知道任何宗教命题的真实性。

为了合乎逻辑地推出上述结论，需要假设下面哪项为前提？

A. 如果一个命题能够通过观察或实验被证明为真，则其真实性是可以知道的。

B. 只凭观察或实验无法证明任何命题的真实性。

C. 要知道一个命题的真实性，需要通过观察或实验证明它为真。

D. 人们通过信仰来认定宗教命题的真实性。

E. 宗教既不能被证实也不能被证伪。

8. 《礼记·大学》中有这样一段话："古之欲明明德于天下者，先治其国；欲治其国者，先齐其家；欲齐其家者，先修其身；欲修其身者，先正其心；欲正其心者，先诚其意；欲诚其意者，先致其知。"

如果《礼记·大学》中的观点是正确的，则以下哪项必然为假？

A. 欲明明德于天下者，必先诚其意。

B. 如果一个人能够治其国，那么他一定能够正其心。

C. 致其知者，可以治其国。

D. 或者不能齐其家，或者诚其意。

E. 欲明明德于天下者，没有致其知。

9. 四位运动员，每位从事一项体育运动。甲说："所有人都是篮球运动员。"乙说："我是足球运动员。"丙说："我不是篮球运动员。"丁说："有的人不是篮球运动员。"

经过调查核实，确定只有一人说了真话。那么以下哪项一定为真？

A. 所有人都是篮球运动员。

B. 所有人都不是篮球运动员。

C. 有些人不是篮球运动员。

D. 乙是篮球运动员。

E. 有的人是篮球运动员。

10～11 题基于以下题干：

某中学派出 G、H、L、M、U、W、Z 七位学生参加中学运动会，分别参加跳高和铅球两个项目。每人恰好只参加一个项目，且满足以下条件：

(1)如果 G 参加跳高，则 H 参加铅球。

(2)如果 L 参加跳高，则 M 和 U 参加铅球。

(3)W 参加的项目与 Z 不同。

(4)U 参加的项目与 G 不同。

(5)如果 Z 参加跳高，则 H 也参加跳高。

10. 如果 M 和 W 都参加跳高项目，则以下哪项可以为真？

A. G 和 L 都参加跳高。　　　　　B. G 和 U 都参加铅球。

C. W 和 Z 都参加铅球。　　　　　D. L 和 U 都参加铅球。

E. M 和 L 都参加跳高。

11. 最多有几个学生一起参加跳高项目？

A. 2 个。　　　B. 3 个。　　　C. 4 个。　　　D. 5 个。　　　E. 6 个。

12. 在 2019 年的男子篮球世界杯上，如果美国男篮能够进入半决赛，同时韩国男篮小组赛失利，则中国男篮无法夺冠。如果法国小组第一出线，则韩国男篮小组赛失利并且中国男篮夺冠。

如果以上命题为真，再加上以下哪项前提，可以得出结论：美国男篮没有进入半决赛？

A. 韩国男篮和中国男篮都小组赛失利了。

B. 韩国男篮小组赛失利，并且中国男篮没有夺冠。

C. 韩国男篮和美国男篮至少有一支没有进入半决赛。

D. 法国小组第一出线，并且韩国男篮小组赛失利。

E. 韩国男篮小组赛失利。

13. 研究发现，试管婴儿的出生缺陷率约为 9%，自然受孕婴儿的出生缺陷率约为 6.6%。这两种婴儿的眼部缺陷比例分别为 0.3% 和 0.2%；心脏异常比例分别为 5% 和 3%；生殖系统缺陷的比例分别为 1.5% 和 1%。因而可以说明，试管婴儿技术导致试管婴儿比自然受孕婴儿的出生缺陷率高。

以下哪项如果为真，则最能质疑该结论？

A. 试管婴儿要经过体外受精和胚胎移植过程，人为操作都会加大受精卵受损的风险。

B. 选择试管婴儿技术的父母大都是生殖系统功能异常，这些异常会令此技术失败率增加。

C. 试管婴儿在体外受精阶段可以产生很多受精卵，只有最优质的才被拣选到母体进行孕育。

D. 试管婴儿的父母比自然受孕婴儿的父母年龄大很多，父母年龄越大，新生儿出生缺陷率越高。

E. 现在的试管婴儿技术已逐步成熟，婴儿出生缺陷率大大降低。

14～15 题基于以下题干：

有 6 位歌手：F、G、L、K、H、M，3 位钢琴伴奏师：X、Y、W。每一位钢琴伴奏师恰好分别为其中的 2 位歌手伴奏。已知信息如下：

(1)如果 X 为 F 伴奏，则 W 为 L 伴奏。

(2)如果 X 不为 G 伴奏，则 Y 为 M 伴奏。

(3)X 或 Y 为 H 伴奏。

(4)F 与 G 不共用钢琴伴奏师；L 与 K 不共用钢琴伴奏师；H 与 M 不共用钢琴伴奏师。

14. 如果 X 为 L 和 H 伴奏，则以下哪项陈述必然为真？

A. W 为 K 伴奏。

B. Y 为 F 伴奏。

C. G 和 K 由同一位钢琴伴奏师伴奏。

D. F 和 M 由同一位钢琴伴奏师伴奏。

E. W 为 G 伴奏。

15. W 不可能为以下哪一对歌手伴奏？

A. F 和 K。　　　　　　　　B. F 和 L。　　　　　　　　C. K 和 H。

D. G 和 K。　　　　　　　　E. F 和 M。

16. 开车斗气、胡乱变线、强行超车等"路怒症"是一种被称为间歇性暴发性障碍（IED）的心理疾病。有研究发现，IED 患者弓形虫检测呈阳性的比例是非 IED 患者的 2 倍。研究者认为，弓形虫感染有可能是导致包括"路怒症"在内的 IED 心理疾病的罪魁祸首。

以下哪项如果为真，则无法支持研究者的观点？

A. 感染了弓形虫的老鼠往往更大胆、更敢于冒险，也因此更容易被猫抓到。

B. 弓形虫使大脑中控制威胁反应的神经元受到过度刺激，易引发攻击行为。

C. 对弓形虫检测呈阳性的 IED 患者施以抗虫感染治疗之后，冲动行为减少。

D. 弓形虫是猫身上的一种原生动物寄生虫，但猫是比较温顺的动物。

E. 感染弓形虫后会使大脑中产生囊肿，而这种囊肿与人的冲动行为有关。

17. "倾销"被定义为以低于商品生产成本的价格在另一个国家销售这种商品的行为。H 国的河虾生产者正在以低于 M 国河虾生产成本的价格，在 M 国销售河虾。因此，H 国的河虾生产者正在 M 国倾销河虾。

以下哪一项对评估上文提到的倾销行为是必要的？

A. H 国的河虾生产者是否通过在 M 国的倾销行为获利。

B. 如果 H 国一直以低于 M 国的河虾生产成本的价格在 M 国销售河虾，M 国的河虾产业就会破产。

C. 专家们在倾销行为对两国的经济都有害或都有利，还是只对其中的一方有害或有利的问题上达成了共识。

D. 由于计算商品生产成本的方法不同，很难得出同一种商品在不同国家的生产成本的精确比较数值。

E. 倾销定义中的"生产成本"指的是商品原产地的生产成本，还是销售地同类商品的生产成本。

18. 某学校新来了3位年轻老师：蔡老师、朱老师和孙老师，他们每人分别教生物、物理、英语、政治、历史和数学6科中的2科课程。其中，已知下列条件：

(1)物理老师和政治老师是邻居。

(2)蔡老师在3人中年龄最小。

(3)孙老师、生物老师和政治老师3人经常一起从学校回家。

(4)生物老师比数学老师的年龄要大些。

(5)在双休日，英语老师、数学老师和蔡老师3人经常一起打排球。

根据以上条件，可以推出朱老师教哪两个学科？

A. 历史和生物。   B. 物理和数学。   C. 英语和生物。

D. 政治和数学。   E. 英语和数学。

19. 红旗小学从张珊、李思、王武、赵柳、钱起、孙巴、刘久7个小学生中，选择4人评选优秀学生干部。已知下列条件：

(1)要么选张珊，要么选钱起。

(2)要么选王武，要么选孙巴。

(3)如果选王武，那么选李思。

(4)除非选钱起，否则不选刘久。

根据以上断定，可以推知以下哪项一定为真？

A. 李思和赵柳2人中至少选1人。

B. 钱起和刘久2人中至少选1人。

C. 赵柳和王武2人中至少选1人。

D. 王武和刘久2人中至少选1人。

E. 以上断定都不一定为真。

20. 如果联盟决定在所有入境口岸对从 W 国进口的产品实行 100% 的检测，那么 W 国的食品将经常出现违规；如果 W 国的食品经常出现违规，那么联盟将提醒各成员国采取相应的措施；如果联盟提醒各成员国采取相应的措施，那么联盟的民众将反应强烈；如果联盟的民众反应强烈，那么联盟将决定在所有的入境口岸对从 W 国进口的产品实行 100% 的检测；如果联盟决定在所有的入境口岸对从 W 国进口的产品实行 100% 的检测，那么联盟的民众不会反应强烈。

以下哪项可以从以上陈述中合乎逻辑地推出？

A. 联盟不会提醒各成员国采取相应的措施。

B. W 国的食品将经常出现违规。

C. 联盟的民众将反应强烈。

D. 联盟将决定在所有入境口岸对从 W 国进口的产品实行 100％的检测。

E. 联盟的民众将反应强烈或者 W 国的食品将经常出现违规。

21. 徐先生认识赵、钱、孙、李和周五位女士，已知下列条件：

①五位女士分别属于两个年龄档，有三位小于 30 岁，有两位大于 30 岁。

②五位女士的职业有两位是教师，其他三位是秘书。

③赵和孙属于相同年龄档。

④李和周不属于相同年龄档。

⑤钱和周的职业相同。

⑥孙和李的职业不相同。

⑦徐先生的妻子是一位年龄大于 30 岁的教师。

请问谁是徐先生的妻子？

    A. 赵。   B. 钱。   C. 孙。   D. 李。   E. 周。

22. 碎片化时代人们的注意力很难持久。让用户在邮件页面停留更长时间已经成为营销者不断努力的方向。随着富媒体化的逐步流行，邮件逐步从单一静态向动态转变，个性化邮件的特性也逐步凸显。GIF(动态图片、动画)制作简单、兼容性强，在邮件中可以增加视觉冲击力。因此，在邮件中插入 GIF，更能吸引用户的目光、增加用户的点击率。

以下哪项如果为真，则最能支持上述结论？

A. 如果针对特定用户群而制作个性化营销邮件，那么销售机会会增加 20％。

B. 过去没有插入 GIF 的个性化营销邮件，也为很多企业带来了成功。

C. 20 世纪 70 年代出生的人习惯于电子邮件的静态界面，不喜欢花里胡哨的东西。

D. 插入 GIF 的个性化营销邮件，比普通发送的邮件给企业带来的收入多 18 倍。

E. 在邮件中插入 GIF 在技术上较难实现。

23～24 题基于以下题干：

某图书馆预算委员会，必须从以下 8 个学科领域 G、L、M、N、P、R、S 和 W 中，削减恰好 5 个学科领域的经费。同时，必须满足以下条件：

①如果 G 和 S 被削减，则 W 也被削减。

②如果 N 被削减，则 R 和 S 都不会被削减。

③如果 P 被削减，则 L 不会被削减。

④在 L、M 和 R 这 3 个学科领域中，恰好有 2 个学科领域的经费被削减。

23. 如果 L 和 S 同被削减，则下面哪一个选项列出了经费可能同被削减的 2 个学科领域？

    A. G、M。   B. G、P。   C. N、R。

    D. P、R。   E. M、R。

24. 如果 R 未被削减，则下面哪一个选项必定是真的？

    A. P 被削减。   B. N 未被削减。   C. G 被削减。

    D. S 被削减。   E. 未被削减。

25. 所有美洲人都不是亚洲人；所有美洲人都不是欧洲人。因此，有的不是亚洲人的人不是白人。

以下哪项可以使上述论证成立？

A. 所有欧洲人都不是美洲人。　　　B. 所有白人都是欧洲人。

C. 有些白人不是欧洲人。　　　　　D. 有些白人不是亚洲人。

E. 有些欧洲人不是白人。

26. 有研究者认为，有些人罹患哮喘病是由于情绪问题。焦虑、抑郁和愤怒等消极情绪，可促使机体释放组织胺等物质，从而引发哮喘病。但是，反对者认为，迷走神经兴奋性的提高和交感神经反应性的降低才是引发哮喘病的原因，与患者的情绪问题无关。

以下哪项如果为真，则最能削弱反对者的观点？

A. 现代医学已经证实，消极情绪也可诱发身体疾病。

B. 哮喘病发作会造成患者情绪焦虑、抑郁和愤怒等。

C. 焦虑、抑郁和愤怒等消极情绪是现代人的普遍问题。

D. 消极情绪会提高患者迷走神经的兴奋性并降低交感神经的反应性。

E. 现代人往往忽视自己的情绪，心理免疫力下降。

27. 美国汽车"三包法"实施后的几年中，汽车公司因向退货人支付退款而遭受了巨大损失。因此，2014 年我国《家用汽车产品修理、更换、退货责任规定》（简称"三包法"）实施前，业内人士预测该汽车"三包法"会对汽车厂家造成很大冲击。但"三包法"实施一年以来，记者在北京、四川等地多家 4S 店的调查显示，依据"三包法"退换车的案例为零。

如果以下陈述为真，则哪项最好地解释了上述反常现象？

A. "三包法"实施一年后，仅有 7% 的消费者在购车前了解"三包权益"。

B. 多数汽车经销商没有按法规要求向消费者介绍其享有的"三包权益"。

C. "三包法"保护车主利益的关键条款缺乏可操作性，导致退换车很难成功。

D. 为免受法律的惩罚，汽车厂家和经销商提高了维修方面的服务质量。

E. 并非所有的问题都符合"三包法"的规定。

28～30 题基于以下题干：

一个委员会工作两年，每年都由 4 人组成，其中 2 名成员来自下面 4 位法官：F、G、H、I，另外 2 名成员来自下面 3 位科学家：V、Y、Z。每一年，该委员会有 1 名成员做主席。在第一年做主席的成员在第二年必须退出该委员会，在第二年做主席的人在第一年必须是该委员会的成员。该委员会成员必须满足下面的条件：

(1)G 和 V 不能在同一年成为该委员会的成员。

(2)H 和 Y 不能在同一年成为该委员会的成员。

(3)每一年，I 和 V 中有且只有 1 位做该委员会的成员。

28. 下面哪项列出了能够在第一年成为该委员会成员的名单？

A. F、G、V、Z。　　　　　　B. F、H、V、Z。　　　　　　C. H、I、Y、Z。

D. G、H、I、Z。　　　　　　E. G、V、F、Y。

29. 如果 V 在第一年做该委员会主席，则下面哪一项列出了在第二年必须做该委员会成员的两个人？

A. G 和 Y。　　　　　　　　B. V 和 Y。　　　　　　　　C. H 和 I。

D. H 和 Z。　　　　　　　　E. I 和 Y。

30. 如果 H 在第一年做该委员会主席，则下面哪一位成员能够在第二年做该委员会主席？

A. F。　　　B. G。　　　C. Y。　　　D. I。　　　E. F 和 Y。

396 经济类联考逻辑模拟卷 1

（共20题，每小题2分，共40分，限时40分钟）

1. 未来的中国，将是一个更加开放包容、文明和谐的国家。一个国家、一个民族，只有开放包容，才能发展进步。唯有开放，先进和有用的东西才能进得来；唯有包容，吸收借鉴优秀文化，才能使自己充实和强大起来。

   如果以上说法为真，那么以下哪项陈述一定为假？

   A. 一个国家或民族，即使不开放包容，也能发展进步。

   B. 一个国家或民族，如果不开放包容，它就不能发展进步。

   C. 一个国家或民族，如果要发展进步，它就必须开放包容。

   D. 一个国家或民族，即使开放包容，也可能不会发展进步。

   E. 一个国家或民族，如果开放包容，就能使自己充实和强大起来。

2. 素数是指只含有两个因子的自然数（即只能被自身和1整除）。孪生素数是指两个相差为2的素数，比如3和5、17和19等。所谓的孪生素数猜想，是由希腊数学家欧几里得提出的，意思是存在着无穷对孪生素数。该论题一直未得到证明。近期，美国一位华人讲师的最新研究表明，虽然还无法证明存在无穷多个相差为2的素数对，但存在无穷多个相差小于7 000万的素数对。有关方面认为，如果这个结果成立，那么将是数论发展的一项重大突破。

   以下哪项如果为真，则最能支持有关方面的观点？

   A. 这位华人讲师长期从事数学领域的相关教学和科研工作。

   B. 关于孪生素数猜想的证明需要一个漫长的、逐步推进的过程。

   C. 这是第一次有人正式证明存在无穷多组间距小于定值的素数对。

   D. 7 000万这个数字很大，离孪生素数猜想给出的2还有很大距离。

   E. 欧几里得是世界著名的数学家，提出的很多猜想都得到了证明。

3. 在确定慢性疲劳综合征的努力中，这种不可思议的疾病究竟属于生理性的还是属于心理性的尚未确定。病理学家做了如下试验：第一组患者被指定服用一种草药膏剂，并被告知这种膏剂是在试用过程中，其中30%的人在接受治疗三个月内得到治愈；第二组患者接受同样的草药膏剂治疗，但被告知这种膏剂已经过广泛的临床试验，被证明是有效的，结果有85%的人在同样三个月内得到治愈。由此可见，人对从疾病中能够有复原机会的信念能够影响人从病中的康复。

   以下哪项如果为真，则最能对上述论证提出质疑？

   A. 参加试验的患者没有一个人有过任何心理紊乱治疗的历史。

   B. 如果告诉第一组患者这种草药膏剂被证明是有效的，这组人康复的比率就会和第二组一样。

   C. 两组试验对象是随意从一批人中挑选出的，他们被诊断患有慢性疲劳综合征。

   D. 实际情况是，第一组成员普遍比第二组成员患慢性疲劳综合征的时间长且病情重。

   E. 容易上当受骗与疾病的关系被弄颠倒了。

4. 已知下列案情：

   ①如果张珊、李思、王伍三人都是罪犯，则003号案件会被破获。

②003 号案件没有被破获。

③如果张珊不是罪犯，则张珊的供词是真的，而张珊说李思不是罪犯。

④如果李思不是罪犯，则李思的供词是真的，而李思说自己与王伍是好朋友。

⑤现查明王伍根本不认识李思。

根据以上案情，可以推断以下哪一项为真？

A. 三人都是罪犯。

B. 三人都不是罪犯。

C. 张珊、李思是罪犯，王伍不是罪犯。

D. 张珊、李思是罪犯，王伍不能确定。

E. 张珊、王伍不能确定，李思是罪犯。

5. 某公司 30 岁以下的年轻员工中有一部分报名参加了公司在周末举办的外语培训班。该公司的部门经理一致同意在本周末开展野外拓展训练。所有报名参加外语培训班的员工都反对在本周末开展野外拓展训练。

根据以上信息，可以推出以下哪项？

A. 所有部门经理的年龄都在 30 岁以上。

B. 该公司部门经理中有人报名参加了周末的外语培训班。

C. 报名参加周末外语培训班的员工都是 30 岁以下的年轻人。

D. 有些 30 岁以下的年轻员工不是部门经理。

E. 所有 30 岁以下的年轻员工都做了部门经理。

6. 有红、蓝、黄、白、紫 5 种颜色的皮球，分别装在 5 个盒子里。由甲、乙、丙、丁、戊 5 人猜测盒子里皮球的颜色。

甲：第 2 个盒子里的皮球是紫色的，第 3 个盒子里的皮球是黄色的。

乙：第 2 个盒子里的皮球是蓝色的，第 4 个盒子里的皮球是红色的。

丙：第 1 个盒子里的皮球是红色的，第 5 个盒子里的皮球是白色的。

丁：第 3 个盒子里的皮球是蓝色的，第 4 个盒子里的皮球是白色的。

戊：第 2 个盒子里的皮球是黄色的，第 5 个盒子里的皮球是紫色的。

猜完之后打开盒子发现，每人都只猜对了一种，并且每盒都有一个人猜对。由此可以推测：

A. 第 1 个盒子里的皮球是蓝色的。

B. 第 3 个盒子里的皮球不是黄色的。

C. 第 4 个盒子里的皮球是白色的。

D. 第 5 个盒子里的皮球是红色的。

E. 第 2 个盒子里的皮球是白色的。

7. 有一种理论认为，距今约 5 000 万年前，生活在马达加斯加岛上的环尾狐猴、狐蝠以及其他哺乳动物的祖先当年乘坐天然的"木筏"，来到了马达加斯加这座位于印度洋的岛屿上。根据这一理论，来自非洲大陆东南部的哺乳动物当年漂流到马达加斯加，它们利用的交通工具是大原木或者漂浮的植被。在上演漂流记前，风暴将它们卷入大海，在洋流的带动下，这些古代"难民"漂流数周，来到马达加斯加。

以下哪项如果为真，则不能支持上述漂流理论？

A. 5 000 万年前，两个大陆板块周围的洋流曾一度向东流动，也就是流向马达加斯加。

B. 小型哺乳动物天生新陈代谢缓慢，能够在没有太多食物和淡水的情况下存活数周。

C. 在从非洲大陆东南部到达马达加斯加的动物中，没有大象、狮子等超重、超大哺乳动物。

D. 5 000 万年前，非洲大陆和马达加斯加之间的距离与今天不同。

E. 5 000 万年前，海上有许多可以漂浮的植被和原木。

8. 在潮湿的气候中仙人掌很难成活，在寒冷的气候中柑橘很难生长。在某省的大部分地区，仙人掌和柑橘至少有一种不难成活或生长。

如果上述断定为真，则以下哪项一定为假？

A. 该省的一半地区，既潮湿又寒冷。

B. 该省的大部分地区炎热。

C. 该省的大部分地区潮湿。

D. 该省的某些地区既不寒冷也不潮湿。

E. 柑橘在该省的所有地区都无法生长。

9. "东胡林人"遗址是新石器时代早期的人类文化遗址，在遗址中发现的人骨化石经鉴定属两个成年男性个体和一个少年女性个体。在少女遗骸的颈部位置有用小螺壳串制的项链，腕部佩戴由牛肋骨制成的骨镯。这说明在新石器时代早期，人类的审美意识已开始萌动。

以下哪项如果为真，则最能削弱上述判断？

A. 新石器时代的饰品通常是石器。

B. 出土的项链和骨镯都十分粗糙。

C. 项链和骨镯的作用主要是表示社会地位。

D. 两个成年男性遗骸的颈部有更大的项链。

E. 爱美是女人的天性，自古她们就喜欢佩戴一些饰品来展现自身的美。

10. 如果你喝的饮料中含有酒精，心率就会加快。如果你的心率加快，就会觉得兴奋。因此，如果你喝的饮料中含有酒精，就会觉得兴奋。

以下哪项推理的结构和上述推理最为类似？

A. 如果你投资股票，你就有破产的风险。如果你投资股票，你就有发财的希望。因此，如果你有破产的风险，那么就有发财的希望。

B. 如果你每天摄入足够水分，就能降低血液的黏稠度。如果血液的黏稠度过高，就会增加患心脏病的危险。因此，如果你每天摄入足够的水分，就会减少患心脏病的危险。

C. 如果你喝过多的酒，你的肝脏就会有过度负担。如果你喝过多的酒，你就可能出现酒精肝。因此，如果你的肝脏过度负担，你就可能出现酒精肝。

D. 如果你有足够的银行存款，就会有足够的购买能力。如果你有足够的购买能力，就会拥有宽敞的住房。因此，你如果有足够的银行存款，就会过得非常舒适。

E. 如果你有稳定的工作，就会有稳定的收入。如果你有稳定的收入，就会生活得幸福。因此，只要你有稳定的工作，就会生活得幸福。

11. 研究表明，阿司匹林具有防止心脏病突发的功能。这一成果一经确认，研究者立即以论文形式向某权威医学杂志投稿。不过，一篇论文从收稿到发表，至少需要 3 个月。如果这一论文一收到就被发表，那么，这 3 个月中死于心脏病突发的患者很可能挽回生命。

以下哪项如果为真，则最能削弱上述论证？

A. 上述医学杂志加班加点，以尽快发表该论文。

B. 有学者对上述关于阿司匹林的研究结论提出了不同意见。

C. 经常服用阿司匹林容易导致胃溃疡。

D. 一篇论文的收、审、排、印需要时间，不可能一收到就被发表。

E. 阿司匹林只有连续服用 8 个月，才能产生防止心脏病突发的效果。

12. 鹤鸵是世界上第三大的鸟类，分布于澳大利亚和新几内亚等地，为鹤鸵目鹤鸵科唯一的代表。鹤鸵的爪子异常坚硬，而且其长长的指甲就像是一把锋利的匕首，能够轻易地挖出动物的内脏。因此，鹤鸵是世界上最危险的鸟。所有的鹤鸵都会对不速之客果断出击，而所有对不速之客果断出击的鸟也为人所畏惧。

如果以上陈述为真，则以下陈述都必然为真，除了：

A. 有些鹤鸵为人所畏惧。

B. 任何不为人所畏惧的鸟不是鹤鸵。

C. 有些世界上最危险的鸟为人所畏惧。

D. 有些对不速之客果断出击的鸟是世界上最危险的鸟。

E. 有些为人所畏惧的鸟不是鹤鸵。

13. 喵喵是一位体育爱好者，有一天，他去逛迪卡侬。在迪卡侬的橱窗里摆放着 3 双不同的运动鞋。喵喵通过观察后发现：

(1)篮球鞋右边的 2 双鞋中至少有 1 双是足球鞋。

(2)足球鞋左边的 2 双鞋中至少有 1 双是足球鞋。

(3)红色鞋左边的 2 双鞋中至少有 1 双是黑色的。

(4)黑色鞋右边的 2 双鞋中至少有 1 双是白色的。

那么，以下哪项正确地指出了这 3 双鞋从左向右的陈列？

A. 黑色篮球鞋、白色篮球鞋、白色足球鞋。

B. 白色篮球鞋、白色足球鞋、红色足球鞋。

C. 红色篮球鞋、红色足球鞋、红色足球鞋。

D. 黑色篮球鞋、白色足球鞋、红色足球鞋。

E. 黑色足球鞋、白色篮球鞋、红色足球鞋。

14. 最近，一些儿科医生声称，狗最倾向于咬 13 岁以下的儿童。他们的论据是：被狗咬伤而前来就医的大多是 13 岁以下的儿童。他们还发现，咬伤患儿的狗大多是雄性德国牧羊犬。

如果以下陈述为真，则哪一项最能严重地削弱儿科医生的结论？

A. 被狗咬伤并致死的大多数人，其年龄都在 65 岁以上。

B. 被狗咬伤的 13 岁以上的人大多数不去医院就医。

C. 许多被狗严重咬伤的 13 岁以下儿童是被雄性德国牧羊犬咬伤的。

D. 许多 13 岁以下被狗咬伤的儿童就医时病情已经恶化了。

E. 女童比男童更易于被狗咬伤。

15. 有一段时间，电视机生产行业竞争激烈。由于电视机品牌众多，产品质量成为消费者考虑的首要因素。某电视机生产厂家为了扩大市场份额，一方面加大研发力度，进一步提高了电视机产品的质量；另一方面在价格上作调整，适当降低了产品的价格。然而，调整之后的头三个月，其电视机产品的市场份额不但没有提高，反而有所下降。

以下哪项如果为真，则最能解释上述现象？

A. 消费者通常会考虑不同产品的价格差异，而非同一产品在不同时期的价格差异。

B. 一个家庭再次购买电视机产品时会首先考虑原来的品牌。

C. 消费者通常是通过价格来衡量电视机产品质量的。

D. 其他电视机生产厂家也调整了产品价格。

E. 消费者不仅看重产品的价格，还看重产品的外观。

16. 在本届运动会上，所有参加 4×100 米比赛的田径运动员都参加了 100 米比赛。

再加上以下哪项陈述，可以合乎逻辑地推出"有些参加 200 米比赛的田径运动员没有参加 4×100 米比赛"？

A. 有些参加 200 米比赛的田径运动员也参加了 100 米比赛。

B. 有些参加 4×100 米比赛的田径运动员没有参加 200 米比赛。

C. 所有参加 200 米比赛的田径运动员都参加了 100 米比赛。

D. 有些没有参加 200 米比赛的田径运动员也没有参加 100 米比赛。

E. 有些没有参加 100 米比赛的田径运动员参加了 200 米比赛。

17. 汉武大学有男同学参加了反对贸易战示威。除非汉武大学有同学参加了反对贸易战示威，否则任何同学都能申请奖学金。汉武大学的女同学不能申请奖学金。

如果上述断定都为真，则以下哪项据此不能断定真假？

Ⅰ. 汉武大学的男同学都没有参加反对贸易战示威。

Ⅱ. 汉武大学所有男同学都不能申请奖学金。

Ⅲ. 汉武大学的女同学都参加了反对贸易战示威。

A. 仅Ⅰ。　　　　　　　　B. 仅Ⅱ。　　　　　　　　C. 仅Ⅲ。

D. 仅Ⅱ和Ⅲ。　　　　　　E. Ⅰ、Ⅱ和Ⅲ。

18. 北京市是个水资源严重缺乏的城市，但长期以来水价格一直偏低。最近北京市政府根据价值规律调高水价，这一举措将对节约使用该市的水资源产生重大的推动作用。

为使上述议论成立，则以下哪项必须是真的？

Ⅰ. 有相当数量的用水浪费是因为水价格偏低而造成的。

Ⅱ. 水价格的上调幅度一般足以对浪费用水的用户产生经济压力。

Ⅲ. 水价格的上调不会引起用户的不满。

A. Ⅰ、Ⅱ和Ⅲ。　　　　　B. 仅Ⅰ和Ⅱ。　　　　　　C. 仅Ⅰ和Ⅲ。

D. 仅Ⅱ和Ⅲ。　　　　　　E. 仅Ⅲ。

19～20 题基于以下题干：

有六位学者 F、G、J、L、M 和 N，将在一次逻辑会议上演讲。演讲按下列条件排定次序：

(1)每位演讲者只讲一次，并且在同一时间只有一位演讲者。

(2)三位演讲者在午餐前发言，另三位在午餐后发言。

(3)G 一定在午餐前发言。

(4)仅有一位发言者处在 M 和 N 之间。

(5)F 在第一位或第三位发言。

19. 如果 J 是第四位演讲者，那么谁一定是第三位演讲者？

    A. F 或 M。   B. G 或 L。   C. L 或 N。

    D. M 或 N。   E. F 或 G。

20. 如果 L 在午餐前发言并且 M 不是第六位发言者，则紧随 M 之后的发言者一定是：

    A. F。   B. G。   C. J。

    D. M。   E. N。

396 经济类联考逻辑模拟卷 2

（共 20 题， 每小题 2 分， 共 40 分， 限时 40 分钟）

1. 在某班级中，L 同学比 X 同学个子矮，Y 同学比 L 同学个子矮，M 同学比 Y 同学个子矮，所以，Y 同学比 J 同学个子矮。

   必须增加以下哪一项陈述做前提，才能合乎逻辑地推出上述结论？

   A. J 同学比 L 同学个子高。　　　　B. X 同学比 J 同学个子高。

   C. L 同学比 J 同学个子高。　　　　D. J 同学比 M 同学个子高。

   E. J 同学与 M 同学一样高。

2. 针对地球冰川的研究发现，当冰川之下的火山开始喷发后，会快速产生蒸汽流，爆炸式穿透冰层，释放灰烬进入高空，并且产生出沸石、硫化物和黏土等物质。日前人们发现，在火星表面的一些圆形平顶山丘也探测到这些矿物质，它们广泛而大量地存在。因此，人们推测火星早期是覆盖着冰原的，那里曾有过较多的火山活动。

   要得到上述结论，需要补充的前提是以下哪项？

   A. 近日火星侦察影像频谱仪发现，火星南极存在火山。

   B. 火星地质活动不活跃，地表地貌大部分形成于远古较活跃的时期。

   C. 沸石、硫化物和黏土这三类物质是仅在冰川下的火山活动后才会产生的独特物质。

   D. 在火星平顶山丘的岩石中发现了某种远古细菌，说明这里很可能曾经有水源。

   E. 人们对火星早期地质活动的推测尚未证实。

3. 在一场 NBA 总决赛中，勇士队教练科尔有如下要求：或者不使用三角进攻战术，或者使用跑轰战术；如果使用普林斯顿战术，则不能使用三角进攻战术；只有使用普林斯顿战术，才能使用跑轰战术。

   如果以上信息为真，那么以下哪项也一定是真的？

   A. 使用普林斯顿战术。　　　　B. 使用跑轰战术。

   C. 不使用普林斯顿战术。　　　　D. 不使用跑轰战术。

   E. 不使用三角进攻战术。

4. 长久以来，心理学家都支持"数学天赋论"：数学能力是人类自打娘胎里出来就有的能力，就连动物也有这种能力。他们认为存在一种天生的数学内核，通过自我慢慢发展，这种数学内核最后会"长"成我们所熟悉的一切数学能力。最近有反对者提出了不同的看法：数学能力没有天赋，只是文化的产物。

   以下哪项如果为真，最能支持反对者的看法？

   A. 10～12 个月的婴儿已经知道 3 个黑点和 4 个黑点是不一样的。

   B. 数学是大脑的产物，而大脑的生长模式早已由基因"预设"。

   C. 经过人为训练的大猩猩、海豚和大象等动物能处理数学问题。

   D. 绝大多数的原始部落的居民只能表示 5 以下甚至更少的数量。

   E. 要想学好数学，需要自身不断地努力。

5～6 题基于以下题干：

一位药物专家只从 G、H、J、K、L 这 5 种不同的化学药物中选择 3 种，并且只从 W、X、Y、Z 这 4 种不同的草药药物中选择 2 种，来配制一服药方。他的选择必须符合下列条件：

(1)如果他选 G，就不能选 H，也不能选 Y。

(2)他不能选 H，除非他选 K。

(3)他不能选 J，除非他选 W。

(4)如果他选 K，就一定选 X。

5. 如果药物专家选 H，那么以下哪项一定是真的？

    A. 他至少选一种 W。   B. 他至少选一种 X。

    C. 他选 J，但不选 Y。   D. 他选 K，但不选 X。

    E. 他选 G，但不选 K。

6. 以下除了哪项外都可能是药方的配制？

    A. W 和 X。   B. W 和 Y。   C. W 和 Z。

    D. X 和 Y。   E. K 和 L。

7. 在大学里，许多温和宽厚的教师是好教师，但有些严肃且不讲情面的教师也是好教师，而所有好教师都有一个共同点：他们都是学识渊博的人。

    如果以上陈述为真，则以下哪项陈述也一定为真？

    A. 许多学识渊博的教师是温和宽厚的。

    B. 有些学识渊博的教师是严肃且不讲情面的。

    C. 所有学识渊博的教师都是好教师。

    D. 有些学识渊博的教师不是好教师。

    E. 所有严肃且不讲情面的教师都是好教师。

8. 赵、钱、孙 3 人是同一家公司的员工，他们的未婚妻周、吴、郑也都是这家公司的职员。知情者介绍说："周的未婚夫是钱的好友，并在 3 个男子中最年轻；孙的年龄比郑的未婚夫大。"

    依据该知情者提供的情况，我们可以推出 3 对准夫妻是以下哪项？

    A. 赵和周，钱和吴，孙和郑。

    B. 赵和吴，钱和周，孙和郑。

    C. 赵和郑，钱和吴，孙和周。

    D. 赵和郑，钱和周，孙和吴。

    E. 赵和周，钱和郑，孙和吴。

9. 目前，研究人员发明了一种弹性超强的新材料，这种材料可以由 1 英寸被拉伸到 100 英寸以上，同时这一材料可以自行修复且能通过电压控制动作。因此研究者认为，利用该材料可以制成人工肌肉，替代人体肌肉，从而为那些肌肉损伤后无法恢复功能的患者带来福音。

    以下哪项如果为真，则不能支持研究者的观点？

    A. 该材料制成的人工肌肉在受到破坏或损伤后能立即启动修复机制，比正常肌肉的康复速度快。

B. 该材料在电刺激下会发生膨胀或收缩，具有良好的柔韧性，与正常肌肉十分接近。

C. 目前，该材料研制成的人工肌肉尚不能与人体神经很好地契合，无法实现精准抓取物体等动作。

D. 一般材料如果被破坏，需通过溶剂修复或热修复复原，而该材料在室温下就能自行恢复。

E. 现在的科学技术已经能将该材料制作成人工肌肉。

10. 蛇纹岩土干燥、营养成分低，通常含有对大多数物种来说有毒的镍、铬等重金属元素。研究人员发现拟南芥属植物的一个种群生长在蛇纹岩土中，这对它们而言是非常极端的环境。有研究人员分析了这种拟南芥属植物的基因，认为它们是从生长于附近的亲缘属群中"借"了一些有利的基因，以帮助它们应对极端环境的。但是，有反对者认为这种拟南芥属植物是通过原有基因变异的方式获得遗传变异来适应环境的。

以下哪项如果为真，最能削弱反对者的观点？

A. 生长于蛇纹岩土中的其他植物都是完全独立地通过自然选择进行适应性进化的。

B. 并未见到生长于非蛇纹岩土中的该种拟南芥属植物通过改变基因的方式获得遗传变异以适应环境。

C. 在生长于蛇纹岩土中的拟南芥属植物中检测出附近亲缘属植物的特征性基因片段，该基因片段增强了对重金属的耐受力。

D. 未在生长于附近非蛇纹岩土中的植物中发现改变基因的现象。

E. 目前尚未有研究可以证明拟南芥属植物中基因的来源。

11. 某次会议讨论期间，甲、乙、丙、丁、戊被安排在一张圆桌前进行讨论，圆桌边放着标有1～5号的五张座椅(未必按序排列)。实际讨论时，甲、乙、丙、丁、戊5人均未按顺序坐在1～5号的座椅上，已知：

(1)甲坐在1号座椅右边第2张座椅上。

(2)乙坐在5号座椅左边第2张座椅上。

(3)丙坐在3号座椅左边第1张座椅上。

(4)丁坐在2号座椅左边第1张座椅上。

如果丙坐在1号座椅上，则可知甲坐的是哪个座椅？

A. 2号。　　　　　　　　B. 3号。　　　　　　　　C. 4号。

D. 5号。　　　　　　　　E. 无法得知。

12. 哲学家："我存在，所以我思考。如果我不思考，那么我不存在。如果我思考，那么人生就意味着虚无缥缈。"

若把"人生并不意味着虚无缥缈"补充到上述论证中，那么这位哲学家还能得出什么结论？

A. 我存在。　　　　　　B. 我不存在且我思考。　　　　C. 我思考。

D. 我不思考且我存在。　　E. 我不存在且我不思考。

13. 一列客车上有三位乘客：老张、老王和老孙，客车上共三位工作人员司机、乘警和乘务员。这三位工作人员恰好和这三位乘客的姓一样。

(1)乘客老王家住南京。

(2)乘客老张是一位老工人，有 20 年工龄。

(3)乘警家住济南。

(4)姓孙的工作人员常和乘务员下棋。

(5)乘客之一是乘警的邻居，他也是一个老工人，工龄恰好是乘警的三倍。

(6)与乘警同姓的乘客家住北京。

依据上面的资料，对于客车上三个人的姓氏，下面哪项判断是正确的？

A. 司机姓孙，乘警姓张，乘务员姓王。

B. 司机姓张，乘警姓王，乘务员姓孙。

C. 司机姓王，乘警姓张，乘务员姓孙。

D. 司机姓孙，乘警姓王，乘务员姓张。

E. 司机姓王，乘警姓孙，乘务员姓张。

14. 张教授：除非所有的驾驶员都必然遵守交通规则，否则有些驾车导致的纠纷可能难以避免。

李研究员：我不同意你的看法。

以下哪一项确切地表达了李研究员的看法？

A. 除非所有的驾驶员都必然遵守交通规则，否则所有驾车导致的纠纷必然可以避免。

B. 或者所有驾车导致的纠纷必然可以避免，或者所有的驾驶员都必然遵守交通规则。

C. 有的驾车导致的纠纷可能难以避免，但是所有的驾驶员都必然遵守交通规则。

D. 只有并非所有的驾驶员都必然遵守交通规则，才会使所有驾车导致的纠纷必然可以避免。

E. 有的驾驶员可能不遵守交通规则，但是，所有驾车导致的纠纷必然不是难以避免。

15. 一位花匠从 7 种花 P、Q、R、S、T、U、V 中选择 5 种，任何 5 种花的组合必须满足以下条件：

(1)如果选用 P，那么不能选用 T。

(2)如果选用 Q，那么也必须选用 U。

(3)如果选用 R，那么也必须选用 T。

以下哪项是可以接受的花的选择组合？

A. P、Q、S、T、U。   B. P、Q、R、U、V。

C. Q、R、S、U、V。   D. Q、R、S、T、U。

E. Q、R、S、T、V。

16. 父母不可能整天与他们的未成年孩子待在一起。即使他们能够这样做，他们也并不总是能够阻止他们的孩子去做可能伤害他人或损坏他人财产的事情。因此，父母不应因为他们的未成年孩子所犯的过错而受到指责和惩罚。

如果以下一般原则成立，则哪一项最有助于支持上面论证中的结论？

A. 未成年孩子所从事的所有活动都应该受到成年人的监管。

B. 在司法审判体系中，应该像对待成年人一样对待未成年孩子。

C. 父母应当保护子女的人身权不受侵害。

D. 父母有责任教育他们的未成年孩子去分辨对错。

E. 人们只应该对那些他们能够加以控制的行为承担责任。

17. 某公司准备举办趣味运动会，对于运动会采用何种形式，甲、乙、丙三人意见如下：

甲：如果采用托球跑、两人三足跑，那么单腿斗鸡和螃蟹赛跑不能都采用。

乙：如果单腿斗鸡和螃蟹赛跑不都采用，那就采用托球跑和两人三足跑。

丙：托球跑和两人三足跑不都采用。

上述三人的意见只有一个人的意见与最后结果相符合，则最后的结果是以下哪项？

A. 采用托球跑、两人三足跑，也采用单腿斗鸡和螃蟹赛跑。

B. 采用托球跑、两人三足跑，不采用单腿斗鸡和螃蟹赛跑。

C. 采用托球跑、两人三足跑和单腿斗鸡，不采用螃蟹赛跑。

D. 采用单腿斗鸡和螃蟹赛跑，不采用托球跑、两人三足跑。

E. 不采用托球跑、两人三足跑，也不采用单腿斗鸡和螃蟹赛跑。

18. 甲、乙、丙、丁、戊、己是一个家族的兄弟姐妹。已知：

①甲是男孩，有 3 个姐姐。

②乙有一个哥哥和一个弟弟。

③丙是女孩，有一个姐姐和一个妹妹。

④丁的年龄在所有人当中是最大的。

⑤戊是女孩，但是她没有妹妹。

⑥己既没有弟弟也没有妹妹。

从以上叙述中，可以推出以下哪项结论？

A. 己是女孩且年龄最小。

B. 丁是女孩。

C. 6 个兄弟姐妹中女孩的数量多于男孩的数量。

D. 甲在 6 个兄弟姐妹中排行第三。

E. 乙在 6 个兄弟姐妹中排行第二。

19. 除非能保证四个小时的睡眠，否则大脑将不能得到很好的休息；除非大脑得到很好的休息，否则第二天大部分人都会感觉到精神疲劳。

如果上述断定为真，以下哪项也一定为真？

A. 只要大脑得到充分休息，就能消除精神疲劳。

B. 大部分人的精神疲劳源于睡眠不足。

C. 或者大脑得到充分休息，或者第二天能消除精神疲劳。

D. 如果大脑得到了很好的休息，则必定保证了四个小时的睡眠。

E. 如果第二天大部分人都会感觉到精神疲劳，那么一定是前一天工作时间过长。

20. 阿尔茨海默病是一种较为严重的疾病，4 号基因突变曾被认为是阿尔茨海默病的一项致病因素。但近期有科学家提出导致这一复杂疾病的病因可能很简单，就是一些能引起脑部感染的微生物，如 HSV-1 病毒。

以下哪项如果为真，则最能支持上述科学家的观点？

A. 携带 4 号突变基因同时感染了 HSV-1 病毒的人群罹患阿尔茨海默病的概率会比单独具有此类突变基因的群体高 2 倍。

B. 当大鼠脑部受到 HSV-1 感染时，携带 4 号突变基因的大鼠产生的病毒 DNA 是正常大鼠的 14 倍。

C. 有些携带 4 号突变基因的患者使用抗病毒药物治疗后，其病情有所好转。

D. 在一些健康老年人的大脑中也存在着 HSV-1 病毒。

E. 4 号基因突变是引发老年病的重要原因。

📝 命题模型总结

1. 与概念有关的命题模型

·命题模型·	·模型识别·	·秒杀技巧·
题型 1　定义题		
定义题	题干特点： 题干出现一个事物的定义，问哪个选项符合这个定义。	第 1 步：找到题干中定义的要点，如要点较多，则可将这些要点编号。 第 2 步：将选项和题干中的要点一一对应。
题型 2　集合概念与非集合概念		
集合概念与非集合概念的偷换	题干特点： 题干中出现字面相同，但含义不同的概念。	**定义：** 集合体是指一定数量的个体所组成的全体。反映集合体的整体性质的概念，就是集合概念(如：班集体)。 非集合概念又称类概念，它表达的是这个概念中每个个体共同具有的性质(如：鸟类)。 **判别方法：** ①在集合概念前加"每个"，一般会改变句子的原意；非集合概念前加"每个"，一般不会改变句子的原意。 ②如果集合概念、非集合概念做句子的宾语时，非集合概念后面加"之一"一般不会改变句子的原意。
合成谬误与分解谬误	题干中出现用集体的性质来推断个体的性质，或用个体的性质来推断集体的性质。	①如果把集合体或整体的性质误认为是集合体中每个个体或整体中每个部分的性质，就犯了分解谬误的逻辑错误。 ②如果把集合体或整体中个体或部分的性质误认为是集合体或整体的性质，就犯了合成谬误的逻辑错误。
题型 3　概念间的关系		
概念间的关系	题干特点： 题干中出现 N 个人，给出这些人的身份、职业、籍贯等信息。	第 1 步：判断题干中几个概念之间的关系。 第 2 步：根据概念之间的关系，结合题干中的数量进行计算求解。

·命题模型·	·模型识别·	·秒杀技巧·
	题型4　概念的划分问题	
二次划分模型	题干将一个概念按照两个标准进行两次分类。 例如：某高校的大四学生中，男生多于女生，南方人多于北方人。 分析如下： 题干所涉及的概念：大四学生。 分类标准1：性别(男、女) 分类标准2：区域(南方、北方)	方法1. 九宫格法。 方法2. 大交大＞小交小。 例如：某高校的大四学生中，男生多于女生，南方人多于北方人。 即：男生＞女生； 　　南方人＞北方人。 可得：南方男生(大交大)＞北方女生(小交小)。
三次划分模型	题干将一个概念按照三个标准进行三次分类。 例如：某高校的大四学生中，男生多于女生，南方人多于北方人，文科生多于理科生。 分析如下： 题干所涉及的概念：大四学生。 分类标准1：性别(男、女)。 分类标准2：区域(南方、北方)。 分类标准3：学科(文科、理科)。	方法1. 双九宫格法。 方法2. 剩余法。
两两配对模型	①两类对象进行配对。 ②每类对象又可细分为两类。	方法1. 九宫格法。

2. 与判断有关的命题模型

·命题模型·	·模型识别·	·秒杀技巧·
	题型1　假言推理	
假言推理模型	题干特点： 出现充分条件、必要条件、充要条件的典型关联词，如：如果……那么……，只有……才……，除非……否则……等。 选项特点： 选项一般由假言或选言判断组成。	三步解题法： 第1步：画箭头。 将题干符号化，用"→"表示。 第2步：逆否。 写出题干的逆否命题。如有必要，可把箭头变或者，即 $A \rightarrow B = \neg A \lor B$。 第3步：找答案。 根据箭头指向原则判断选项的真假。

续表

·命题模型·	·模型识别·	·秒杀技巧·
题型 2　联言选言推理		
简单德摩根定律问题	题干出现对联言或选言命题的否定。	使用德摩根定律的公式解题即可。
双判断模型	(1)双判断。 无论是题干还是选项，都只有两个判断 A 与 B。 (2)题干中往往出现 ∧、∨、∀ 这3 种符号中的一个或多个。	**方法 1：找对当关系法。** 即找到题干信息中的矛盾关系、反对关系、下反对关系、推理关系，从而判断题干信息的真假。 例如： A∧B 与 ¬A∨¬B 矛盾，可知二者一真一假。 A∧B 可推出 A∨B，可知前者若为真，则后者一定为真。 **方法 2：真值表法。**
题型 3　箭摩根模型		
箭摩根模型	题干中假言判断的前件或后件中出现联言、选言判断。	箭摩根公式： A∧B→C，等价于：¬C→¬(A∧B)，等价于：¬C→¬A∨¬B。 A∨B→C，等价于：¬C→¬(A∨B)，等价于：¬C→¬A∧¬B。 A→B∧C，等价于：¬(B∧C)→¬A，等价于：¬B∨¬C→¬A。 A→B∨C，等价于：¬(B∨C)→¬A，等价于：¬B∧¬C→¬A。
题型 4　简单判断的对当关系		
对当关系模型	(1)题干特点： 题干给出性质判断或模态判断。 (2)选项特点： 选项也是性质判断或模态判断。 (2)问题特点： 要求我们根据题干判断选项的真假情况。	**方法 1：利用对当关系的口诀解题。** **方法 2：利用对当关系图(六边形)解题。**
题型 5　简单判断的负判断		
简单判断的负判断模型(矛盾命题)	命题方式 1：题干中出现否定词加简单判断，问哪个选项与之等价。 命题方式 2：题干中出现一个判断，问哪个选项与之不符或与之矛盾。	直接利用负判断口诀解题即可。

续表

·命题模型·	·模型识别·	·秒杀技巧·
题型 6　假言判断的负判断		
假言判断的负判断模型（矛盾命题）	(1)题干特点： 题干中出现假言判断。 (2)提问方式： ①如果题干信息为真，则以下哪项必然为假（不可能为真、不能成立）？ ②以下哪项不符合题干？ ③以下哪项能说明题干不成立（最能削弱题干）？	公式①：¬(A→B) = A∧¬B。 公式②：¬(¬A→¬B) = ¬(A←B) = ¬A∧B。 口诀：肯前且否后，即肯定假言判断的前件的同时否定其后件。 公式③：¬(A↔B) = (A∧¬B)。∨(¬A∧B)。此处中间的"∨"也可以写为"∀"。

3. 与推理有关的命题模型

·命题模型·	·模型识别·	·秒杀技巧·
题型 1　串联推理的基本模型		
串联推理的基本模型	(1)题干特点： 题干出现多个假言，且能串联。 (2)选项特点： 选项一般也是由假言组成；个别题目会出现特称判断，即带"有的"的项。	使用四步解题法： 第 1 步：画箭头。 用箭头表达题干中的每个判断。 第 2 步：串联。 将箭头统一成右箭头"→"并串联成"A→B→C→D"的形式(注意：不能串联的箭头就不需要串联)。 第 3 步：逆否。 如有必要，写出其逆否命题：¬D→¬C→¬B→¬A。 第 4 步：分析选项，找答案。 根据箭头指向原则(有箭头指向则为真；没有箭头指向则可真可假)，判断选项的真假。
题型 2　事实假言模型		
选项事实假言模型	选项特点：由事实和假言构成。	解题方法：带假言的选项一般是答案。 秒杀口诀： 　选项事实和假言，假言选项优先选； 　选项前件当已知，判断后件的真实。

·命题模型·	·模型识别·	·秒杀技巧·
事实假言模型	(1)题干特点： 题干由事实和假言判断组成。 (2)选项特点： 选项全部是事实描述。	**方法一：串联法。** 第1步：画箭头，如有需要，可写出逆否命题。 第2步：串联。 第3步：确定事实，找答案。 **方法二：事实出发法。** 从事实出发，根据口诀"肯前必肯后，否后必否前"可以直接推出答案。 因为： $$A{\to}B，等价于：\neg B{\to}\neg A。$$ 若已知A为真(肯前)，则必能推出B真(肯后)。 若已知B为假(否后)，则必能推出A为假(否前)。 **秒杀口诀：** 　　题干事实加假言，事实出发做串联； 　　肯前否后别犹豫，重复信息直接连。
题型3　有的串联模型		
有的串联模型	(1)题干特点： 题干由特称(有的)和全称判断组成。 (2)选项特点： 选项也是特称和全称判断。	**方法1. 四步解题法。** 第1步：画箭头。 用箭头表达题干中的每个判断。 第2步：从"有的"开始做串联。 将箭头统一成右箭头"→"并串联成"有的A→B→C→D"的形式(注意："有的"放开头)。 第3步：逆否。 如有必要，写出其逆否命题：$\neg D{\to}\neg C{\to}\neg B$(注意：带"有的"的项不逆否)。 第4步：分析选项，找答案。 根据箭头指向原则和"有的"互换原则，判断选项的真假。 **方法2. 有的开头法。** 当我们对四步解题法掌握的足够熟练后，可以直接找到到题干中带"有的"的条件，从"有的"开始串联即可。 **秒杀口诀：** 　　题干有的加所有，有的一定串开头； 　　重复信息直接串，有的互换找答案。

续表

·命题模型·	·模型识别·	·秒杀技巧·
	题型 4　假言事实模型	
假言事实模型	(1)题干特点： 题干由假言判断组成。 (2)选项特点： 选项是事实描述。	**方法 1：串联找矛盾法。** 第 1 步：画箭头。 第 2 步：串联。 串联后一般可以推出矛盾，例如： (1)从"A"出发推出与已知条件矛盾，则"A"为假。 (2)从"A"出发推出了"¬ A"，即从"A"推出了矛盾，故"A"为假。 第 3 步：推出事实。 **方法 2：找二难推理法。** 第 1 步：找重复元素。 第 2 步：找二难推理。 第 3 步：推出事实。 **秒杀口诀：** 　　　假言推事实，办法有两种； 　　　要么找矛盾，要么找二难。
	题型 5　数量假言模型	
数量假言模型	(1)题干特点： 题干由简单的数量关系(如，5 个运动员中选 3 个入选奥运会)和假言判断组成。 (2)选项特点： 选项全部是事实。	**解题步骤：** 第 1 步：当题干出现数量关系时，先看题干中的数量关系是否需要计算，如有需要，先计算数量关系。 第 2 步：将题干中的假言进行串联推理，一般会出现两种可能：一、在数量关系处出现矛盾；二、出现二难推理。 第 3 步：根据矛盾或二难推理推出事实。 **总结成秒杀口诀如下：** 　　　题干数量加假言，数量关系优先算； 　　　如有事实就串联，还有矛盾和二难。
	题型 6　串联推理的矛盾命题	
串联推理的矛盾命题	(1)题干特点： 题干由多个假言判断组成。 (2)提问方式： 以下哪项最能削弱/反驳题干？ 以下哪项最能说明题干不成立？ 若题干为真，则以下哪项必然为假？ 以下哪项最不符合题干？	第 1 步：画箭头。 第 2 步：串联。 　　　将题干串联成：A→B→C→D。 第 3 步：找矛盾命题。 　　　口诀：肯前且否后。 如：A∧¬ D，B∧¬ D，A∧¬ C 等，均与题干矛盾，即为正确答案。

续表

·命题模型·	·模型识别·	·秒杀技巧·
题型7　隐含三段论与补充条件题		
隐含三段论	(1)题干特点： 题干由一个(或多个)前提和一个结论组成。 (2)提问方式： 补充以下哪项能使题干成立？ 以下哪项是题干推理的假设？ 例如： 已知 A→B，B→C；因此，A→D。 若要得到上述结论，需补充哪个条件？	**解题步骤：** 第1步：将题干中的前提符号化。 例如：A→B，B→C。 第2步：如果有多个前提，将前提串联。 例如：串联成 A→B→C。 第3步：将题干中的结论符号化。 例如：A→D。 第4步：补充从前提到结论的箭头，从而得到结论。 例如：补充 C→D。 可得：A→B→C→D。 **一些技巧：** (1)有的互换：当出现带"有的"的项，但是无法串联时，互换以后再串联。 (2)统一性质：每个词项的性质(肯定否定)应该是相同的。在有些词项性质不同时，可通过逆否改变性质。 (3)成对出现：此类题的词项一般是成对出现的。如：两个"A"，两个"B"，两个"有的"。
反驳三段论	(1)题干特点： 题干由一个(或多个)前提和一个结论组成。 (2)提问方式： 以下哪项最能反驳题干？ 以下哪项最能说明上述推理不成立？	**方法1：** 先找结论的矛盾命题，再用上述"隐含三段论"的方法找到使这个矛盾命题成立的隐含条件。 **方法2：** 先用上述"隐含三段论"的方法找到题干的隐含条件，然后找到这个隐含条件的矛盾命题，即可反驳题干。

续表

·命题模型·	·模型识别·	·秒杀技巧·
题型8 推理结构相似题		
推理结构相似题	(1)题干特点： 题干中出现典型的形式逻辑关联词，如：如果……那么……、只有……才……、除非……否则……、所有、有的、必然，等等。 (2)提问方式： 以下哪项与题干的推理最为类似？ 以下哪项与题干所犯的逻辑错误最为相同？	第1步：读题干，寻找有没有形式逻辑的关联词。 第2步：写出题干的推理结构，如有必要，将其符号化。 第3步：依次对照选项，找出推理结构与题干相同的选项。 注意事项： 题干中的推理可能是正确的，也可能是错误的。如果题干的推理正确，则选项应该选正确的；如果题干的推理错误，则选项应该选和题干犯了相同错误的。
题型9 匹配题		
一一匹配模型	题干特点： 题干中出现两组或多组元素，元素之间存在一对一的匹配关系。	1. 题干中虽然存在一一对应关系，但是，题干的已知条件是以假言为主的，本质上考查的是串联推理，用上一节所学的方法求解。 2. 题干中存在一一对应关系，但是已知条件中无假言的或者虽然有假言但是匹配关系比较复杂的，则： (1)首先分析题干中给出的事实或问题中给出的信息。 (2)然后分析重复信息。简单题通过重复信息一般可直接得到答案。 (3)两组元素的匹配可用表格法、连线法。 (4)三组或三组以上元素的匹配可使用连线法。 秒杀口诀： 　　事实/问题优先看，重复信息是关键。 　　两组匹配用表格，三组匹配就连线。 3. 此类题中，如果题干的问题是"以下哪项可能为真""以下哪项不符合题干""以下哪项符合题干"等，一般可使用选项排除法。
多一匹配模型	题干特点： 题干中出现两组元素的对应关系，但是两组元素的个数不一样多。 例如：5个人对应3个项目。	此类题优先算出数量关系，其余的解法与一一匹配模型相同。另外，数量关系处常有矛盾。 秒杀口诀： 　　数量关系优先算，数量矛盾出答案。

续表

·命题模型·	·模型识别·	·秒杀技巧·
题型 10　选人问题		
选一模型	题干特点：从 N 个对象中选出 1 个。	**方法 1. 选项排除法。** **方法 2. 直接推理法。**根据题干的已知条件，直接进行推理。
选多模型	题干特点：从 N 个对象中选出多个。 如：从 6 个人中选 3 个入选奥运会。	**方法 3. 二难推理法。**某人入选和某人不入选都能得出某个确定的情况，这个确定情况就是一定为真的。 **方法 4. 找矛盾法。**寻找条件之间的矛盾，尤其是数量关系之间的矛盾。 例如： 已知：只要 A 入选，则 B 入选。 又已知：只有一人入选。 可推知：A 不入选。
题型 11　排序问题		
排序问题	题干特点： 题干中出现大小、高低、多少、先后等关系。	**方法 1. 不等式法。** 第 1 步：将题干信息转化为不等式。 第 2 步：将能串联的不等式串联，不能串联的放一边。或者利用不等式的性质进行运算。 第 3 步：推出事实，判断选项的正确性。 **方法 2. 选项排除法。** 根据已知条件，依次判断选项是否符合已知条件。排除不符合的选项，余下的即为答案。

·命题模型·	·模型识别·	·秒杀技巧·
题型 12　方位问题		
一字方位模型	题干特点： 题干中的元素一字形排列，如前后排列、左右排列、上下排列。此类题也可看作是排序题。	解题思路： 1. 优先考虑从确定位置的元素入手。 2. 如题干无确定位置的元素，可考虑以重复元素为突破口。 3. 优先考虑特殊的位置关系，如相邻、相隔、先后、相对等。 4. 情况少的元素可进行分类讨论。分类讨论一般会出现两种可能：第一是其中一种情况出现矛盾，故被排除；第二是两种情况推出相同的结论，则该结论必然成立(二难推理)。 5. 选项排除法。 当问题为"可能符合题干""符合题干""不符合题干"等时，优先使用选项排除法。 6. 一些题目可看作两组元素的匹配问题，即，将人或物品与位置进行对应。
围桌而坐模型	题干特点： 题干中出现一些人坐在圆桌、方桌、六边形桌子周围。	
东南西北方位模型	题干特点： 题干中出现东南西北方位。	
题型 13　数独问题		
数独问题	题干特点： 题目中会出现方格，并在里面会出现行、列或者特殊区域。	第 1 步：找切入点。 观察行、列或特殊框，已知的信息越多，未知的空格越少，一般就是优先的切入点。 第 2 步：根据题干要求，将信息补充完整。 注意： 数独题型每推出一步可先进行选项排除，再进行下一步的推理，有时也可直接使用选项排除法。
题型 14　其他综合推理		
日期、星期、时间模型	题干特点： 试题的主体内容与时间、星期或日期有关，或者是选项与其有关。	方法 1. 假设归谬法。 假设某个选项为真，结合题干进行检验。 方法 2. 直接推理法。 根据题干的已知条件，直接进行推理。 方法 3. 分类讨论法。 若题干中存在情况较少的不确定条件，可依据这一条件进行分类讨论。
数字模型	题干特点： 题干会出现如不同数字的积、差、和、商等明显的数量关系或者数量间的比较。	

续表

·命题模型·	·模型识别·	·秒杀技巧·
题型 15　真假话问题		
真假话问题	题干特点： 题干中已知几个判断，又已知这些判断的真假情况(如：一真三假，两真两假，三真一假等)。	1. 题干中有矛盾。 第 1 步：找到矛盾关系。 第 2 步：判断其他已知条件的真假。 矛盾关系必为"一真一假"；若题干为"N 假一真"，则其他已知条件均为假；若题干为"N 真一假"，则其他已知条件全部为真。 第 3 步：推出结论。
		2. 题干中无矛盾，且已知"只有一真"。 方法 1. 找下反对关系。 因为下反对关系的两个判断至少一真，又因为题干已知"只有一真"，故可知题干中的其他判断均为假。 方法 2. 找推理关系(假设归谬法)。 找到题干中的推理关系，如"①→②"，假设①真，则②也为真。与题干中的已知条件"只有一真"矛盾，因此，"①真"不成立，故①为假。
		3. 题干中无矛盾，且已知"只有一假"。 解题方法：找反对关系。 因为反对关系的两个判断至少一假，又因为题干已知"只有一假"，故可知题干中的其他判断均为真。
一个人多个判断问题	题干特点： (1)题干中有多个人，每个人都做了两个或两个以上的判断。 (2)已知每个人的判断有几真几假。	解题方法： 方法 1. 选项排除法。 方法 2. 假设法。 方法 3. 找对当关系法。

4. 与论证有关的命题模型

·命题模型·	·模型识别·	·秒杀技巧·
题型 1　普通论证的削弱		
论证的削弱	1. 标志词识别法。 论点提示词：因此……，所以……，可见……，这表明……，实验表明……，据此推断……，由此认为……，我认为……，这样说来……，简而言之……，显然……，等等。 论据提示词： (1)论据标志词后接论据：例如……，因为……，由于……，依据……，据统计……，等等。 (2)论点标志词前接论据：……据此推断，……研究人员据此认为，……因此，……专家由此认为，等等。 2. 内容识别法。 论点的内容一定是有所断定(即明确地表示论证者赞成什么、反对什么，认为应该怎样，制定了事件的原因、结果等)；论据的内容一般是事实描述(即对客观事物的真实的描述和概括，包括具体事例、概括事实、统计数字、例证等)。	**第 1 步：确定论证结构。** 即，找到题干的论据和论点。其结构为：论据————→论点。 　　　　　　证明 **第 2 步：看题干中有无常见的解题模型。** 如果题干中含解题模型，则用模型解题。常见的论证模型有：搭桥拆桥模型、归纳论证模型、演绎论证模型、类比论证模型、因果论证模型、统计论证模型等。 如果题干中不含解题模型，则进入第3步。 **第 3 步：使用质疑论证的一般方法解题。** (1)质疑论点。 (2)质疑隐含假设。 (3)质疑论据。 (4)提出反面论据。 (5)质疑论证过程。
题型 2　普通论证的支持		
论证的支持	1. 标志词识别法。 论点提示词：因此……，所以……，可见……，这表明……，等等。 论据提示词：例如……，因为……，由于……，据统计……，等等。 2. 内容识别法。 论点的内容一定是有所断定(即明确地表示论证者赞成什么、反对什么)；论据的内容一般是事实描述(即对客观事物的真实的描述和概括，包括具体事例、概括事实、统计数字、亲身经历等)。	**第 1 步：确定论证结构。** 即，找到题干的论据和论点。其结构为：论据————→论点。 　　　　　　证明 **第 2 步：看题干中有无常见的解题模型。** (1)如果题干中含解题模型，则用模型解题。如：搭桥拆桥模型、归纳论证模型、演绎论证模型、类比论证模型、因果论证模型、统计论证模型等。 (2)如果题干中不含解题模型，则进入第3步。 **第 3 步：使用支持论证的一般方法解题。** (1)补充新论据。 (2)补充隐含假设。 (3)直接肯定题干的论据。 (4)直接肯定题干的论点。 (5)例证法。

·命题模型·	·模型识别·	·秒杀技巧·
题型3　拆桥模型的削弱		
论证对象 不一致型	题干特点： 论据中的论证对象与论点中的论证对象不一致。	指出论证对象的区别。 例1. 学渣爱酱缸老师，因此，吕酱油爱酱缸老师。 拆桥：吕酱油不是学渣。 例2. 岩儿不喜欢没头发的男人，因此，岩儿不喜欢康哥。 拆桥：康哥有头发。
偷换概念型	题干特点： 论据中的某核心概念与论点中的某核心概念出现了不一致。	指出核心概念的区别。 例3. 吕酱心的男朋友喜欢吕酱心，因此，吕酱心的男朋友爱吕酱心。 拆桥：喜欢不等于爱。
无关型	题干特点： 论据说 A，论点说 B，但 A 和 B 没关系。	直接指出论据和论点没关系。 例4. 康哥没头发，因此，康哥的英语讲得不好。 拆桥：没头发和英语讲得好不好没关系。
题型4　搭桥模型的支持和假设		
论证对象 不一致型	题干特点： 题干论据中的论证对象与论点中的论证对象不一致。	指出论证对象具备相似性、等价性、一致性。 例1. 学渣爱酱缸老师，因此，吕酱油爱酱缸老师。 搭桥：吕酱油是学渣。 例2. 岩儿不喜欢没头发的男人，因此，岩儿不喜欢康哥。 搭桥：康哥是没头发的人。 注意：搭桥模型的假设与此技巧通用。
偷换概念型	题干特点： 题干论据中的某核心概念与论点中的某核心概念出现了不一致。	指出核心概念具备相似性、等价性、一致性。 例3. 吕酱心的男朋友喜欢吕酱心，因此，吕酱心的男朋友爱吕酱心。 搭桥：喜欢就是爱。 注意：搭桥模型的假设与此技巧通用。
论据论点型	题干特点： 论据说 A，论点说 B。	直接指出论据和论点有关系。 注意：搭桥模型的假设与此技巧通用。

续表

·命题模型·	·模型识别·	·秒杀技巧·
题型5　归纳、类比、演绎的削弱和支持		
归纳论证模型	题干特点： (1)题干中出现调查。 (2)题干论据中的论证对象 a 是论点中的论证对象 A 的子集。可用下图表示： 对象a　　对象A	归纳论证的削弱： 方法 1. 指出题干以偏概全。 指出样本 a 数量太少、广度不够或者不是随机选取的，因此样本 a 不能代表 A。 方法 2. 指出调查者/被调查者不中立。 多数归纳论证的题会涉及调查，如果调查者或被调查者不中立，就存在调查作弊的嫌疑，可能会影响调查结果的准确性。 方法 3. 举反例。 如果题干中归纳论证的结论是绝对化的，可举反例进行削弱。可参考本表格中的"绝对化结论模型"。
		归纳论证的支持： 方法 1. 指出样本具有代表性(力度大)。 方法 2. 指出调查者/被调查者中立或具备中立性(力度小)。 调查者不中立，会影响调查的结论；但调查者中立，不能说明调查的结论正确，故而这种支持方法力度小。
类比论证模型	题干特点： 题干论据中的论证对象是 A，论点中的论证对象是 B。可用下图表示： 对象A　→　对象B	类比论证的削弱： 质疑方法：指出题干中的类比对象有差异。 即指出论据中的对象和论点中的对象有本质差异，这种差异影响了类比的成立性。 注意： 1. 此处也可看作前面拆桥法原理的一种应用。 2. 完全相同的类比对象是不存在的，有时候，类比对象之间的一些无关紧要的差异并不影响类比的成立性。例如：我头发多、康哥头发少，但这种区别并不影响我们的教学质量。
		类比论证的支持： 支持方法：指出类比对象本质上相似(搭桥法)。

·命题模型·	·模型识别·	·秒杀技巧·
演绎论证模型	(1)题干论据的特点： 题干的论据(前提)是一般性的，即论据中会出现"所有""一定""必然""必须""如果，那么""只有，才"等绝对化词。 (2)题干结论的特点： 题干结论的是个别性的，即观点是针对某个个体或某个特殊情况。	演绎论证的削弱： 例如：每次下雨，东风路都会堵车(一般性前提)。因此，情人节那天东风路将会堵车(个别性结论)。 方法1. 质疑一般性前提：并不是每次下雨东风路都会堵车。 方法2. 质疑隐含假设：情人节那天不会下雨。 演绎论证的支持： 使用形式逻辑的思路进行解题，如三段论、选言推理等。
绝对化结论模型(仅涉及削弱)	题干结论的特点： 题干的结论带有绝对化词，如"一定""必然""必须"，等等。	方法1. 举反例。 方法2. 找矛盾。 如： 用"A∧¬B"质疑"A→B"。 用"¬A∧B"质疑"¬A→¬B"。

题型6　找原因模型的削弱、支持和假设

找原因的削弱	1. 现象分析型 (1)题干的结构为：摆现象、析原因。 (2)题干中的结论提示词，如"因此""所以""这说明"，一般可替换成"这是因为"。 例如：吕酱心考上了研究生，这说明，老吕的课有效。 可替换为：吕酱心考上了研究生(摆现象)，这是因为，老吕的课有效(析原因)。 2. 前因后果型 题干中出现"导致了""引发了""引起了""造成了"等表示因果关系的词。 例如： 在人群中看了你一眼(前因)，导致了我再也不能忘记你容颜(后果)。 此例可改写为： 我再也不能忘记你容颜(摆现象)，是因为我在人群中看了你一眼(析原因)。	假设题干结构为： 原因A，导致了结果B。 方法1. 否因削弱(力度大)。 直接否定题干中的原因A。 方法2. 因果无关(力度大)。 指出题干中的原因A和结果B无关。 方法3. 因果倒置(力度大)。 指出不是A导致B，而是B导致A。 方法4. 另有他因(力度取决于排他性)。 指出是其他原因C，导致了题干中的结果B。 另有他因的力度，取决于原因A和C是否具有排他性。 方法5. 有因无果(力度小于前3种)。 在某些场合中，出现了原因A，但没有出现结果B。 方法6. 无因有果(力度小于前3种)。 在某些场合中，没有出现原因A，但出现了结果B。

·命题模型·	·模型识别·	·秒杀技巧·
找原因的支持和假设	(1)现象分析型：题干的结构为"摆现象、析原因"，即，题干的论据是现象，论点是对现象的原因的分析。 (2)前因后果型：题干直接出现"导致了""引发了""引起了""造成了"等表示因果关系的词。	**找原因的支持：** 假设题干结构为： 原因(A)，导致了结果(B)。 **方法 1. 因果相关。** 直接说明题干中的因果关系成立。 **方法 2. 排除他因。** 指出不是别的原因导致了 B 发生。 **方法 3. 无因无果。** 题干：有原因 A 时，有结果 B。 选项：无原因 A 时，无结果 B。 根据求异法，支持 A、B 之间存在因果关系。 **方法 4. 并非因果倒置。** 排除 B 是 A 的原因这种可能。 **找原因的假设：** **方法 1. 因果相关。** 直接说明题干中的因果关系成立。 **方法 2. 排除他因。** 指出不是别的原因导致了 B 发生。 **方法 3. 并非因果倒置。** 排除 B 是 A 的原因这种可能。 **方法 4. 无因无果。** ①如果题干认为"原因 A 导致了结果 B"，不必假设无因无果。 例如：张三被车撞死了，即，车祸导致了张三的死亡。此时，我们并不假设"没有车祸张三不会死(无因无果)"，因为，没有车祸，可能会有其他原因(如癌症、跳楼、凶杀)导致张三死亡。 ②如果题干认为"事件 B 的发生一定是因为原因 A"。那么，有 B 一定有 A，逆否即得：没有 A 就没有 B(无因无果)。此时，无因无果需要假设。此时真正的考点是"A 是 B 的必要条件"。
	题型 7　求异法的削弱、支持和假设	

·命题模型·	·模型识别·	·秒杀技巧·
对比实验模型	题干中出现对比实验，常见以下两种结构： (1)两组对比： 　　第一组对象：有A，有B； 　　第二组对象：无A，无B； 　　故有：A是B的原因。 (2)前后对比： 　　同一对象有因素A前：没有B； 　　同一对象有因素A后：有B； 　　故有：A是B的原因。	求异法的削弱： 方法1. 另有差因。 对比实验中，只能有一个差异因素影响实验结果。如果还有其他差异因素，实验结果就很可能出现误差。因此，此类题目中常用另有其他差异因素(可简称另有差因)来削弱。 方法2. 不当归纳。 对比实验是用样本来归纳一般性规律，因此，可能出现样本没有代表性，调查者/被调查者不中立等问题。 方法3. 削弱因果。 求异法归根结底还是找原因的方法，故因果倒置、因果无关等削弱因果的方法也适用。
		求异法的支持： 使用求异法要求只能有一个差异因素，因此，常用排除其他差异因素的方法支持(排除差因)。 注意：求异法的假设与此技巧通用。
差果差因模型 (仅涉及削弱)	题干的论据为：两个对象的结果差异。 题干的论点为：两个对象的原因差异。	削弱方法：另有差因。 例如： 张三考上了研究生，而李四没考上研究生(结果差异)。这说明，张三比李四努力(原因差异)。 削弱方法：张三报了老吕的班而李四没有报班(另有差因)。
百分比对比模型 (仅涉及削弱和支持)	题干的论据：百分比。 题干的结论：因果关系或某种评价。 选项特点：选项中也出现百分比。	求异法的削弱： (1)秒杀口诀：同比削弱，差比加强。 如果选项中的百分比和题干中的百分比差不多，就削弱，如果选项中的百分比和题干中的百分比差很多，就支持。 例如： 中华女子学院保研的学生中，女生占比达到了80%，因此，该校女生比男生优秀。 反驳：中华女子学院的女生占比达到了80%以上。这说明女生保研占比多可能是因为该校女生数量上占绝对优势，而不是因为女生优秀。 支持：中华女子学院的女生占比仅有30%，这说明女生在总数占有绝对劣势的情况下，保研者中却占了绝对优势，那就证明女生优秀。 (2)由于结论是个因果关系，也可用削弱因果关系的方法进行削弱。

续表

·命题模型·	·模型识别·	·秒杀技巧·
		求异法的支持： 秒杀口诀：同比削弱，差比加强。
	题型8　**求因果五法的削弱：其他方法**	
共变法模型	论据： 情况(1)：论据中的现象出现共生或共变关系。 情况(2)：论据中出现三组对比实验。 情况(3)：论据中出现关联词"越……越……"。 结论： 结论指出论据中的两个现象存在因果关系。	方法1. 另有其他共变因素。 存在共变的几个场合中，若还有其他共变因素，就无法确定哪个是真正的原因。 方法2. 共因削弱。 有一个共同原因，导致题干中两个现象出现。 如云层间的放电导致闪电和雷场同时出现。 方法3. 因果倒置。 共变法的题干中，出现A、B两个现象，那么A是B的原因还是B是A的原因呢？可见，共变法很容易出现因果倒置的错误。 方法4. 其他削弱因果的方法。 共变法归根结底还是找原因的方法，故因果无关、有因无果、无因有果等削弱因果的方法也适用。
剩余法模型	剩余法的本质是排除法，也就是说，题干会排除某一原因，从而肯定是另外的原因。如果把所有已知原因都排除了，那说明还有未知因素。	方法1. 排除无效。 指出题干中的排除无效，即可削弱题干。 方法2. 削弱因果。 剩余法也是找原因的方法，故可以用削弱因果的方法进行削弱。
求同法模型	论据：论据中在某现象出现的两个场合中，有一个共同因素。 结论：这一共同因素是该现象的原因。	方法1. 另有其他共同因素。 如果在这两个场合中，还有其他可能导致这一现象出现的共同因素，即可削弱题干。 方法2. 削弱因果。 求同法也是找原因的方法，故可以用削弱因果的方法进行削弱。
求同求异 共用法模型	题干中既出现求同，也出现求异。	用求异法及求同法模型的解题方法进行解题即可。
	题型9　**预测结果的削弱、支持和假设**	

·命题模型·	·模型识别·	·秒杀技巧·
预测结果模型	题干中存在"将会""会""未来会""会导致""一定能""要"等表示将来的词汇。	预测结果的削弱： 方法1. 指出结果不会发生。 通过反面理由或指出题干中的因果不相关，从而说明题干中的结果不会发生。多数预测结果型的题都用该方式削弱。 例如：张三报了老吕的班，他一定会考上北京大学。 反驳方式：张三学习不努力。 方法2. 另有他果。 题干中的结果不会发生，而是发生另外一种结果。 例如：天阴的这么厚，看来要下雨了。 反驳方式：有可能下雪。 预测结果的支持： 方法1. 直接指出因果相关。 方法2. 补充结果会发生的理由。 方法3. 构造对比实验。 预测结果的假设： 方法1. 直接指出因果相关。 方法2. 指出结果发生的前提。
题型 10 措施目的的削弱、支持和假设		
措施目的模型	(1)题干中存在"为了""能""可以""以求"等表示目的的词汇。 (2)题干中存在"计划""建议""方法"等表达措施的内容。 (3)"目的"是指我们想要的未来结果，从本质上来说，它也是对未来结果的预测。因此，此类题可以看作是预测结果模型题目的一个小类。	措施目的的削弱： 方法1. 措施不可行。 方法2. 措施达不到目的(即措施无效)。 方法3. 措施弊大于利。 方法4. 措施有较小的副作用。 措施都或多或少地有一些副作用，但如果副作用较小，一般是可以被接受的。所以，措施有较小的副作用常常用作干扰项。在削弱题中，没有其他更好的选项时才选这一项。
		措施目的的支持： 方法1. 措施可行。 方法2. 措施可以达到目的(即措施有效)。 方法3. 措施利大于弊。 方法4. 补充需要这一措施的原因(即措施有必要)。 注意： (1)措施可行的力度小于措施有效。因为一项措施可行并不能保证这项措施可以达到想要的目的。

续表

·命题模型·	·模型识别·	·秒杀技巧·
		(2)措施没有副作用，对于一项措施来说当然是好事。但其支持力度相对较小，因为"没有副作用"并不能肯定措施有效果。
		措施目的的假设： 方法 1. 措施可行。 方法 2. 措施可以达到目的(即措施有效)。 方法 3. 措施利大于弊。 方法 4. 措施有必要。 注意：假设题中，"措施没有副作用"一般是干扰项。因为当措施可以达到目的时，措施有一些副作用也是可以接受的。
原因措施目的模型(仅涉及削弱)	(1)论据的特点： 论据中有共变的现象、对比实验等与求因果五法相关的内容。 (2)论点的特点： 论点直接给出建议、措施、计划等表达措施目的的内容。	方法 1. 削弱因果关系。 由于论据中出现求因果五法，因此，题目中暗含因果关系，故可以削弱这个因果关系。 方法 2. 削弱措施目的。 论点中出现措施，故可削弱措施目的。

题型 11　统计论证的削弱

·命题模型·	·模型识别·	·秒杀技巧·
利润模型	题干中出现"利润""收入""成本"等词。	利润＝收入－成本。 故，若题干仅因为收入增加就认为利润增长，我们就用成本增加进行削弱；同理，若题干仅因为成本增长就认为利润减小，我们就用收入增加进行削弱。
数量比率模型	(1)题干中出现"比例""含量""占有率"等比率。 (2)题干常用数量推出比率，或用比率推出数量。 (3)题干用数量作为评价事物的标准，但实际上应该用"率"作为标准。 (4)题干用"比率 A"作为评价事物的标准，但实际上应该用"比率 B"作为标准。	列出比率公式，利用公式解题。 例如： 今年老吕弟子班的学员录取了 3 万人，是去年录取人数的 1.5 倍，这说明：结论(1)今年老吕弟子班的录取率提高了；结论(2)今年老吕弟子班的教学质量提高了。 公式： $$录取率 = \frac{录取人数}{总人数} \times 100\%。$$ 反驳：若今年老吕弟子班的总人数是去年的 3 倍，这就说明今年的录取率只有去年的一半(质疑结论 1)，从而说明今年老吕弟子班的教学质量反而下降了(质疑结论 2)。

·命题模型·	·模型识别·	·秒杀技巧·
平均值模型	题干中出现"平均"二字。	指出平均值不能代表某个体的值。或者指出某个体的值不能代表平均值,即可削弱。
增长率模型	题干出现"增长率"。	现值＝期初值×(1＋增长率) 故,增长率高不代表"现值"大,可用"期初值"小进行削弱。
题型 12　统计论证的假设和解释		
数量关系模型	题干中出现"利润率""增长率""比例""占有率""平均值"等词。	**数量关系的假设:** 解题步骤: ①列出题干中涉及的数量关系公式。 ②根据公式解题。
		数量关系的解释: 解题步骤: ①找出题干中数量关系的差异。 ②列出适用题干的基本数学公式。 ③找到造成题干中数量关系差异的原因。
题型 13　其他论证的假设		
其他论证	有一些假设题没有明显的命题模型。	可使用"取非法"解题。
题型 14　解释现象		
解释差异	(1)题干中一般有转折词,如:但是、可是、然而…… (2)题干中有两个不同的对象,同一事件在这两个对象上发生时,产生了结果差异。	找差异:找到两个对象之间的差异点,这个差异点会导致题干中结果的差异。
解释矛盾	(1)题干中一般有转折词,如:但是、可是、然而…… (2)转折词前后各有一个现象,这两个现象看似矛盾,实则不矛盾。	找矛盾:找到题干的矛盾点在哪里,正确的选择可以化解这个矛盾。
解释现象	题干直接描述一种现象。	找原因:直接找题干现象的原因。

·命题模型·	·模型识别·	·秒杀技巧·
题型 15　推论题		
推理题 (形式逻辑)	(1)提问方式： 如果上述断定为真，则以下哪项一定为真？ 以下哪项最符合题干的断定？ (2)题干特点： 题干中有"如果，那么""除非，否则""只有，才"等典型关联词。	将题目中的逻辑关系符号化，使用之前所学的形式逻辑知识直接进行推理即可。
论证逻辑型 推论题	(1)提问方式： 根据以上信息，最能推出以下哪项？ (2)题干特点： 题干中没有典型的形式逻辑关联词，而是会出现因果关系、论证关系等。	方法 1. 内容相关法。 正确选项的内容，往往与题干信息直接相关。 方法 2. 信息一致法。 正确选项的论证对象、论证范围、论证程度，一般需要与题干保持一致。
概括论点题	提问方式： 以下哪项最能概括上述论证所要表达的结论。	方法 1. 分析论证结构法。 论据一般表现为事实描述，论点一般表现为有所断定。另外，根据"因此""因为""研究人员认为"等标志词快速分析论证结构，往往可以直接找到论点。 方法 2. 概括论据法。 有的题目，题干中全是论据，那我们就需要概括这些论据，从而判断哪个选项是论点。
题型 16　论证结构分析题		
论证结构 分析题	提问方式： 如果用"甲→乙"表示甲支持(或证明)乙，则以下哪项对上述论证基本结构的表示最为准确？	解题步骤： ①找论证结构标志词。如"因此""故""所以"后面是论点；"因为""由于"等后面是论据。 ②没有论证结构标志词的，看句子的内容。若内容为"有所断定"，则为论点；若内容为"事实描述"或"理论描述"，则为论据。
题型 17　评论论证与反驳方法		
论证方法题	提问方式： 以下哪项最为恰当地概括了题干的论证方法？	论证方法：归纳论证、类比论证、演绎论证；选言法、反证法。 找因果的方法：求因果五法。
反驳方法题	提问方式： 以下哪项最为恰当地概括了题干的质疑方法？	反驳方法：反驳对方的论据、反驳隐含假设、提出反面论据、指出另有他因、指出因果倒置，等等。

·命题模型·	·模型识别·	·秒杀技巧·
题型 18　评论逻辑漏洞		
评论逻辑漏洞	提问方式： 以下哪项对于题干的评价最为恰当？ 以下哪项最为准确地指出了题干的逻辑漏洞？	解题步骤： ①分析题干的论证结构。 ②找到其逻辑漏洞。 常见的逻辑漏洞： 不当类比、自相矛盾、模棱两不可、非黑即白、偷换概念、转移论题、以偏概全、循环论证、因果倒置、不当假设、推不出(论据不充分、虚假论据、必要条件与充分条件混用、推理形式不正确等)、诉诸权威、诉诸人身、诉诸众人、诉诸情感、诉诸无知、合成与分解谬误、数量关系错误等。
题型 19　判断关键问题		
判断关键问题	提问方式： 为了评价上述论证，回答以下哪个问题最重要？	所谓关键问题就是：这个问题的回答，会影响题干论证的成立性。 解题方法：对选项的问题做肯定回答，看削弱还是支持题干；再对选项的问题做否定回答，看削弱还是支持题干。肯定回答和否定回答恰好一个削弱题干一个支持题干的项，就是正确选项。
题型 20　争论焦点题		
争论焦点题	(1)题干特点： 题干中会出现两个人的对话。 (2)提问方式： 以下哪项最为准确地概括了两人争论的焦点？	解题原则： (1)双方表态原则。 争论的焦点必须是双方均明确表态的地方。如果一方对一个观点表态，另外一方对此观点没有表态，则不是争论的焦点。 (2)双方差异原则。 争论的焦点必须是二者观点不同的地方，即有差异的地方。 (3)论点优先原则。 论据服务于论点，所以当反方质疑对方论据时，往往是为了说明对方论点不成立，这时争论的焦点一般是双方的论点不同。在双方论点相同时，质疑对方论据，此时争论的焦点才是论据。 注意，此题类的答案中一般带有"是否"二字。

续表

·命题模型·	·模型识别·	·秒杀技巧·
题型 21　论证结构相似题		
论证结构相似题	提问方式： 以下哪一项与题干中的论证最为相似？ 以下哪项与题干中的逻辑漏洞最为相似？	解题步骤： ①读题干，分析题干的论证结构或逻辑谬误。 ②依次对照选项，找出论证结构与题干相同的选项，或者犯了与题干相同逻辑谬误的选项。

📝 论证部分的常见干扰项

类型	名称	含义	示例
论证对象类	1. 偷换论证对象	选项中的论证对象与题干中的论证对象不一致，则选项犯了偷换论证对象的逻辑错误，选项是无关选项。	例如： 题干：中学生加强锻炼有助身体健康。 选项：中老年人如果加强锻炼，能够全方位发展。 选项分析：题干的论证对象是中学生，而该项的论证对象老年人；前者和后者是两个完全不同的群体，故该项无法支持或削弱题干。
	2. 转移论题	选项讨论的话题与题干讨论的话题不一致，则选项犯了转移论题的逻辑错误，是无关选项。 干扰项中，常用偷换概念的方式完成论题的转移。	例如： 涉及与医疗相关的话题时，常偷换以下几个概念：影响、致病、预防、诊断、治疗、治愈、病因、症状。 再如：偷换时间概念。
比较比例类	3. 无关新比较	选项中出现与题干无关的新比较，是无关选项。它常有两种表现形式： 1. 题干中无比较，选项进行了比较。 2. 题干中有比较，选项中进行了另外一个比较。	例如： 1. 题干：老吕很帅。 选项：老吕不如于宴帅。 选项分析：老吕不如于宴帅，并不能否定老吕很帅。比如于宴全球华人第一帅，老吕全球华人第二帅，那么老吕确实不如于宴，但也还是帅的。故此项并不能很好地削弱题干。 2. 题干：老吕的头发比康哥多。 选项：老吕的英语不如康哥好。 选项分析："老吕的英语不如康哥好"，与"老吕的头发比康哥多"显然是两个不同的话题，选项提出了一个新的比较，是无关选项。
	4. 无关新比例	题干中出现比例 A，选项中出现 B，这种选项为与题干无关的新比例，是无关选项。	例如： 绿柳中学的学生中，一本上线率为 90%。可见，该校的教学质量很好。 选项：绿柳中学考上一本院校的人数占全市学生的比例并不高。 分析： 绿柳中学的一本上线率 = $\dfrac{\text{绿柳中学的一本上线人数}}{\text{绿柳中学的学生总数}}$。 可见，题干的论证与其在全市学生中的占比无关，选项为与题干无关的新比例。

类型	名称	含义	示例
原因类	5. 无效他因	当题干中分析一个现象的原因时，我们可以用"另有他因"来进行削弱。但是题干不是分析现象的原因时，若选项中出现对原因的分析，则这样的选项是无关选项。	例如： 题干：爱笑的老人对自我健康状态的评价往往较高，因此，爱笑的老人更健康。 选项：良好的医疗条件使得老年人更乐观。 选项分析：该项指出了"老年人生活更乐观"的原因，但题干不涉及对原因的分析，该项实则为无关选项。
	6. 无效差因	对比实验要求"只能有一个差异因素影响实验结果"，不代表实验对象完全相同。实验对象之间的一些对实验结果无影响或影响很小的差异因素，可称为无效差因，不能削弱题干或削弱力度很小，常用作干扰项。	例如： 我和康哥发量的差别，并不会引起我们教学质量的差别。因此，发量差别是一个无效差因。
诉诸类	7. 诉诸情感	试图用情感而不是逻辑来说服别人，这是不恰当的。	例如： 陪我去逛街吧！如果你宁愿去上自习也不陪我逛街，我会有多伤心你知道吗？
	8. 诉诸无知	把没有证据当作削弱或支持一个观点的理由，就犯了"诉诸无知"的逻辑谬误。常见的句式有：尚不明确、有待研究、尚待确定、还需讨论等。 注意：在"心理学尚无法确定酱油为什么暗恋酱心"这句话中，"酱油暗恋酱心"是确定的，心理学不能确定的是"酱油暗恋酱心的原因"。	例如： (1)你没有证据证明外星人不存在，可见，外星人是存在的。 (2) 题干：在几十位考古人员历经半年的挖掘下，规模宏大、内容丰富的泉州古城门遗址——德济门重现于世。考古人员再次发现一些古代寺院建筑构件。考古学家据此推测：元明时期该地附近曾有寺院存在。 选项：考古人员未发现任何寺院遗址。 选项分析：考古人员未发现寺院遗址无法说明寺院不存在，故此项不能削弱考古学家的推测。
	9. 诉诸人身	质疑对方的人格、处境、地位，而不是用逻辑来质疑对方，就犯了诉诸人身的逻辑错误。诉诸人身可以理解为我们日常生活中常说的"人身攻击"。	例如： 吕酱油肯定考不上研究生，因为他的名字太难听。 注意：指出"调查者不中立"并不是诉诸人身。因为，如果调查者不中立，就存在调查结果不可信的可能。比如老吕的爸爸说老吕的课讲得好，这并不可信。因为老吕的爸爸可能出于亲情而偏袒老吕。

类型	名称	含义	示例
	10. 诉诸权威	试图用权威的观点或情况，而不是用逻辑来说服别人，这就犯了诉诸权威的逻辑错误。	例如： 康哥听某专家说生姜擦头皮能治疗脱发，因此康哥经常用生姜擦头皮。 一个优秀学长认为老吕的书好，可见老吕的书一定好。
	11. 诉诸众人	试图用众人的观点或情况，而不是用逻辑来说服别人，这就犯了诉诸众人的逻辑错误。	例如： 既然有好多人不喜欢吕酱油，那么吕酱油一定有问题。
	12. 诉诸主观（主观观点）	用缺少论据的主观观点来削弱或支持客观事实是没有力度的。	例如： "老吕认为自己长得帅"无法反驳"事实上，老吕长得丑"。
反例与绝对	13. 不当反例	1. 反例可反驳一般性、绝对化结论。 2. 反例不能反驳多数人的情况、不能反驳平均值、不能反驳调查结论（除非这个调查结论是针对所有人的）。出现用反例来反驳这类情况时，就可称为不当反例。 3. 不当反例的常用句式："有的""有的不""并非所有""可能不"。	例如： ①该公司员工的平均月收入超过 10 000 元。 ②该公司所有员工的月收入都超过 10 000 元。 选项：该公司有的员工月收入为 8 000 元。 分析： ①中的 10 000 元是一个平均值，平均值仅能反映这个公司月收入的趋势，不代表个体的值，故选项无法反驳①。 "有的不"和"所有"两者为矛盾关系，故选项能反驳②。
	14. 否定最高级	"不仅仅"只可以削弱"仅仅"。 "不是唯一的"只可以削弱"唯一"。 "不是最重要的"只可以削弱"最重要"。 "不完全"只可以削弱"完全"。 其中"仅仅""唯一""最重要""完全"我们可以认为是最高级，故选项中出现"不仅仅""不是唯一的""不是最重要的""不完全"，则称这个选项为"否定最高级"，常用作削弱题的干扰项。	看以下两个断定： ①你喜欢我，我长得帅肯定是最重要的原因。 ②你喜欢我，我长得帅肯定是原因之一。 "帅不是最重要的原因"可以质疑①，但不能质疑②，因为"不是最重要的原因"与"是原因之一"并不矛盾。

续表

类型	名称	含义	示例
	15. 明否暗肯	有一些选项，看起来是否定的语气，但实际上肯定了题干的论证，这种选项叫明否暗肯项。	例如： 张三喜欢老吕，是不是因为老吕帅？ ①张三喜欢老吕不仅仅是因为老吕帅。 ②帅仅仅是张三喜欢老吕的原因之一。 ③除了帅以外，张三还喜欢老吕开着玛莎拉蒂时的专注的眼神。 ①、②、③其实都肯定了帅是张三喜欢老吕的原因，是支持项。
其他类	16. 两可选项	在削弱或支持题中，如果出现一个选项既存在支持题干的可能性，又存在削弱题干的可能性，则称为两可选项。	例如： 题干：应当将摩托车车道扩宽为3米，让骑摩托车的人有较宽的车道，从而消除抢道的现象。 选项：该项目的费用太高，需要进行项目评估。 选项分析："需要进行项目评估"，那么就存在经过评估后证明可行的可能，也存在经过评估后证明不可行的可能，即该项可能削弱题干，也可能支持题干。
	17. 存在难度	只有题干讨论的话题是某件事的完成或某个目标达成的难易程度，"存在难度"才能削弱或支持。	看以下两个断定： ①吕酱心可以很容易地考上研究生。 ②吕酱心可以考上研究生。 "考上研究生存在难度"可以质疑①，但不能质疑②，因为有难度并不代表不可行。
	18. 规范命题	规范命题亦称"道义命题""规范模态命题"，是指含有"必须（应该）""禁止""可以（允许）""可以不"这类规范词的命题。它是用来给人（规范的承受者）的行动提出某种命令或规定的命题。	例如： 行人必须遵守交通规则。 禁止随地吐痰。 大学生可以（允许）谈恋爱。 大学生可以（允许）不谈恋爱。 规范命题可以削弱规范命题，但不能削弱原因。 "大学生不应该结婚"可以削弱"大学生应该结婚"，但不能削弱"大学生张珊和李思结婚的原因是他们相爱"。

类型	名称	含义	示例
	19. 其他措施	结构(1)：措施A可以达到目的。 这种结构的题干，"另有其他措施"的选项是干扰项，不能削弱题干。 结构(2)：为了达到目的必须用措施A。 这种结构的题干，"另有其他措施"可以削弱，即，有其他方式也可以达到目的，未必用措施A。	(1)例如： 坐飞机可以到达北京。 反驳：坐高铁可以到达北京。 这一反驳是无效的，因为坐高铁能去北京，并不能反驳坐飞机也可以去北京。 (2)例如： 去北京，必须(一定要)坐飞机。 反驳：去北京可以坐高铁。 这一反驳是有效的，既然坐高铁也可以去北京，那么就不必非得坐飞机。
	20. 因人而异	选项中出现因人而异、因物而异，这种选项一般是正确的废话，不能削弱题干。	例如： 酱油问康哥：你觉得我和酱心在一起合适吗? 康哥回答说：找对象这个问题因人而异。 你看，康哥说了一句正确的废话，他并没有支持或反对酱油和酱心在一起。
假设题类	21. 假设过度	假设过度的意思是选项超过了题干的需要。	例1： 吕酱油想买一部价格为6 800元的华为手机但他手上没钱，于是去找爸爸要钱。爸爸给他钱以后，他买到了想要的华为手机。 此例中的隐含假设是：爸爸给他的钱够6 800元，即够他买手机的钱。但并不假设他爸给他的钱比6 800元多，如果比6 800元多，就超出了吕酱油的需要。 例2： 康哥是个饱受脱发困扰的人，因此，康哥会用生姜擦头皮。 此例中的隐含假设是：饱受脱发困扰的人会用生姜擦头皮，但不必假设"所有人会用生姜擦头皮"。如果假设"所有人会用生姜擦头皮"就超出了题干的需要。 注意： 1. 支持题与假设题不同，支持题超出题干的需要也可以。例1中，吕酱油想要6 800元，但爸爸给他了10 000元，也可以买到手机。例2中，所有人会用生姜擦头皮，也可以推出"康哥会用生姜擦头皮"，毕竟康哥也是人呀。

续表

类型	名称	含义	示例
			2. 假设过度的选项，一般来说是作为干扰项出现的。但是，如果选项中没有其他更好的项了，我们也可以选。比如说，吕酱油想要6 800元，但爸爸非要给10 000元，而且也没有给6 800元这个选项，那怎么办？勉为其难拿着吧。 3. 假设过度常表现为：扩大论证对象的范围。
22.	数量词	假设题中，除非题干中出现"大多数""少部分""绝大部分""近5年"等表示数量的词，否则选项中出现这样的词一般是干扰项。	例如： 努力学习的人可以考上研究生，因此，今年会有老吕弟子班的学员考上研究生。 此例中，只要有的隐含假设是："会有（即至少一位）"老吕弟子班的学员努力学习。但不必假设"大多数"老吕弟子班的学员努力学习。
23.	绝对化	假设题一般遵循"程度一致性"原则，即，选项的程度与题干要保持一致。如果选项的程度与题干不一致，就是干扰项。尤其是，当题干没有绝对化词时，选项若出现绝对化词，则一般是干扰项。	例如： 题干说的是"有可能"，选项若为"很有可能""一定"，则是干扰项。 题干说的是"影响因素"，选项若为"最重要的影响因素""主要影响因素""唯一影响因素"等，则是干扰项。

说明：
除"假设过度""数量词""绝对化"外，剩余干扰项常见于削弱题及支持题的各个题型。

本书答案速查

秒杀技巧部分

第1章	题型 1	B C
	题型 2	E B B
	题型 3	B C B
	题型 4	B C A D

第2章	题型 5	E C E C C B
	题型 6	E E E D A D
	题型 7	B D D B E D
	题型 8	1.(1)假，(2)真，(3)假，(4)真，(5)可真可假，(6)真，(7)真，(8)可真可假，(9)可真可假，(10)假，(11)假。 2.(1)真，(2)假，(3)真，(4)假，(5)假，(6)真，(7)假，(8)假，(9)假，(10)假。 3.(1)真，(2)可真可假，(3)可真可假，(4)可真可假，(5)可真可假，(6)假，(7)可真可假，(8)假，(9)可真可假，(10)可真可假。 4.(1)可真可假，(2)真，(3)真，(4)可真可假，(5)可真可假，(6)可真可假，(7)假，(8)可真可假，(9)可真可假，(10)可真可假。 5~8 B C B C C
	题型 9	1.(1)并非所有的鸟都会飞＝有的鸟不会飞。 (2)并非有的鸟会飞＝所有的鸟都不会飞。 (3)并非所有的鸟都不会飞＝有的鸟会飞。 (4)并非有的鸟不会飞＝所有的鸟都会飞。 (5)有的鸟不可能会飞＝有的鸟必然不会飞。 (6)有的鸟不必然会飞＝有的鸟可能不会飞。 (7)不可能所有的鸟都会飞＝必然有的鸟不会飞。 (8)鸟不可能都会飞＝不可能所有的鸟都会飞＝必然有的鸟不会飞。 (9)鸟都会飞是不可能的＝不可能所有的鸟都会飞＝必然有的鸟不会飞。 (10)鸟可能不都会飞＝可能不是所有的鸟都会飞＝可能有的鸟不会飞。 (11)鸟都不可能会飞＝所有的鸟都不可能会飞＝所有的鸟必然都不会飞。 (12)并非不可能鸟都会飞＝可能鸟都会飞。 (13)并非不必然有的鸟会飞＝必然有的鸟会飞。 (14)并非有的鸟不可能会飞＝所有的鸟可能都会飞。 (15)并非所有的鸟不必然会飞＝有的鸟必然会飞。 2~9 D A C E D C D D
	题型 10	D A C E D

	题型 11	B A B C D	D A B D C	
	题型 12	C B B B C	E C A C E	
	题型 13	D C D D C	C	
	题型 14	A D D C A	B D B	
	题型 15	D C D B E	D A	
	题型 16	D C D C B		
	题型 17	A B B A D	B A C	
第 3 章	题型 18	D D C D D	B E C C	
	题型 19	B E C A A	E C D D B	A E
	题型 20	B D D B D	A E	
	题型 21	A A B C B	B B C D	
	题型 22	A C C B B	C A B B D	B
	题型 23	E E C		
	题型 24	D E C B		
	题型 25	D B B C D	C B D C B	A

	题型 26	A A E E A		
	题型 27	B E D B		
	题型 28	E C E E E	E C D A A	
	题型 29	C C C D D	B C A E	
	题型 30	E D D A B	E A D C D	
	题型 31	E C C C B		
第 4 章	题型 32	D E B E E	C	
	题型 33	C D E C E	B	
	题型 34	B D A E E	D A D	
	题型 35	E C D C B	D	
	题型 36	B B E C		
	题型 37	D B B C		
	题型 38	D A D A C	C B C A	

	题型 39	C E B			
	题型 40	D B E			
	题型 41	B E A B A		A E	
	题型 42	D D A E D			
	题型 43	D D A			
	题型 44	B E B A E		C D E D	
	题型 45	A E D A			
	题型 46	C C E E			
第 4 章	题型 47	A C E D A B	A C C B A	A E D E E	
	题型 48	D E E C			
	题型 49	C A A C E E A C A C	A E C A D E	A B A A D	
	题型 50	B A			
	题型 51	D C D C C			
	题型 52	E B E D A		E	
	题型 53	E D C			
	题型 54	A B D			
	题型 55	B B D D			

专项训练部分

训练 1	1～5	B E B E E	6～10	B A D A A

训练 2	1～5	D E A E B	6～10	D A D C B
	11～15	A E E E D	16～20	D C B E E
	21～25	C C C C B	26～30	B B A C D

训练 3	1～5	D A E A B	6～10	D C A D D
	11～15	B B C D E	16～20	C D B D B
	21～25	C E B B A	26～30	D B C D B

训练 4	1～5	D B D C B	6～10	A D B D D
	11～15	E A D A C	16～20	E B D C C
	21～25	A B E C B	26～30	E B C D A

训练 5	1～5	E A B B E	6～10	C C C E B
	11～15	D E E C B	16～20	E C B C E
	21～25	C C D E D	26～30	E C A B D

训练 6	1～5	A C A E D	6～10	D B A E B
	11～15	C B C E E	16～20	E B E B A
	21～25	B E A D A	26～30	D C C A E

训练 7	1～5	D E E C E	6～10	A C C C B
	11～15	C E A A A	16～20	C B B A C
	21～25	D B A C C	26～30	B C C C A

训练 8	1～5	A D D C E	6～10	C D A E B
	11～15	D D E B D	16～20	A B D E E
	21～25	B C D C B	26～30	D B D E D

训练 9	1～5	A D B C E	6～10	E B D A E
	11～15	D E A D B	16～20	E B C B C
	21～25	A E C D B	26～30	A B B D E

仿真模考部分

模考 1	1～5	A D D B D	6～10	A A B C C
	11～15	C C C E D	16～20	B D D E B
	21～25	D A B D D	26～30	B C E D D

模考 2	1～5	C A B D D	6～10	B B D D D
	11～15	E C D D A	16～20	D E D C B
	21～25	D B E A E	26～30	E A D D B

模考 3	1～5	A C D A D	6～10	C B A E A
	11～15	D D E C C	16～20	A C C D E
	21～25	B C D B A	26～30	B E E D A

模考 4	1～5	B B A A D	6～10	B C E E D
	11～15	C D D A C	16～20	D E C A A
	21～25	D D A C B	26～30	D C B E A

模考 5	1～5	A C D C D	6～10	C D A C E
	11～15	E E D B C	16～20	E D B D C

模考 6	1～5	A C E D B	6～10	B B E C C
	11～15	C E A E D	16～20	E A B D A